杉木人工林
经营实施方案
优化决策模型研究

吴保国 董晨 /等著

中国林业出版社
CFPH· China Forestry Publishing House

图书在版编目(CIP)数据

杉木人工林经营实施方案优化决策模型研究 / 吴保国等著 .
-- 北京：中国林业出版社，2020. 10
ISBN 978-7-5219-0050-7

Ⅰ. ①杉… Ⅱ. ①吴… Ⅲ. ①杉木-人工林-森林经
营-决策模型-研究 Ⅳ. ①S759. 1

中国版本图书馆 CIP 数据核字(2019)第 072008 号

中国林业出版社·自然保护分社（国家公园分社）
策划编辑： 刘家玲
责任编辑： 刘家玲 宋博洋

出版	中国林业出版社 （100009 北京市西城区德内大街刘海胡同 7 号）
网址	www. forestry. gov. cn/lycb. html
发行	中国林业出版社
印刷	河北京平诚乾印刷有限公司
版次	2020 年 10 月第 1 版
印次	2020 年 10 月第 1 次
开本	787mm×1092mm 1/16
印张	18. 5
彩插	4P
字数	425 千字
定价	90. 00 元

《杉木人工林经营实施方案优化决策模型研究》
编写人员名单

吴保国　董　晨　郭恩莹　郭艳荣　韩焱云　王成德　张　翰

/前言/

　　森林经营是维护森林生态系统、建设生态文明的基础。森林经营过程的好坏、管理者的决策水平直接关系到森林的可持续发展。国家林业局于 2016 年 2 月印发了《关于加强履行<联合国森林文书>示范单位建设的指导意见》，旨在强调森林合理规划和科学经营管理的重要性。

　　人工林是恢复和重建的森林生态系统，人工林在改善人居环境、维持生态平衡等方面发挥着越来越大的作用。培育人工林资源是缓解林木产品和生态产品供需矛盾、促进地区经济健康发展的有效途径。人工林以利用林木产品为主，有利于满足社会经济发展和人民生活对森林产品的多样化需求，也有利于森林资源和生物多样性的保护和发展。同时，人工林经营对维护陆地生态系统平衡、发展林业经济具有重要作用。

　　根据第七次全国森林资源清查（2004—2008 年），人工林每公顷蓄积量仅 49.01m³，平均胸径仅 13.3cm。根据第八次全国森林资源清查（2009—2013 年），我国森林覆盖率 21.63%，低于全球 31% 的平均水平，且人均森林蓄积只有世界人均水平的 1/7。我国森林每公顷蓄积量只有世界平均水平 131m³ 的 69%，人工林每公顷蓄积量只有 52.76m³。林木平均胸径只有 13.6cm，中幼龄林面积比例高达 65%，龄组结构依然不合理。乔木林的蓄积量和蓄积生长量低于国际平均水平。目前，虽然林业正在经历着从以木材生产为主向以生态建设为主的历史性转变，但是在未来相当长的时间内，国民经济对木材产品的需求仍然有增无减。

　　与此同时，集体林权制度改革使广大林区农民耕者有其林，大大地调动了林农造林的积极性。近年来，林业产业已经成为农民新的增收渠道和许多农村地区经济发展的主导产业和经济支柱。面对幅员辽阔的林地，在经营管理专家匮乏的情况下，通过建立专家决策支持系统，用于指导林农进行生产经营实践，能够在不破坏环境、保护天然林的前提下，为广大林农提供商品林生产经营所需的相关技术和决策支持，增加蓄积量和效益，而建立专家决策支持系统亟须解决的问题就是决策模型的研究。

　　目前为止，国内外关于决策模型的研究中对森林经营的考虑太少，或仅是一些单项研究。在人工林经营的研究中，目前的研究重点仅是将经营的实施过程分开考虑，如造林密度对林分生长或经济效益的影响，间伐技术、间伐强度、间伐效果对林分生长和经济效益的影响，主伐年龄的确定、主伐时间与经济效益的关系。而造林密度、间伐方案、主伐年龄对林分收获的作用是以上三者共同影响的结果，目前尚没有综合考虑造林密度、间伐方案、主伐方面的相关研究。

目前，农业研究人员使用一种能明确表达由生理过程和环境因子通过周期性反馈相互调控的结构功能模型来研究农业作物的结构生长和变化。单结构-功能模型研究主要集中在作物领域，关注的是植物的形态个体，在林木的研究上也侧重于从形态学角度建立模型，而忽略或不考虑与材积生长、经济效益的关系，不能满足林业生产经营实践的需要。森林经营的决策也往往只从造林培育、蓄积预测、龄级结构调整等单个方面进行考虑，不能够解决森林经营过程中确定最佳合理的造林密度、间伐方案、主伐年龄的决策问题。

杉木 [*Cunninghamia lanceolata*（Lamb.）Hook.] 是我国南方特有的重要用材树种，具有生长快、产量高、材质好、经济价值显著和运销范围广等特点，但是由于森林培育周期长，经营作业的不可逆，因此森林经营决策支持系统为杉木的培育与经营作业提供支持就显得尤为重要。《杉木人工林经营实施方案优化决策模型研究》是以杉木人工用材林为研究对象，深入研究杉木林经营管理过程中的形态结构模型、收获模型以及形态结构与收获的相关关系，研究杉木人工林造林初植密度、间伐方案、主伐时间的影响关系及预期经济收益，解决其中的核心技术问题，建立杉木林经营实施方案的优化决策模型，在模型基础上，从生长经营角度探索杉木人工林的可视化技术，利用计算机技术对杉木单木和林分的生长进行系统模拟，为杉木林经营管理专家决策支持系统的研究提供理论基础。本书的研究成果将会提高广大林农森林经营管理水平，为社会主义新农村建设做出贡献。

本书所产生的思路、方法、模型研究及相关实例是在作者所主持的国家自然科学基金项目"杉木人工用材林经营实施方案优化决策模型研究（31170513）"，以及国家科技支撑计划课题"速生丰产林生产经营过程信息化关键技术研究与应用（2006BAD10A03）"等相关课题研究、成果总结、实践和应用反馈的基础上，由吴保国教授、董晨博士撰写，集成了郭恩莹博士、郭艳荣博士、韩焱云博士、王成德博士和张翰硕士的研究成果。研究成果是全体课题参加人员的共同结晶。除了上述编著人员外，课题实验区所在的贵州省修文县扎佐林场、福建省顺昌县大历林场和岚下林场、福建省将乐县国有林场的工作人员，华东林业调查规划设计院聂祥永教授级高级工程师、姚顺彬教授级高级工程师、贵州省林业厅夏忠胜研究员、朱松高级工程师、罗洪章高级工程师、福建农林大学林学院郑德祥副教授及其学生们为课题的开展提供了良好的工作条件和帮助，在此，对以上工作人员和单位表示衷心的感谢！

本书的出版得到国家自然科学基金项目"杉木人工用材林经营实施方案优化决策模型研究（31170513）"的资助，在此表示感谢。

本书的内容反映了中国贵州、福建杉木人工林经营研究的一些成果，希望该书的出版对我国森林可持续经营研究以及林业信息技术发展有所推动。由于编著者水平有限，书中错误和疏漏难以避免，加之时间有限，有些内容还是阶段性成果，需要在实践中进一步检验和深化研究，在此真诚希望广大读者批评指正。

著　者

2018 年 9 月

/目录/

1/概论

1.1 立地质量评价研究进展

立地质量评价是研究、掌握森林生长环境以及环境对森林生产力影响的一个重要手段。其不仅对林地评价重要，而且对于林木经营和决策（如林木种类的选择和经营作业法）等也很重要，是实现科学造林以及经营森林的关键。

在经营中采取作业法的前提是需清楚立地质量或林分生产力的高低。对立地质量进行评价主要有宜林地评价与有林地评价。

1.1.1 宜（无）林地立地质量评价

立地质量是由许多环境因子决定的，包括土壤、地形、气候以及植被之间的竞争。对于无林地立地质量评价只能采用有林地立地的相关因子进行确定，无林地评价是依据适地适树原则，根据造林地的立地条件选择合适造林树种与造林模式，原因在于立地质量的评定需要构成立地质量的因子和相关植被类型的生长潜力共同体现。

无林地现实无林，但是无林地与有林地所处环境因素一致，具有相同的地质条件和土壤条件，有同样的地形条件和一致的水热状况。在相同的经营条件下，种植同一树种，必能达到相同的生产力。因此，用有林地的立地因子与林木生长状况去预估无林地生产潜力的方法是可行的。

基于此，无林地立地质量评价只能采用间接方法评定，一种方法是建立上层木树种间树木生长量的关系，再结合现有林分地位指数（地位级）推算所评定树种在同样立地上所具有的立地质量，此方法难点在于对所评定树种某些生长方程和供测定现有树种的生长方程之间相关关系的准确确定。另外一种方法是利用植被类型评定立地质量，该方法只能简单定性评价立地质量。张伏全和陈远材（1994）应用数量化模型的原理和系统聚类方法，研究了滇西南地区龙竹立地质量，构建得分表并划分了龙竹造林的立地类型，但是对所建立的立地质量得分表未予以检验，得分表准确率有待验证。迟健等（1995）运用逐步回归、交互逐步回归和数量化理论三种方法对浙江省马尾松人工林立地质量进行数量化研究，结果以数量化理论计算结果最精确，这主要是由于使用逐步回归和交互逐步回归分析法时，较易产生有偏估计和预测无效的现象。戴秀章等（1985）主观选定坡向、坡度和地形部位 3 个因子，以毛条林（灌木林或疏林）的生物量反映立地质量，定量评价黄土干旱区宜林地立地质量，通常我们采用基准年龄时优势木高度作为立地质量指标，因此以生物

1

量作因变量反映立地质量与现实立地状况会存在一定的差异性。为了改进传统立地质量评价体系，巩垠熙等（2013）利用遥感影像结合现地小班调查数据，采用 BP 人工神经网络模型，以落叶松为例构建遥感因子结合立地因子与地位指数关系的神经网络模型，进行立地质量评价研究，然而由于 BP 神经网络存在许多不足，比如局部极小化问题、算法收敛速度慢、结构选择不一、预测和训练能力之间矛盾等缺点的存在，使得 BP 人工神经网络很少被运用于地位指数预测模型的建立中，使得传统方法一直占有优势地位。上述各种方法对造林营林规划无疑都起到了积极指导作用。

1.1.2　有林地立地质量评价

有林地立地质量评价是判定某树种所在立地的生产力高低情况，从而为确定抚育作业法（即抚育间伐经营措施）提供依据。立地质量的高低通常是通过地位级或者地位指数来衡量，地位级与地位指数是评定林地质量或林分生产力高低的指标，特别是在同龄林生长与收获中普遍应用。地位指数可以根据样地观测资料和收获表蓄积量估计值得到，也可以通过优势木高与年龄的关系来评定。综述国内外立地质量评价研究的关键技术，可为未来采用信息技术构建决策支持系统进行森林经营的正确决策奠定理论基础。

在北美地区，20 世纪 70 年代地位指数就已经被广泛接受（Monserud，1984），美国中西部地区的林农已经开始依赖地位指数曲线（Carmean，1975）。为了进行立地质量评价，在立地质量中引入了数学方法。例如，1989 年出现了用树种代换评价方法评价立地质量（骆期邦等，1989），李晓宝（1994）运用直接模糊聚类构建模糊相容矩阵，依据矩阵中的元素选取适当的值作为分类水平进行聚类，根据聚类结果首次将林场立地分为高、中、低 3 个等级，并指出不同立地等级分别采取不同的经营措施。回归设计作为数学模型中的经典问题，覃林等（1999）运用因素二次回归正交设计方法对闽北异龄林地位指数进行了模拟。

由于传统立地模型和多型立地指数模型不能准确确定幼龄林的立地指数，为了克服这一缺点，郭晋平等（2007）通过改进 Nigh 方程提出了可变生长截距模型，可变生长截距模型可以对胸高年龄为 3~35 年的油松林立地进行评价。随着遥感技术的快速发展，许多关于立地质量评价的模型是基于土壤图（McKenney and Pedlar，2003）、DEM（Monserud and Huang，2003）与遥感数据（Waring et al.，2006；Swenson et al.，2005）。γ 射线光谱测定是一项现代遥感技术（McBratney et al.，2000），Wang et al.（2007）在对澳大利亚昆士兰州松树进行立地质量评价时运用 γ 射线光谱测定土壤表面 30~45cm 土层中的 K、Th 和 U 元素的含量，并将其作为模型变量，通过大量数据预测到每隔 30 年立地指数会平稳地增加 3m，这是源于 CO_2 的增加、植物光合作用提高、水分得到有效利用的结果。此外，随着地理信息系统的发展，GIS 技术也融入立地质量评价中（Payn et al.，1999），有学者在研究立地质量评价时分别选用球状模型、指数模型、高斯函数和 K-贝塞耳函数进行拟合，得出 K-贝塞耳函数的拟合效果最好（马友平，2010；曾春阳等，2010）。

立地质量评价不仅在学科融合以及模拟方法上不断发展，在因子选择上同样在不断完善。评价立地质量首先要考虑环境因素的影响，有诸多环境因素会影响到林木的生长。Pegg（1967）在评价澳大利亚昆士兰州东南部湿地松立地质量时，考虑的变量是土壤和植被。Landsberg and Waring（1997）提出，基于多变量的模型被生理模型如预测增长的生理原则（Physiological Principles in Predicting Growth：3-PG 生长模型）替代，用于预测林木生长与立地质量。3-PG 包含用于计算光合作用和呼吸作用的子程序，它不同于以往的过程模型，不仅可以预测林分的基本调查因子如林分密度、面积、平均胸径和林分材积，还可以预测生态学家比较感兴趣的碳和水的平衡。该模型将生态因子列入了影响因子范畴，它的提出对于立地质量评价研究有巨大的推动作用。Swenson et al.（2005）利用 3-PG 空间模型预测了美国俄亥冈区域的 5263 株道格拉斯冷杉在基准年龄为 100 年时的立地指数。由于全球气温的不断上升，生态问题与气候问题已经引起全球的关注，因此，在立地质量研究中应把气候作为一个影响因素参与评价。Seynave et al.（2005）在研究云杉立地时就选取气候、土壤养分与土壤水分作为影响因素。为了具体研究气候对立地的影响程度，Monserud et al.（2006）单独将气候因素作为影响立地质量的因素对黑松的立地质量进行了研究。

1.1.3 评价的关键技术

1.1.3.1 评价的因子

依据已发表的关于立地质量评价的论文可知，评价因子的选择主要分为气候、土壤和地形三个方面。立地质量评价时，依据研究区域以及研究重点的不同，可以将这三方面的因子同时考虑，综合研究具体哪些因子会影响立地质量，也可以单独选择其中某一方面进行研究，重点考虑该方面因子对立地的影响。

（1）气候因子

受前人研究影响，气候因子更倾向于选择温度和降雨量，由此便衍生出干旱时间和干燥度指数等一些与温度和降雨量相关性较强的因子。例如，Seynave et al.（2005）引入水分亏损作为一个参量，评价法国东部云杉林的立地质量。一系列研究表明，水分作为一个影响立地质量的隐性因子逐渐变得明朗化，若进行立地质量评价，水分因子是必选的一个因子。

（2）土壤因子

土壤作为林木赖以生存的资源，土壤的养分、湿度和侵蚀程度等极大地影响着林木的生长，研究立地质量时土壤因子毋庸置疑是最重要的因子。因此，它的选择需要尽量涵盖土壤的多数信息，以便精确地反映林木的生长，如土层厚度、裸岩率、pH 值、C/N、含沙量、Ca/Mg、容重、石砾含量、质地、紧实度、腐殖质厚度、土壤磷含量（Corona et al.，2005）以及土壤侵蚀程度（Farrelly et al.，2011）等。

（3）地形因子

通常情况下，谈到地形因子自然会将坡位、坡度、坡向和坡形作为主要因子来考虑，然而当杨丽娜等（2007）通过研究不同坡形坡面侵蚀程度变化得出凹形坡大于凸形坡，并且随着坡度的增大侵蚀程度增大之后，知道了坡形不同土壤侵蚀程度也不相同，林木的生长也会受到坡形的影响。所以，在研究立地时也需要考虑坡形因素。

1.1.3.2 评价模型

评价模型是立地质量评价的核心与关键，各国学者均在模型研建中进行了很多研究。国内外学者根据研究目的的不同，分别对不同区域、不同树种采用不同的建模方法，对立地质量进行评价。有的模型重点考虑优势高，有的模型侧重研究因子的影响程度，下面是几种具有代表性的模型。

（1）高生长模型

一些学者在研究中认为树高对林地的生产力十分敏感，所以把林分的高作为划分立地质量的指标，因此不考虑环境因子，而仅采用年龄—树高因子作为立地评价模型的变量。

Palahí et al.（2008）对希腊东北部 78 块卡拉里亚松纯林、卡拉里亚松与栎树混交林进行的立地质量评价研究得出，由于模型（1-1）对林分年龄没有要求，因而更适合于模拟异龄林林分。使用该模型需要考虑生物学特性，其使用范围有限定要求，即优势木年龄小于 20 年的林木不适宜采用该模型进行评价。

$$H_{dom2} = \beta_1 \Big/ \left[1 - \left(1 - \frac{\beta_1}{H_{dom1}} \right) (T_1 / T_2)^{\beta_2} \right] \tag{1-1}$$

其中，H_{dom1} 和 H_{dom2} 分别是优势木林龄为 T_1 和 T_2 时对应的树高，β_1 是渐近参数，β_2 是生长率。

（2）参数模型

Corona et al.（2005）利用模型（1-2）对意大利撒丁岛栎树进行立地质量评价时选取的 3 个参量的取值范围分别是：海拔为 120~830m，土壤中的磷含量为 2~62mg/kg，含沙率为 0.61~0.97。他运用分类树法对立地进行逐级分类，得出优质立地和非优质立地的各参量阈值，并认为该模型适合用于立地分类以及景观分类。既定立地情况时种植不同树种可以达到不同的景观效果，从而达到对景观分类的目的。但是仅凭以上 3 个参量似乎不能完整地反映立地的情况。

$$SI = 1 \Big/ \ (1 + e^{26.8 - 0.0149ELEV - 0.0953PHOS - 18.96SAND}) \tag{1-2}$$

其中，SI 为立地指数，$ELEV$ 为海拔，$PHOS$ 为土壤中磷含量，$SAND$ 为土壤含沙率。

有些学者通过对经典 Logistic 模型与 Richards 模型进行修正或者对参数进行变换作为评价立地质量的模型。例如，Buda and Wang（2006）评价加拿大安大略省糖槭立地质量时，通过比较三参数 Logistic 方程和修正五参数 Richards 方程，拟合发现修正五参数 Richards 方程的优势高误差范围为 ±3m，更适合于评价混交林的立地质量。同样基于 Richards 方程，惠刚盈等（2010）对 Richards 方程中参数 c 进行变换，导出的立地质量模型具有形式简单、参数较少等特点，并运用该模型对 164 块杉木样地进行评价，得出可利用该模型对无地位指数表区域的立地质量进行评价，但是该模型仅适用于较低基准年龄优势高的预测。

（3）气候模型

Monserud et al.（2008）在研究加拿大西部亚伯达省上千株黑松在温度和干燥度指数提高对立地质量的影响时得出如下立地指数模型：

$$SI = 2.39 + 0.01214 \times GDD_5 \qquad (1-3)$$

其中，GDD_5（growing-degree-days >5℃）为生长度日，是指植物生长所需热量，即表示在基础温度>5℃时，某一树种完成某一生长阶段所经历的累计有效积温值。引入热量因子是该模型的一大特点，通过该模型可以计算树种完成生长阶段（如30年）内SI值的变化，清楚地反映出森林生产力的变化情况，并据此判断该时间段内森林是否经历过某些经营活动（前提是假定降雨的影响为零）。因为干燥度不同SI亦不同，计算区域SI时必须明确所处的坡向，这是运用该模型需要注意的问题。Bravo-Oviedo et al.（2010）分别在伊比利亚半岛北部高原、伊比利亚半岛中央山脉、伊比利亚山脉以及赛古拉阿尔卡拉斯山脉建立了188块马尾松样地，运用 Bravo-Oviedo 模型（1-4）作为立地指数预测模型，将立地指数分为6级：Ⅰ级为大于等于24m，Ⅱ级为20~24m，Ⅲ级为16~20m，Ⅳ级为12~16m，Ⅴ级为8~16m，Ⅵ级为小于等于8m。优势木高度更多地取决于气候因子的变化，可通过不同时刻优势木高的差异量来反映干燥度与林木生长之间的微妙关系。

$$H = H_0 \left(\frac{t}{t_0} \right)^{v+\delta} \left(t_0^{\delta} R + k \right) \left(t_0^{\delta} R + k \right)^{-1} \qquad (1-4)$$

$$R = Z_0 + \sqrt{Z_0^2 + 2k H_0 / t_0^{v+\delta}}$$

$$Z_0 = \frac{H_0}{t_0^v} - \eta$$

其中，$\eta = a_0 \times PR \times \sqrt{T}$，$\delta = b_0 + b_1 \times DOL$，$v = (c/DL + 1)$，$k = 2\alpha v'$，$v' = e^v$，$\alpha = 0.5$，$H$ 和 H_0 分别是林龄为 t 和 t_0 时对应的优势木高，PR 是冬季和秋季的季节性降雨量总和，T 是一年的平均温度，DL 是干旱时间（单位为月），DOL 是白云岩存在量，a_0、b_0、b_1 和 c 是预估参数。因为针叶树适宜在中性或微酸性土壤中生长（pH 值为 5~6.5），而白云岩可用作土壤酸度的中和剂，因而选择白云岩存在量作为模型参量。

Weiskittel et al.（2011）选取最热月份最高温度、生长季降雨量（4~9月）、最寒冷月份平均温度、夏季干燥指数、最炎热月份平均温度与最寒冷月份平均温度差值、生长季降雨量与年均降雨量的比值并与 GDD_5 作乘、最炎热月份平均温度与最寒冷月份平均温度的差值与平均每年冰雹量作乘再除以 100 这 7 个气候因子建立气候模型，对美国西部近万株科罗拉多冷杉、美国加州红杉、北美红杉和美国西加云杉等进行了立地质量评价。该方法比较简便，通过气候变化即可感知立地质量的差异。

（4）数量化模型

Farrelly et al.（2011）对爱尔兰地区覆盖所有立地质量的 201 块云杉林样地，通过 10 个拟合模型最终确定模型（1-5）相关系数最高，适于评价云杉的立地质量。该研究表明云杉更适于生长在土壤湿度相对较高、养分充足的立地。该模型虽然未考虑空间信息，但由于其考虑了土壤湿度和土壤养分的分类，适合林业工作者在进行立地质量评价中使用。

$$SI = 41.28 - 0.01(Mg) - 0.04(elv) + 1.26(cos) - 0.17(tw) - 12.93(SEVex)$$
$$\left. \right\} \quad (1-5)$$
$$- 12.63(Vex) - 7.21(Mex) - 6.44\ (SHELex)$$

其中，Mg 是土壤中镁元素，*elv* 是海拔，*cos* = 0.2，*tw* = 4，*SEVex*，*Vex*，*Mex* 与 *SHELex* 均为土壤侵蚀程度，分别代表剧烈侵蚀、强烈侵蚀、中度侵蚀与轻度侵蚀。

（5）代数差分法和广义代数差分法

起初运用理论方程拟合优势高生长时运用导向曲线法，导向曲线法即是直接用理论生长方程原型，通过比例调节得出不同时期的树高（Von Gadow and Hui，2001），该方法拟合出的是静态模型。另外，还有参数预估法（Anta and Diéguez-Aranda，2005）与差分方程法两种构建方法。参数预估法是将理论方程中的参数全部或部分表达为立地指数的函数，该方法的优点是能够比较清晰地表达方程的多形含义，但存在很难直接导出立地指数的显式预估的问题（Mcdill and Amateis，1992）。

Bailey et al.（1974）提出利用代数差分法（ADA）对立地质量进行模拟，该方法对于立地指数模拟技术有着举足轻重的作用。ADA 利用了不同时点方程参数不变性的特点，通过已知的初始林分变量，选择三参数之一作为约束，变三参数为两参数，这样基于差分法获得的方程均是动态方程（Palahí et al.，2004；Bravo-Oviedo et al.，2008）。基于该特点，ADA 有很多应用，Lappi and Bailey（1988）运用 ADA 对人工湿地松优势木高进行预测，并对结果进行统计分析，得出预测误差在标准误范围内，从而显示了 ADA 进行预测的可靠性。Cao et al.（1997）运用 ADA 对美国路易斯安那州南部火炬松和长叶松优势木高进行预测，结果表明短期内的预测结果比较满意。为了得到多形可变渐近线方程，Cieszewski and Bailey（2000）提出了广义代数差分法（GADA），由此可得到多形可变渐近线方程。Lauer and Kush（2010）依据美国东部海湾地区经过抚育间伐的天然长叶松林分的 285 块固定样地数据，采用 GADA 进行优势高预测。Anta et al.（2006）通过数值与图解法结合比较 6 个备选模型，并运用双交叉验证法来评价加利西亚的 212 块同龄纯林南欧海松林。结果表明在运用 GADA 的 Korf 生长模型可以很好地表达数据，但是用来精确预测林分断面积却效果不明显，同样针对南欧海松的研究，Nunes 等以 GADA 方法论为基础探索动态立地等级的树高—年龄模型（Nunes et al.，2011）。

由于立地质量评价研究在实现土地合理利用、优质高效抚育健康森林中发挥着举足轻重的作用，世界各国对立地质量评价的研究都非常重视。立地质量评价的发展趋势是：从以单因子为变量发展到对多因子综合考虑分析作为模型变量；从先前单学科分析到现在多学科（林学、计算机技术、遥感技术和地理信息系统）综合应用；从早期单纯考虑土壤肥力到目前结合气候等多因素从定性与定量相结合的多角度分析；从最初单一树种的评价到现在的多树种评价；从之前仅考虑有林地的立地质量到之后对无林地的分析，并作出适地适树最优决策的目标。这一系列的发展趋势表明立地质量评价研究取得了很好的成绩，对于未来森林经营管理具有一定的现实意义。

1.2 林分生长收获模型研究进展

Bruce 在 1987 年世界林业大会上，对生长收获模型进行了统一的、概念性的描述：生长收获模型是为了反映林木或林分的生长状态或收获量的一个或一组数学函数（Bruce and Wensel，1987）。Schumacher 在近 70 年前，首次使用数学函数，建立了基于林分密度的回归方程模型（Buchman et al.，1983），林分生长收获模型与林分年龄、密度、立地质量紧密相关，有的还需加入经营措施变量。在构建林分生长收获模型中，主要应用经验模型、理论模型和两者结合的方式进行。经验模型多以一元和多元回归方程的形式拟合构建，理论模型的参数具有合理的生物学解释。在目前的研究中，大部分林木生长模型的模拟均属于非线性回归模型。根据模型结构的差异和研究目的的需要，林分模型有多种分类方法（Munro，1983；Avery and Burkhart，1983；Davis and Johnson，1987），我国在该领域的研究中，主要采用 Avery 提出的方法，将林分模型分为单木模型、径阶分布模型、全林分模型（孟宪宇，2006）。

1.2.1 单木模型

单木模型的核心是确定竞争指标。为提高模型的预测精度，出现了大量不同的竞争指标，如相对直径、断面积重叠指数（Opie，1968）、简单竞争指标（Hegyi，1974）、修正 CI 指标（Daniels，1976）、点密度法（Daniels et al.，1986）、树冠重叠指数（郑勇平等，1991）、有效冠表面积（刘微和李凤日，2010）等。单木模型根据有无对象木和竞争木的位置信息分为与距离有关、与距离无关的二类模型。①与距离有关的单木生长模型，除了立地质量和林分密度因子以外，其竞争指数中包含周围树木的直径、与对象木的距离等因子，模型复杂度较高，Newnham 最早构建了该类生长模型，随后 Daniels 和 Burkhart 为美国东南部火炬松（*Pinus taeda* L.）人工林建立了与距离有关的单木生长模型，简称为 PTAEDA 系统（Daniels，1976）。在该系统中，所用的多数方程之间结合十分紧密，进而为检验单木生长模型内部结构提供了便利条件。Hegyi（1974）、Amey（1974）、Radtke et al.（2003）等各自先后构造了不同林分的与距离有关的单木生长模型。在我国，江希钿以简单竞争指标作为竞争指数，利用阻滞方程建立了单木直径生长量与竞争指数的双曲线方程（江希钿，1996），黄家荣和万兆溟（2000）、郭恩莹（2013）、蒋娴等（2013）也采用 Hegyi 指数构建竞争模型，但缺少对疏开木潜在生长量的表达。虽然国内外学者建立了较多的与距离有关的单木模型，但该类模型需考虑林木的空间位置，在数据采集中业务难度大，因此应用不广泛。②与距离无关的单木生长模型方便外业数据获取，具有较大的实用性，在该类模型的研究中，孟宪宇和谢守鑫（1992）采用潜在生长修正法，建立了华北落叶松 [*Larix principis-ruprechtii*（Rupr.）Kuzen.] 单木生长模型，构建了林冠重叠度竞争指标，刘微和李凤日（2010）将有效冠表面积作为竞争指数，建立了与距离无关的落叶松单木模型，与拿胸径和冠长作为竞争因子的单木模型相比，调整相关系数和模型精度均有所提高。段劼等（2010）将海拔、坡度纳入自变量，构建了侧柏胸径生长量模型。由单木模型预测全林分模型，存在预估不准确的问题（杜纪山，1999），为了解决该问题，Zhang et al.（1997）根据径级断面积与各径级直径生长量之间的理论关系，建立了约束性回归方程体系。Hasenauer et al.（1998）用联合估计方法，根据单木模型较准确地拟合出各林分模型的参数值，以上单木模型的建模均采用潜在生长量修正法和回归估计法，江希钿等（1994）、张惠光（2006）、徐文科等（2011）等采用基于理论方程的生长分析法构建了单木生长模型，但从目前来看，采用理论方程作为基础模型，通过建立方程中的相关系数与竞争指数及林分因子之间的关系而建立单木模型的研究不多。

1.2.2 径阶分布模型

林分径阶分布模型是按径阶的株数分布来表示林分直径结构的模型（中国林业科学研究院科技情报研究所，1981），它是间接预测林分收获量的模型，是木材材种结构、抚育间伐、林木资产评估等领域研究的基础，其核心是建立分布函数的参数与林分因子的关系。在径阶分布建模过程中，分布函数的选择尤为重要，常见的有正态分布（潘存德，1990）、对数正态分布（Bliss and Reinker，1964）、Weibull 分布（Bailey and Dell，1973）、Γ 分布（Nanang，1998）、β 分布（Liu et al.，2004）、Sb 分布（Wang and Rennolls，2005）、正负二项分布和泊松分布等，其中 Weibull 分布、Γ 分布和 β 分布在拟合各类分布函数中具有较大的灵活性，应用相对广泛（孟宪宇，2006）。目前，国内外学者采用不同的分布函数，针对不同的树种建立了大量径阶分布模型。如 Bailey 首次采用 Weibull 密度函数，积分求得林分直径分布函数来描述林分的直径分布状态（Bailey and Dell，1973）。方精云和菅诚（1987）采用求累计频数代替划分径级，使用 Weibull 函数拟合日本落叶松的直径分布函数，根据实测数据，研究了 Weibull 函数中各项参数与平均直径的关系，为今后采用该密度函数拟合方程的参数求解提供了捷径，此外，孟宪宇（1988）、孟宪宇和邱水文（1991）、刘君然和赵东方（1997）、李梦和仲崇淇（1998）、张惠光（2004）、陆元昌等（2005）等也采用 Weibull 函数构建了不同树种的直径分布模型。李凤日（1987）在兴安落叶松天然林直径分布的研究中，认为综合 Γ 分布拟合精度优于 Weibull 分布，张雄清和雷渊才（2009）等亦采用 Γ 分布建立相应的模型，陈永富（2009）使用上述提及的各类分布函数对桉树（*Eucalyptus robusta* Smith）人工林进行直径分布的拟合，则发现 β 函数的精度最高，周国模等（1992）认为，正态分布拟合杉木人工林直径分布接受度最高。除单纯使用分布函数构建直径分布模型以外，Borders and Patterson（1990）采用联立方程组法描述直径分布规律，崔恒建和王雪峰（1996）研究了非参数核密度估计方法在直径分布中的应用，研究结果优于密度函数拟合精度。唐守正（1997）推导了与直径分布无关的直径累计分布生长函数，用于预测全林分模型，黄家荣等（2006，2010）使用人工神经网络法构建了马尾松（*Pinus massoniana* Lamb.）人工林直径分布，杜志等（2013）采用限定混合 Weibull 模型，研究了云冷杉林的直径分布。

1.2.3 全林分模型

全林分模型一般以林分或样地为单位，预测各项常见林分因子，如平均胸径、平均树高、总断面积、蓄积等随着林龄、林分密度等的变化情况（孟宪宇，2006）。全林分模型在人工纯林的生长收获预测中有广泛的应用。最初，学者们对于该类的研究，只限于对固定密度的林分进行生长量的计算和收获量的预估，但林分的密度会随着时间而改变，随后，Mackinney et al.（1937）、Buchman et al.（1983）等学者将密度变量引入模型中，开创了可变密度全林分模型研究的先河。在 20 世纪 80 年代之前，全林分模型分为生长与收获两个方向，但两者具备较低的相容性，为了解决该问题，Buckman et al.（1983）首次将微分和积分的概念引入林分生长收获模型中，实现了生长模型和收获模型的相容。在我国人工林全林分模型研究中，唐守正（1991）提出了全林整体生长模型的概念，构建了林分因子之间的生长模型组，各模型之间具备相容性，随后邓晓华等（2003）、冯仲科等（2008）、张雄清和雷渊才（2010）、洪玲霞等（2012）构建了相应树种的全林整体生长模型，但由于全林整体模型建立的机理是根据已知的变量方程推导出另一变量方程，因此模型存在较大的系统误差。为了解决该问题，Qin and Cao（2006）使用聚解法，张雄清等（2014）使用组合预测法，使得模型的残差变小，兼容性更大。在全林分模型建模中，理论方程 Richards 由于覆盖面广、模型拟合精度较高的特点而被广泛地使用（杜纪山和唐守正，1998；李春明，2009）。起初该方程只是简单地描述林分生长和时间的关系，随后逐步发展成加入密度因子和立地因子的综合模型。唐守正和李勇（1998）研究了 Richards 方程和林分随机生长的关系，Liu and Li（2003）采用 Chapman-Richards 模拟了柳杉（*Cryptomeria fortunei* Hooibrenk）人工林和红松（*Pinus koraiensis* Sieb. et Zucc.）天然林林分胸径和树高的关系。惠淑荣和于洪飞（2003）以 5 参数 Richards 方程为基础，构建日本落叶松林林分生长量模型。在经验方程的运用中，周国模（2001）采用对数式方程拟合杉木胸径和蓄积的生长模型，李春明等（2004）使用 Schumacher 模型建立了间伐林分断面积生长模型，杜纪山和洪玲霞（2000）拟合了断面积生长率 PG 和蓄积生长率 PM 的负指数线性方程，较前人的研究提高了模型精度。近些年，随着计算机技术的发展，神经网络模型和混合效应模型也逐步广泛用于全林分建模研究中，例如邓立斌和李际平（2002）采用人工神经网络模型，构建了杉木蓄积收获模型，陈东升等（2013）建立了基于混合模型的落叶松树高模型，符利勇等（2012）建立了非线性混合模型的杉木优势木平均高模型，该类模型与传统的最小二乘法比较，拟合精度显著提高。

1. 2. 4　密度模型

林分密度控制就是最优密度问题。一直以来都是林业研究的主旋律。造林密度的选择是人工林培育的重要技术环节，对林分在不同时期的林木种群数量有决定性作用，从而显著地影响林分结构与生产力，直接影响定向培育的材种目标能否实现及经营者的经济效益。国内外对火炬松、欧洲赤松、挪威云杉等针叶树的初植密度与经济效益开展了广泛的研究，大多数早期的研究者认为应该加大针叶树种林分的初植密度，其收益可以从以后的间伐中回收（Solberg and Haight，1991；Haight，1993）。造林密度强烈影响早期生长，幼龄林生长阶段，即造林初期前几年，树高和直径生长量随着造林密度的增大而增加。邓伦秀（2010）依据地位指数为14、16、18的杉木数据研究林分密度效应立地情况单一。林分密度是影响林分生长和产量的重要因素之一，又是营林工作中能够有效控制的因子，因此建立可变密度的全林分模型更为适用。另外随着对全球气候变化研究的日益关注，将林木自身和生长环境对林木生长的生理生态过程的影响考虑到林分生长和收获模型建设中来，是目前林分生长和收获模型发展的重要趋势。机理性模型更贴近林木生长的实际状态，更能科学地解释森林生长过程，模拟精度更高。

对于人工林而言，人工林经营决策的核心是密度控制，在该方面研究较多的是密度控制图。密度控制图是一种林分水平的产量模型，由日本学者吉良龙夫于1957年首次提出密度效应法则，安藤贵首次将密度效应模型通过密度控制图的形式直观地展示出来（向玉国，2014）。1978年尹泰龙将林分密度控制图引入国内，编制了我国首个以单位蓄积收获量为因变量的林分密度控制图（尹泰龙等，1978）。并在20世纪八九十年代得到推广和应用，在学习和借鉴国外林分密度控制图编制技术的基础上，我国林业工作者分别对杉木（解开宏，2006；田猛等，2015）、马尾松（林杰等，1982）、日本落叶松（张铁砚等，1989）、柳杉（林小梅，2002）、油松（梁守伦和王洪涛，1996）等主要用材树种编制了以蓄积收获为因变量的林分密度控制图（邓伦秀，2010）。21世纪以来，密度控制图的应用层面进一步扩大，对该方面的研究已不局限于以蓄积为因变量，而是根据不同经营目标，来考虑森林不同生态功能与密度之间的关系，如生物量（向玉国等，2013）、碳储量（靳爱仙等，2009；向玉国等，2014）、水源涵养量密度控制图（向玉国，2014），从不同需求层出发，对同龄林的造林设计、定量间伐、资产预估、资源清查等方面提供决策依据。

图1-1与表1-1介绍了林分生长收获模型发展的分类与发展历程。

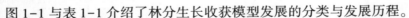
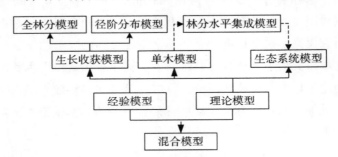

图1-1　林分生长收获模型的分类

表1-1　林分生长收获模型发展进程

年份	作者	模型描述
1898	De Liocourt	balanced diameter distribution (a constant *q* value)
1938	Duerr and Gevokiantz	yield table
1952	Meyer	balanced diameter distribution (*q* ratio)
1953	Knuchel	Method du Control
1964	Leak	diameter distribution (*q* ratio)

（续）

年份	作者	模型描述
1969	Moser and Hall	stand-level models
1972	Moser	system of equations
1972	Botkin	JABOWA：gap model
1973	Stage	PROGNOSIS
1973	Bruner and Moser	Markov chains
1974	Ek	Nonlinear stand table projection
1974	Ek and Monserud	FOREST：distance-dependent model
1979	Hahn and Leary	FREP：growth projection system
1980	Buongiorno and Michie	Matrix model
1982	Wykoff et al.	PROGNOSIS version 4.0
1988	Murphy and Farrar	system of difference equations
1988	Pukkala and KolstroÈm	transition matrix model.
1991	Guan and Gertner	artificial neural network model
1994	McTague and Stansfield	system of difference equations
1995	Buongiorno et al.	nonlinear matrix model
1996	Teck et al.	Forest Vegetation Simulator（FVS）
1997	GoÈlser and Hasenauer	distance-dependent regeneration model
1998	Lin et al.	density-dependent matrix model
1999	HoÈkkaÈ and Groot	individual-tree basal area growth model
2004	Palahí et al.	improve individual-tree diameter growth models
2005	Liang et al.	Estimation and application of a growth and yield model
2007	Schröder et al.	Modeling individual-tree growth in stands
2013	Alegria and Tomé	A tree distance-dependent growth and yield model

1.3　树冠形态模型研究进展

　　针叶林中，针叶是杉木光合作用的主要器官。针叶在植株总干重（包括地下部干重）中所占比重比较稳定，大约在30%～35%之间，略小于树干，而比地下部分和枝条要高（龚垒，1984），因而需要考虑树冠生物量特别是叶生物量。树冠结构对树干材积生长有很大影响，对杉木进行整枝可以提高材质。

　　作为树木重要组成部分的树冠是树木进行光合、呼吸和蒸腾作用的重要场所，是反映树木长期竞争水平的重要指标。树冠的形态结构直观反映了树木的生长发育状况，可以预测林木的生长、健康、地上生物量和树冠的光截获量。然而树冠测量耗时耗力，在实际生产中不可能对每株林木的树冠进行测量，因此构建高精度树冠形态模型变得非常有必要。

1.3.1 树冠属性生长模型

树冠模型按照研究内容主要分为树冠属性生长模型和空间结构模型两大类。树冠属性生长模型是建立对树冠冠幅、冠长、分枝等树冠属性的生长量与林分其他因子之间的函数关系，在该类模型的构建中，冠幅模型的研究居多，冠幅模型是建立树冠冠幅与冠长、枝下高等树冠属性及林分其他因子之间关系的函数，构建单木冠幅模型的方法很多，其中以线性回归模型居多，自 Curtis and Reukema（1970）首次用线性回归法，构建了以直径、树高和地位等级为变量的黄杉（*Pseudotsuga sinensis*）冠幅生长模型以来，线性回归法在冠幅模型的构建上得到了广泛的应用（Bechtold，2004；雷相东等，2006；Russell and Weiskittel，2011；覃阳平等，2014）。近年来，研究者更多地运用非线性回归方法构建冠幅模型，如周元满等（2006）建立了桉树冠幅阶跃函数模型，该模型较好地解决分段拟合模型在变点上的不连续问题，其应用效果优于一般回归拟合模型，Ritchie and Hamann（2008）采用非线性三阶段最小二乘法构建幼龄黄杉的冠幅生长方程，模型表达了冠幅年增长量与冠幅面积和树高增长的关系，Ledermann（2011）构建了云杉（*Picea asperata*）的非线性冠幅枯损模型，符利勇和孙华（2013）以立地指数和样地因子作为水平因子，建立了非线性混合单木冠幅模型。此外，Valentine（2012）、姜立春等（2012）等人分别构建了冠长、枝条与林分因子之间的关系模型。

1.3.2 树冠空间结构模型

树冠空间结构模型是探索树冠几何形状和空间分布状态的一类模型，具体用于研究树冠形状、冠层结构、树冠体积、树冠投影及枝叶分布格局，树冠空间结构模型的研究是一类较新的研究领域。其中，树冠轮廓形状的研究由于具备一定的实用价值，受到学者们的广泛关注。到目前为止，树冠轮廓形状分别从横断面形状和纵断面形状来研究。树冠横断面形状是指树冠内部不同高度处的横断面形状，一般可把其视为圆形，研究起来相对简单，近年来，研究者开始更多地把研究重点放在树冠纵断面形状，也就是树冠轮廓的研究上。经总结，树冠轮廓模型主要分为两类，第一类是使用二次曲线、抛物线、幂函数或者组合方程来描述整个树冠轮廓，如 Bladwin and Peterson（1997）使用单项式函数描述了火炬松任意位置树冠半径和相对冠长之间的关系，Crecente-Campo et al.（2009）在此函数基础上，增加了冠幅变量，使用多项式构建了辐射松（*Pinus radiate*）的轮廓模型，提高了模型的精度。Hann（1999）建立了花旗松（*Pseudotsuga menziesii*）树冠轮廓模型，模型可以计算花旗松任意高度的树冠半径方程。Rautiainen and Stenberg（2005）使用可变指数模型，通过改变参数，来描绘不同欧洲赤松（*Pinus sylvestris*）不同生长环境下的树冠轮廓。Gill and Biging（2012）采用自回归滑动平均模型分别描述了蓝橡树（*Quercus douglasii*）和槲树（*Quercus aliena*）的树冠轮廓。郭艳荣等（2015）将林分按龄组进行分类，分别构建了反应相对冠长和相对冠幅之间关系的杉木树冠轮廓曲线。第二类树冠轮廓模型是以冠幅为分界点，将树冠分成上下两部分，根据分段函数构建树冠轮廓模型，目前已有部分学者使用该方法构建了不同树种的轮廓模型，研究结果表明，将树冠进行分段模拟，所构建的模型在精度上和应用上均优于整体模型，对树冠轮廓的模拟更加具有实用性（Marshall et al.，2003；Crecente-Campo et al.，2009；Crecente-Campo et al.，2013）。除了树冠轮廓形状研究外，Shimano（1997）采用 Sigmoid 函数拟合了胸径和树冠垂直投影面积函数，廖彩霞和李凤日（2007）以胸径、树高和冠长作为因变量，使用幂函数构建了樟子松（*Pinus sylvestris* var. *mongolica*）树冠表面积和体积模型，吴明钦等（2014）在此研究的基础上，认为树高不能提高模型拟合精度，构建了自变量包含胸径、冠长和冠幅的落叶松树冠体积和表面积模型。由于空间结构相关因子不易获取，在模型构建中存在较多的抽象及不确定性因素，因此关于树冠空间结构模型的研究还有更大的扩展空间。

1.4　人工用材林森林成熟研究进展

森林成熟指森林在生长发育过程中达到最符合经营目的和任务的状态。达到最大效益的采伐年龄被视为森林成熟龄，对于森林成熟的研究，最初仅考虑以经济效益和木材生产为经营目标，发展到后来考虑生态效益、社会效益和生物多样性保护等方面，不同林种有不同的成熟指标。对于人工用材林而言，经营目的紧紧围绕着木材的数量和质量及经济价值收获而展开，因此学者们对人工用材林的森林成熟研究主要集中于数量成熟、工艺成熟和经济成熟三个方面。关于用材林数量成熟的研究起步较早，20 世纪五六十年代在数量成熟方面已有较多的研究，但数量成熟只考虑木材的数量，并未考虑质量，在实践中，经营者通常在考虑数量成熟的同时，更多地将木材的削度、造材规格等因素考虑在内，因此出现了工艺成熟龄的研究，随着市场经济的集约发展，近期开始较多地研究用材林的经济效益，在森林作业中，越来越多的工作者以用材林经济成熟龄来确定林分的采伐年龄。

1.4.1　数量成熟

论证和分析森林成熟龄，是确定合理森林采伐年龄和轮伐期的基础。经研究，数量成熟主要与树种的生理特性、林分密度、立地条件及经营措施相关，因此研究林分的生长规律尤为重要。计算数量成熟龄的方法普遍是计算林分材积的平均生长量，最大值所在的年份即为林分数量成熟龄，其表达式为：

$$\theta_{i\max} = (y_i / A_i)_{\max} \tag{1-6}$$

其中 $\theta_{i\max}$ 为林分蓄积的最大平均生长量，y_i 为 i 年的林分蓄积生长量，A_i 为年数，当林分达到数量成熟龄时，林分蓄积的平均生长量就等于连年生长量，例如叶镜中等（1984）采用该方法，以单株木生物量为研究目的，求得最大杉木单株树干的年平均净生产量年份为 16~20 年，吕郁彪（1993）采用二类调查数据拟合 A-M 模型和连年生长率方程，求得广西杉木的数量成熟龄为 24 年。不少学者根据林分密度、立地条件和经营措施对杨树用材林的数量成熟龄进行对比计算分析，在数量成熟龄与密度关系的研究中，徐宏远和陈章水（1994）设计了 5 个密度组的杨树人工林，经过林分蓄积建模和计算林分连年生长量和平均生长量，探讨了不同密度的林分对数量成熟龄的影响，主要结论为初植密度与数量成熟龄成反比。后来，丁凤梅等（2007）、陈少雄和李志辉（2008）、吴敏等（2010）、李子敬（2011）等通过对不同用材林树种的研究，也得到了相同的结论，而有的学者在研究中却得到不一致的结论。周洪等（1990）、揭建林等（2006）分别在杨树丰产林和杉木人工林数量成熟的计算结果中发现林分密度与成熟龄的相关性不大，许星宇和陈少雄（2013）则认为初植密度在一定的范围内，上述结论成立，但密度超过了一定的范围，则两者之间无规律可循。目前关于立地质量对林分数量成熟的影响也存在不一致性，在林斯超等（1989）、王树力和刘大兴（1992）、周国模（2001）和陈东升（2010）等人的研究中，认为立地条件越好，数量成熟越早，而亢新刚（2011）、周洪等（1990）、李子敬（2011）的研究却持相反的观点。有关经营技术与数量成熟的关系研究并不多见，周洪等（1990）在杨树人工林的研究中，发现经营强度越高、经营技术越强，林分的数量成熟期就越晚。

目前对用材林数量成熟的研究方法较完善，研究结果较透彻，其核心就是计算林分平均生长量最大值所在的年份。也有一部分学者在此基础上，对数量成熟龄的研究进行进一步的探索，从理论层次提出新方法，如俄国学者合理运用远景分析法，建立长久年份的林木蓄积总收获量和采伐年龄的混合函数式：

$$y = \frac{x}{ax^2 + bx + c} \qquad (1-7)$$

其中，y 为长期林分蓄积总收获量，x 为采伐年龄。对公式（1-7）进行求导，导数为零的状态下得到 x 的值 $x = \sqrt{c/a}$，即为林分的数量成熟龄（李裕国，1975）。吴秉礼等（1986）将 Logistic 阻滞模型推导得到 $M = 2/K$ 时，此时的杉木林分收获量最大，Daniel 根据林分生长率下降到一定程度时的年龄来确定数量成熟龄（赵克维，1979），戴希龙（1986）、盛炜彤等（1991）也应用此法分别求得红松、大岗杉木林分的数量成熟龄。王炳云和孙述涛（1994）使用木纤维分子长度与年龄做回归方程，对因变量二阶求导为零时所得的年龄再加上树木生长到胸高的年数即为样木的成熟龄，并采用刺槐树种进行实验，求得刺槐林分数量成熟龄为 23~28 年。

近年来，对林分数量成熟龄的研究集中在对新树种的数量成熟龄的计算，而未见理论层面上的创新，除了以往对杨树、杉木、落叶松、红松等几种常见的用材林树种以外，研究者开始对速生桉树（陈少雄和李志辉，2008）、顶果木（吕曼芳等，2013）、鲚萹栲（*Castanopsis fissa*）（李贵等，2013）、蒙古栎（*Quercus mongolica*）、水曲柳（*Fraxinus mandschurica*）、胡桃楸（*Juglans mandshurica*）和黄波椤（*Phellodendron amurense*）（薛佳梦等，2013）等树种开展数量成熟的计算。

1.4.2 工艺成熟

林分工艺成熟注重林木的质量水平，20 世纪 20 年代末，苏联学者康德拉奇耶夫和阿努钦首次提出以材种的材积平均生长量为确定工艺成熟的基础（陈东升，2010）。对于具有一定规格的材种，林木的用材材积平均生长量达到最大的年龄为用材林林分的工艺成熟龄，纸浆材无严格的造材规格，其工艺成熟龄的确定依据造纸的工艺要求（李子敬，2011）。计算具有造材规格的材种工艺成熟龄的关键是计算林分出材率，编制林分材种出材率表。计算材种出材率一般使用材积比法和削度方程法（孟宪宇，2006），目前国内外对出材率的研究多集中在以削度方程为基础的编表技术上，建立削度方程已成为编制材种出材率表的首选方法和基础工作。

削度方程（taper function）又称干形方程（stem profile function），由于方程能够估算树木任意高度所对应的去皮直径，间接计算不同高度树干材积，因而广泛应用于造材规格的设计。国内外学者对削度方程的研究已持续较长时间，Kunze（1873）最早提出了描述树干四个不同段位轮廓的树干曲线方程（孟宪宇，2006），随后，Kozak et al.（1969）、Max and Burkhart（1976）、Cao et al.（1980）、Brink and Gadow（1986）、Solomon et al.（1989）、Bi（2000）、Bi and Long（2001）、Huang et al.（2003）等针对不同树种建立了一系列具有代表性的树木削度方程。近几十年来，对削度方程的研究偏重于选用拟合效果最好的方程来求算某一材种出材率，编制材种出材率表。Newnham（1992）采用多变量削度方程进行加拿大短叶松等树种用材长度和用材材积的精确无偏估计，John et al.（2008）建立柏树等树种树干分段兼容模型来进行商品材材积的预估，Návar et al.（2013）采用削度方程进行锯木、胶合板和次生林产品的出材量估算，提出优化林业产业规划及木材收获的方法。我国学者在利用削度方程计算材种出材率方面也展开了相关研究，孟宪宇（1982）对不同的削度方程和材积比方程进行研究和比较，选择最优方程编制杉木经济材出材率表，王明亮（1998）提出一种改进的编表方法，仅根据削度方程和树高曲线计算杉木及落叶松的出材率，江希钿等（2000）建立高径比为辅助变量的可变参数削度方程，为马尾松二元材种出材率表、地径出材率表的建立提供便捷，姜立春等（2011）研究了兴安落叶松削度方程和材积方程的关系，建立了两者的相容性模型。

除了削度方程以外，使用材积比法编制材种出材率也得到了广泛的应用（张铁砚等，1992；李宏，1998；周少平，2007；詹庆红等，2009）。在工艺成熟研究中，通常的做法是把林分生长过程表和材种出材表相结合，从中找到林分生长发育过程中目的材种平均生长量最大的年龄即为工艺成熟龄，多数林业工作者采用此方法求得（刘强和张鹏，2003）。也可通过材种出材率模型来计算，例如刘悦翠（1988）就不同材种出材率模型计算刺槐林材种工艺成熟龄，此外，部分林业工作者采用马丁尔法来计算用材林工艺成熟，但该方法虽然简便灵活，但只能针对某一材种进行计算，应用范围小（亢新刚，2011）。此外，纸浆用材林除了依据出材量和生长量的关系外，还需依据制浆特性和纸浆的物理性能检测来定。徐有明等（1994）采用管胞形态、木材密度和化学组成成分确定池杉（*Taxodium ascendens*）纸浆材工艺成熟龄为 14~18 年；Vande et al.（2007）讨论了疣皮桦（*Betula pendula*）、糖枫（*Acer saccharum*）、毛果杨（*Populus trichocarpa*）及垂柳（*Salix babylonica*）纸浆材的超短轮伐期等。

1.4.3 经济成熟

森林的经济成熟概念的诞生是林业商品化的必然结果，经济成熟是反应林木或者林分给经营者带来的最高经济效益，其收获最高经济效益的年份即为经济成熟龄。经济成熟是确定人工林采伐收获最为重要的依据，从经济成熟角度探讨林分最佳轮伐期逐渐成为森林经营领域的研究热点（Lothner et al.，1986）。

确定林分经济成熟较传统的方法是现金流折现法，其主要依靠经济指标来衡量林分的经济成熟，主要指标有年均纯收入、内部收益率（Berger et al.，2011）、净现值（Chiabai et al.，2011）、林地期望值（Tomas，1992）、增值指数、指率式等。国内外广大林业工作者在这方面开展了大量的研究工作，取得了一系列研究成果。1849 年，Martin Faustmann 开展了林地期望值的研究，提出了著名的 Faustmann 模型（Martin，2007），实现了森林成熟研究领域中从数量成熟到经济成熟的跨越，模型以木材永续利用为前提，其模型如下：

$$LEV\ (T)_{max} = P\ (T)\ V\ (T)\ (1+r)\ -C+ [P\ (T)\ V\ (T)\ (1+r)^{-r}-C]\ (1+r)^{-r}$$
$$+ [P\ (T)\ V\ (T)\ (1+r)^{-r}-C]\ (1+r)^{-2r}+\cdots$$
$$= [P\ (T)\ V\ (T)\ (1+r)^{-r}-C]\ [1+(1+r)^{-r}+(1+r)^{-2r}+\cdots]$$
$$= [P\ (T)\ V\ (T)\ (1+r)^{-r}-C]\ /\ [1-(1+r)^{-r}]$$

$$(1-8)$$

其中，$LEV\ (T)_{max}$ 为最大林地期望值，$P\ (T)$ 为立木价，$V\ (T)$ 为林分年龄为 T 时的单位面积收获量，r 为年利率，C 为成本，T 为轮伐期。

Faustmann 模型是最高林地期望值模型，模型阐述了经济成熟龄和木材收获、成本、利率及木材价格之间的数量关系，此后，林学界利用 Faustmann 模型，展开了众多关于人工林经济成熟的研究工作（Samuelson，1976；Johansson and Löfgren，1985），其他经济指标均是 Faustmann 模型的特殊形式（刘俊昌，2011）。但 Faustmann 模型是静态模型，且未考虑存在的动态因素，如土地转让、林地的非木材效益等，随后许多新的改进的模型被提出来，1976 年，Hartman 在 Faustmann 模型的基础上，将森林到达轮伐期之前土地上非木质产品和服务所产生的效益考虑其中，提出了 Hartman 模型（Hartman，1976），其表达式为 $\int_0^T e^{-rt} A\ (E,\ t)\ dt$（1-9）。Chang 将劳动力因素变量放入 Faustmann 模型，将劳动力成本加入固定成本，使得蓄积收获同时受轮伐期和劳动力的影响（Chang，1984），Tapan and Henry（1986）指出 Faustmann 模型仅适用于基于线性效用函数的经济预估，Johnson and Scheurman（1977）构建了经济因素的线性二项目标函数，使用迭代损益法求得最优轮伐期。Kuuluvainen and Tahvonen（1999）建立了基于多方效应的模型，使用该模型计算的经济成熟龄小于最大可持续产量轮伐期，Tahvonen et al.（2001）建立了信贷约束条件下的林地价值模型，模型不局限于 Faustmann 模型在资本市场下的假设条件，并对 Faustmann 模型存在的问题进行了证实，Wang and Xu（2010）考虑到木材收获函数会随时间变化而变化，在原模型的基础上，以积分的形式表达每公顷蓄积量的思想，但未应用于实践。目前，采用上述指标对森林经济成熟的研究已经趋于完善，但现金流折现法的经营模型是确定性模型，需要以木材收获函数、利率、木材价格及森林经营成本不随时间而变化的假设为前提，而森林实际经营中存在诸多不确定性因素会对上述因子产生改变。Myers 于 1977 年提出采用实物期权法，他指出一个投资方案产生的现金流量所创造的利润，等于投资者对目前所拥有资产的使用价值与投资者未来投资行为的价值之和（Myers，1977），Morck et al.（1989）首次将实物期权法应用于林业进行经济成熟的运算。实物期权法在林业中的应用原理是：在假设木材价格符合几何布朗运动规律的前提下，采用二项式价格波动路径模型，通过反向推理，利用采伐期权和等待期权值的比较来判定林木最佳采伐年龄。图1-2为价格波动二项式模型。

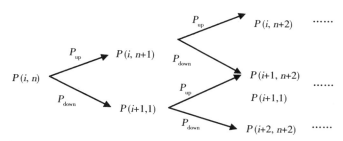

图1-2　价格波动二项式模型

其中，$P(i, n)$ 表示时间阶段 n 的第 i 个木材价格节点，P_{up} 为木材价格上调概率，P_{down} 为木材价格下降概率。每个节点都能衍生出 2 种可能性，即木材价格上涨和下跌。近十几年，该方法开始应用于森林经济成熟研究中（Luehrman，1998）。相对于传统的经济分析方法而言，实物期权法将研究的着眼点从林地或林分水平的盈利性转移到了林业经营体的盈利性上，充分考虑了影响轮伐期的诸多外界因素，但该方法模型推导过程复杂，参数数据在实际应用中不易得到，因此使用该方法对经济成熟的研究，在我国仍需进一步探索和应用。

1.5　树木和林分三维可视化研究进展

1.5.1　三维可视化系统

国外林业可视化及生产经营决策支持的研究和应用主要集中在森林生长收获、病虫火灾害的防控、土地利用、生态系统管理、农林系统规划等几个方面。景观管理系统（Landscape Management System，简称 LMS）是一套由美国林务局（USDA）太平洋西北研究中心、华盛顿大学和耶鲁大学三家单位共同开发的针对森林可持续经营管理的研究课题。LMS 是一套林业计算机应用软件系统，主要由五个相互独立又相互无缝镶嵌的软件模块和两个辅助分析工具组成，包括林分生长模型（FVS）、林分可视化系统（SVS）、环境可视化系统（EnVision）、森林资源分析（Forest Inventory Wizard for ArcView）、森林火灾与枯落物分析（LMS-FFE Addon）。其中，SVS 能够直观地模拟标准地内林分的生长状况（McCarter et al.，1998），对样地不同间伐处理后各个生长期的生长效果进行模拟，给出林分胸径、树高结构等直观的统计信息。自 1973 年着手研发以来已被广泛地应用，并在国内也得到了一定程度上的普及。

瑞典农业大学针对森林的多目标经营分析和林业的可持续发展开发了一套名为 Heureka 的林业决策支持系统，该系统覆盖了从数据调查到可选择的决策支持服务，系统针对不同的用户特殊需求提供大尺度和小尺度的林业解决方案，不仅可以进行三维可视化直观地模拟林分的生长，同时还提供经济价值的计算（Wikström et al.，2011）。该套系统包括：StandWise、PlanWise、PlanEval、RegWise、Ivent、Planstart 六个软件。其中 StandWise 主要针对林分水平的经营管理，其间伐采取选择"砍小留大"的方式进行；PlanWise 主要针对林分水平和景观水平的规划；PlanEval 是在 PlanWise 中建立的对比和分级应用程序；RegWise 用于大尺度的区域水平上；Ivent 为便携式或移动设备上的数据采集系统；Planstart 用于管理数据，包括输入及数据的备份和还原等。

德国的基于单木的林分模拟器 SILVA 提供了灵活的森林生长预测（Pretzsch et al.，2002）。法国 AMAP 实验室从 1999 年开始开发的 Capsis 林分生长模拟系统能够模拟不同间伐措施下林分的收获预测（Courbaud et al.，2001）。Capsis 平台集成了各种林分生长收获模型，从单一林分水平的生长模型或与距离无关的生长模型，到多种多样的个体模型，与空间相关和不相关的。国外目前广泛应用的林业可视化系统中，除 SVS 可对树木形状进行大致人工设计外，其余软件均以近似树木的图形或图像表示，例如 Heureka 在软件中事先设计好各种树木大、中、小三张 tga 格式的平面图像，Capsis 软件则直接以三角型来表示树木。

1.5.2　树木形态和景观三维可视化

目前对林木的三维可视化建模主要采用基于多面体的建模、基于图像的真实感建模技术、基于过程建模这 3 种主流技术。基于多面体的建模方法利用多边形、线段等有限个数的几何图元从树木几何形态结构来构造植物模型。如陈彦云等（2000）采用体纹理、纹元、多边形构造了植物模型。Lluch et al.（2001）利用单一的多边形网格对树木分枝结构进行建模。美国理论生物学家 Lindenmayer 在 1968 年从生物学角度上提出了 L-System，其本质是一种字符重写系统或者形式化的语言方法，通过对植物对象的生长过程进行概括和抽象，构造公理与产生式集、字符发展序列，借以描绘植物的拓扑结构（Lindenmayer，1968）。L-System 在后来的植物建模过程中得到了广泛应用，如应用 L-System 真实地表现树木的拓扑结构（雷相东，2006）。Boudon et al.（2003）采用了"多尺度树图或分解图"的方法对植物进行了建模。孙敏等（2002）将树的分形模型与图像替代模型结合，进行了树木的可视化研究。将图像用于森林场景、林木的建模研究是寻求树木真实感绘制的一种替代方案。刘彦宏等（2002）利用双视点图像来重建无叶树木三维模型。

1.5.3　林分经营可视化

权兵等（2004）在虚拟地理环境和林分生长模型关系探讨的基础上，采用基于数据库的虚拟森林环境构造方法以福建马尾松的人工林生长模型为研究实例进行了林分生长过程的模拟。从林分的初始种植期开始，用 Weibull 分布获得林木的直径分布、树高分布及位置信息等，然后根据林分的枯死模型，模拟林分密度的自然稀疏过程，并计算剩余林木的胸径、树高、冠幅等林木生长参数，采用树木的三维模型形成了不同时段的林分景观。国庆喜等（2005）使用 SVS 软件，以帽儿山地区一代表性样带为研究对象，模拟了林分的结构、树种、径级和树高等指数的分布情况。研究结果显示用 SVS 软件模拟林分所需要的参数较多，有些数据的获取有一定的难度。李秀全等（2007）使用 SVS 软件模拟了湿地松人工林林分的可视化过程，分别利用绘图法和数学法计算了样地的覆盖率，并对所模拟的湿地松人工林结果做了简要分析。朱万才（2007）以帽儿山实验林场的 18 块标准地实测数据为研究对象，利用数学建模方法构建了樟子松人工林的林分生长模型、单木生长模型，在此基础上建立了樟子松单木三维造型的几何模板，结合三维地形的建模技术构建了林分三维的可视化模型。徐海（2007）根据吉林天然红松阔叶林样地调查所获取的空间结构数据，利用森林空间结构分析软件 Winkelmass 分析林分空间结构特征，利用 SVS 软件开展林分可视化应用，对森林经营效果进行了分析评价，得出天然红松阔叶树的分布格局、林分结构差异等结果。章雪莲等（2008）以浙江天目山国家级自然保护区内的针阔混交林为研究对象，采用相邻网格的调查方法，用围尺、全站仪和生长锥等调查工具或器材获得每株木的空间数据和属性数据，利用 ESRI 公司的 AreView 软件建立林分样地的数字高程模型。对实地拍摄的树木照片进行 Photoshop 处理后以提取树木轮廓作为符号实现林分可视化展示功能。张贵等（2009）利用 VC++、OpenGL、ArcGIS 工具研究设计了三维地形、道路、水系、三维树木、植被等森林资源信息的三维可视化。蒋娴等（2009）从系统结构、设计流程、功能方面详细介绍了林分可视化模拟系统的设计，主要从林分的空间结构方面对系统进行了探讨。贺姗姗等（2009）以河北省油松林为研究对象，将分布格局中均匀分布、随机分布、聚集分布的特征与计算机图形学的几何特征相结合作为可视化参数，通过聚集指数判断种群的分布格局，再依据 3 参数的 Weibull 函数划分林木大小，对油松林的空间结构进行了初步的可视化实现，并建立了相应的植物形态特征数据库。

前面所述的 L-System、迭代函数系统模型、AMAP 模型等这些植物建模模型均不能表现树木实际测量的生长参数（Linsen et al.，2005），尽管能够很逼真地再现现实中的树木个体，但是建模方法复杂、每株树木的计算机文件数据量很大，常常由几万个甚至上百万个几何体组成，或者通过上百万次的函数迭代完成一株树木的绘制。例如用基于图像和多边形绘制相结合的 SpeedTree 软件绘制一株针叶树种中的 Douglas Fir 需要 432618 个三角形（IDV）。这种逼真的虚拟树木主要应用于森林景观的仿真、游戏和动画电影中的森林场景，对于以森林经营管理为目的的林分生长可视化则不适用。一个标准地或一个小班的林分常由几十株或者成百上千株的林木所组成，每株林木若均按复杂的植物模型来建立将占用计算机巨大的内存空间且对计算机的性能要求非常高，如果做成 B/S 结构系统的话将会影响页面的下载和浏览，一般的客户端也难以承受这种图形计算压力。

1.6 森林经营决策研究进展

1.6.1 结构—功能模型

目前，农业研究人员使用一种能明确表达由生理过程和环境因子通过周期性反馈相互调控的结构功能模型来研究农业作物的结构生长和变化。国外这种结构—功能模型已成为作物生长模型领域的一个热点研究问题（Godin，2000）。迄今为止，先后在 1996 年、1998 年、2001 年、2004 年和 2007 年召开了 5 次植物结构—功能模型专题讨论会（FSPM）。产生了许多结构—功能模型，如 LIGNUM 模型（Perttunen et al.，1996；Sievänen et al.，1997）、GreenLab 模型（Yan et al.，2004）、PipeTree 模型（Kubo and Kohyama，2005）、L-PEACH 模型（Allen et al.，2005）、ECOPHYS 模型（Rauscher et al.，1990）和 SIMWAL 模型（Le Dizès et al.，1997）等。

国内结构—功能模型的研究主要还是集中在农作物领域，如杨丽丽等（2008，2009）先后研究了不同种植密度番茄生长行为的结构功能模型模拟和产量优化，董乔雪等（2006，2007）研究构建了番茄的结构—功能模型。

结构—功能模型在林木的研究上并不多见，主要集中在树木形态结构上的研究，树木的形态结构在其生长过程中起着重要的作用，例如叶面积决定了其光合作用的能力，器官之间的关系决定了内部营养物质的分配等，它直观反映了树木的生长发育状况，是进行科学经营决策的重要因子。结构模型一般包括三方面的信息：分解信息、几何结构信息和拓扑结构信息。其目的是在计算机上模拟出与现实世界相同的树木，例如 Courne de et al.（2009）基于单木个体的 GreenLab 模型研究；国红等（2009）应用 GreenLab 模型对幼龄油松的研究；杨刚等（2009）应用 GreenLab 模型对杨树形态结构的研究；Sievänen et al.（2000）分析了树木的结构—功能模型的组件可以看作是理想化基本单元的集合；Lacointe（2000）详细论述了树木结构—功能模型的碳分配模型。近几年国内外基于图像的可视化进行了大量深入的研究（Shlyakhter et al.，2001；王志和等，2005），随着 GIS、VR、3D 等技术不断扩展研究领域，树木三维可视化图形替代模型组合，初步解决了树木模型在 GIS 中的可视化问题，但树木形态的计算机模拟缺乏生物学意义和环境过程的表达。树木的结构是动态变化的，其生长可以看成是在一定尺度上组成单元的数量及各单元的特征随时间而发生变化。所以纯粹的结构模型常常缺少与生理生态过程的联系。这些模型的研究不能满足林业生产经营实践的需要。

树木的生长受环境的影响，只有模拟环境的影响才能建立真正的树木模型，功能模型又称过程模型，与环境因子有关，强调与环境有关的植物的功能和树木生长的驱动过程。形态模型和功能模型不是相互独立的，二者没有绝对的划分界限。纯粹的形态模型和功能模型是不存在的。因此形态模型和功能模型的结合是一个必然，是一个新的发展。结构—功能模型可以用来研究一些以前的模型不能解决的现象。由于结构—功能模型包含树木的形态描述，所以适合于研究树木形态在不同环境下与环境发生物质交换的问题。结构—功能模型对于理解树木的结构动态极为重要。作为自然系统的森林，如何模拟环境因子（如光、水分和土壤等）对树木生长的影响，并在此基础上加入经营的影响，都需要大量的工作。

1.6.2 经营决策模型

森林经营是一项复杂的活动，决策系统能够辅助经营者选择适合的经营方案，为森林经营提供理论和技术支持，其基本思想是根据林主需求，能提供多个经营方案。经营决策系统的核心是决策模型，Field 于 1973 年首先将决策模型应用于林业（Field，1973），随后基于各种效益的森林经营决策模型层出不穷（Schuler et al.，1977；Hoganson and Rose，1984），在决策模型的构建中，研究者在使用目标规划决策法进行森林经营的应用中积累了丰富的经验，目标规划通过建立一个或者多个目标决策模型，在一定约束条件下使得目标达到利益最大化，目标规划在森林经营中的应用领域广泛，如森林清查设计（Mitchell and Bare，1981）、林分结构调整（Adams and Ek，1974；郭晋平等，1998）、森林生态系统结构调整（曲智林和周洪泽，2000）、寻求基于经济效益最大的木材收获（James，1983；陈超华等，1991；石海金和宋铁英，1999）、碳储量检测（Diaz - Balteiro and Romero，2003）以及林产品加工贸易（Burger and Jamnick，1995）等方面。也有不少林业工作者采用其他方法构建决策模型，如张连翔等（1997）在探索最佳生物种群空间格局时，设计了 Z-V 模型和抽样模型。郭建宏（2007）采用最短路径算法和启发式算法构建了林产品配送决策模型，谢益林将（2008）Fisher-Tippett 第 I 型极值分布模型应用于桉树引种决策，田淑英和许文立（2012）采用数据包络分析法构建了林业投入产出效率决策模型。以上模型多数为结构化模型，特点是模型单一、在应用中具有较大的局限性，非结构化模型则涵盖面广泛，在后期得到广泛应用（李际平和刘素青，2008；曾群英等，2010）。但非结构化模型具有抽象性，给人工建模、计算及表达带来困难，需要借助计算机技术。20 世纪 80 年代开始，随着计算机的普及，利用计算机技术辅助林分生长和经营模型研究开始逐步壮大，近 20 年来，随着决策支持系统、专家系统的出现，森林经营决策的研究开创了新领域，辅助经营者解决半结构或非结构化的决策问题。

1.6.3 决策支持系统研究

在国外，决策支持系统在林业领域，尤其是森林经营上研究应用时间较早。具有代表性的主要有美国佛罗里达大学农业生物工程系学者 1998 年研制的"基于农业技术转移的决策支持系统"（Jones et al.，1998），澳大利亚 Melbourne 大学研发了"可持续森林管理决策支持系统"（Varma et al.，2000），加拿大林业服务中心开发了"云杉蚜虫决策支持系统"（Maclean，2001），美国林务局东北研究站研发了"综合森林生态系统决策支持系统"（Mark and Peter，2005），土耳其大学研发了"森林道路规划决策系统"（Akay，2005），希腊国立雅典理工大学建立了"森林火灾伤亡决策系统"（Bonazountas et al.，2007），美国林务局研发了"SVS 林分可视化系统"（Haidari et al.，2013）。我国于 20 世纪 80 年代开始研究决策支持系统，在森林经营领域，90 年代初期只是从理论上进行系统规划，如宋铁英（1990）进行了面向森林经营的决策支持系统 FMDSS 的研究，设计了系统的信息查询、方案选择和伐区安排功能，提出了对林分生长模型、线性规划模型、优化决策模型的构建思想。随后在原有的系统设计基础上，设计加入情景分析功能，从理论上实现根据林分择伐参数来进行择伐量的计算（宋铁英等，1993，张兰星（1995）对森林扑火决策知识库和推理机进行设计，张志耀和陈立军（1998）分析了森林经营决策支持系统的基本思想和结构，给出了基本的参数指标和模拟控制模型。90年代中后期，我国开始利用计算机技术构建决策支持系统，如贾永刚（2004）采用了C++混合四则运算选择造林模型，构建"造林决策系统"。随着地理信息技术的产生与发展，出现了众多以GIS平台开发的决策支持系统，如陈端吕和陈晚清（2002）研究的"森林经营优化与辅助决策系统"，利用GIS技术提供的空间查询、缓冲区分析、叠置分析等功能辅助林场工作人员进行木材采伐规划、森林保护规划等决策活动，徐天蜀和岳彩荣（2004）的"小流域森林生态环境治理决策支持系统"，使用ArcView进行空间图形制作、分析和输出，对小流域森林造林规模、采伐量等工作进行决策。21世纪初，互联网兴起，构建基于Web的决策支持系统成为主流方向，如"林业资源环境网络在线决策支持系统"（张怀清等，2002）、"基于ASP.NET的造林专家系统"（胡波等，2005）、"基于Web的森林病虫害诊治专家系统"（吴保国等，2006）、"基于工作流的森林经营空间决策支持系统"（周国强和唐代生，2010）、"基于3S的森林立地分类决策支持系统"（何瑞珍等，2011）、"森林培育专家系统"等（韩焱云，2012）。近几年，网格技术（杨彦臣，2009）、人工神经网络技术（王霞，2008）运用于决策支持系统的研究中，为系统的研建提供了理论和技术支持。今后，森林经营决策支持系统将拥有更强大更多元化的技术。

目前，森林经营决策系统、专家系统主要集中在面向造林培育、蓄积预测、龄级结构调整、林木可视化等单个方面进行管理与决策制定，对于木材经济效益预测、间伐效益预测的决策支持系统却不多见，不能够解决森林经营过程中的确定最佳合理的造林密度、间伐方案、主伐年龄的决策问题，而抚育间伐又恰恰是森林经营环节中最关键的部分，同时为了实现数据共享，建立一个基于Web的抚育间伐模拟系统势在必行。

1.6.4 森林成熟综合决策

森林成熟是一个复杂的过程，无法用单一的模型或者计算方式来衡量，仅仅依靠数量、工艺或者经济成熟中某一经济指标来衡量最佳成熟龄具有一定的缺陷性。目前，经营者根据经营目的和对森林成熟的研究依然多数集中在单方面。而对用材林而言，经营者更需要根据树种特性和经营目的来综合决策林分主伐年龄，王本楠（1989）和倪祖彬（1991）认为在确定用材林采伐更新时间时，还需考虑社会效益和生态效益，盛炜彤（2004）在确定杉木人工林最佳轮伐期研究中指出：以工艺成熟为基础，重点考虑经济成熟，适当兼顾数量成熟的思想。张松丹（2005）认为短周期用材林树种，如桉树，应该以经济成熟龄作为轮伐期。计算森林成熟的综合决策方法有很多种，应用较为广泛的是模糊综合评价法（刘华和李建华，2009）、层次分析法（邱仁辉等，1997）、熵技术法（丁凤梅，2008）、Topsis法（Shan et al.，2013）、理想点法、线性加权法、网络分析法等。其中，层次分析法的应用较为广泛，但需要专家确认指标权重，权重设定具有较强的主观性。为了克服这些问题，丁凤梅等（2010）用熵技术求得指标权重，综合Topsis、理想点法及线性加权法对五项经济指标所得到的杨树最优主伐年龄进行综合决策，决策结果降低了人为的主观性。周新年等（2002）在最佳年采伐量的研究中，对林分按照龄级进行分期计算，并综合成熟度公式、轮伐期公式和林龄公式求得森林合理采伐量。

综合分析，人工用材林数量成熟和工艺成熟的研究理论技术较成熟，实践中应用广泛，计算其成熟龄有固定的系列方法和规则，由于林木生长周期长，经济发展过程复杂，在经济领域，影响木材市场上的经济动态因素在不断变化，林分的经济成熟研究已经不再局限于简单的模型计算，对于用材林，林农们更希望所经营的木材能够带来更高的货币收益，因此，对于用材林的经济成熟则有更大的研究空间和价值。为了实现木材在林地上的永续利用，采用科学方法综合各类效益的用材林轮伐期的设定也成为森林经营中一项重要的研究工作。

2 | 杉木的生长、研究区概况及主要建模方法

杉木在我国已有一千多年的栽培历史，是我国特有的杉科常绿针叶用材树种，是我国南方商品用材林基地建设的主要树种之一，也是国内木材市场上最大宗和最畅销的木材之一。杉木的造林成活率高、生长快、成材早以及经济使用价值高，是深受群众喜爱的造林树种，在国民经济中占有重要的地位。本章对杉木的生长环境与分布、杉木的生长规律、杉木的经营管理信息、研究区概况进行概述，对主要建模方法中模型拟合统计量指标和模型检验指标进行分析。

2.1 杉木的生长环境与分布

2.1.1 杉木的生长环境

杉木最适合生长区的气候特点是：温暖而不炎热，湿润而积积水，四季雨水分配比较均匀，全年湿度较大，经常多雾而日照不长，终年风速较小的山区、半山区。因此，最适生长区主要位于中亚热带中部的南岭山地，数省交界的中低山区中下部。这里除了由纬度决定的热量条件及由经纬度决定的降水条件较合适外，还由于秦岭、大别山—桐柏山及南岭三大东西走向的山脉，组成三道千米以上的屏障，阻挡和削弱了冬季的寒潮侵袭，并增加了该地形的降雨量；又由于山峦重叠，形成一个半封闭的环境，使空气湿度较大（年平均相对湿度80%以上）、日照较短和风速较小。全国许多地区的杉木物候观察表明：最适生长的日平均气温是18~27℃，超过27℃的高温及15℃以下的低温都使其生长减慢。

杉木适生区年降水量在1200mm以上，年降水量1000mm左右时生长尚可。最有利的降水条件是四季分布大体均匀，尤其在平均气温18~27℃的生长高峰期内雨量充沛，土壤始终湿润而不积水。较大的空气相对湿度和较短的日照时间可减少林木针叶的水分蒸腾消耗。蒸发量和降水量的比率也是衡量雨量是否充足的一项指标，根据以往记录，杉木最适生区域的年降水量约比年蒸发量大30%以上；适生区年降水量比年蒸发量大10%~20%；尚适生区两者大体相等；年蒸发量大于年降水量的地区，往往不适合杉木的生长。

杉木最适生区，年平均风速小于2m/s，最好不超过0.5m/s。风速过大对杉木造成的危害有：①增加水分蒸腾消耗；②大风使树枝剧烈摇动，尖尖的针叶互相刺伤，容易导致病菌侵入，所以，风口处杉木细菌性叶枯病的发病率高；③冬季低温时，杉木根系吸水能力差，而大风使空气干燥和叶子水分的蒸腾量增加，结果造成枯梢。一般人以为这是冻害，其实是寒风造成的生理性干旱。

2.1.2　杉木林的分布

杉木分布于福建、广东、广西、湖南、江西、四川、浙江、安徽、湖北、贵州、河南、江苏、云南、陕西、台湾、甘肃等地。在杉木广大分布区内，由于各地气候和土壤条件的差别，生长速度和生产力有较大的差异，大体可分为最适生区（中心产区或Ⅰ类产区）、较适生区（一般产区或Ⅱ类产区）及尚适生区（边缘产区或Ⅲ类产区）。

（1）Ⅰ类产区

主要是南岭山地，东延到闽北戴云山区，并包括云南省东南边境小块地区。其中北片为：闽北武夷山—戴云山区（建溪、富屯溪、沙溪流域）；赣南（赣江支流遂川江、贡水流域及井冈山区）；湖南（湘江、潇水、耒江围绕地区、资水、沅江上游）；黔东南（都柳江、清水江流域）。南片为：广东北部山区（北江流域）；广西北部山区（融江、龙江和红水河围绕地区）和广西东部（西江流域），以及滇东南绿春、麻栗坡等县的小块地区。

（2）Ⅱ类产区

南片为：闽西丘陵和闽东戴云山—鹫峰山区；浙西南山区（瓯江上游）；川南—黔北山区（长江—赤水河之间）；四川盆地西缘（岷江流域）；滇西南（怒江下游）；桂西—滇东（左江—南盘江流域）。北区为：浙西北—皖南—赣东北山区（黄山及天目山系、新安江及信江上游）；赣西北—湘东北—鄂东南山区（赣江支流修水、锦江及幕阜山区）；鄂西南（清江流域）。

（3）Ⅲ类产区

北片为：皖西—豫南—鄂东北之间的大别山、桐柏山、熊耳山区；陕西汉中山区；赣、湘北部的鄱阳湖、洞庭湖区；江苏宁镇丘陵；皖南—浙北的丘陵及小盆地。南片为：川西南雅砻江、安宁河流域；闽、粤、桂及南部近海地区；滇东北（金沙江上游及其支流牛栏江流域）及四川盆地内的丘陵区等。其中Ⅰ、Ⅱ类产区可建立商品材基地（限于Ⅲ级地位级以上的立地条件），Ⅲ类产区生产的杉木，主要满足当地的基本需求。

2.2　杉木的生长规律

2.2.1　幼苗生长规律

杉苗播种当年可分为4个生长阶段。

（1）出土期

种子播种时期一般为每年的4月初到5月中上旬，这一阶段苗高仅2~3cm，主要是主根往土壤深处生长。早播的种子由于气温低，因此出土期长，但胚根扎入土中较深；迟播的种子由于气温高而发芽快，出土期短，但扎根较浅。

（2）生长初期

生长从5月中下旬到7月末，幼苗地上部分长出簇状针叶，地下幼根长出侧根，形成完整的根系，但地下部分生长仍比地上部分快（约2∶1），这一阶段前期为梅雨季节，土壤过于潮湿，后期高温干旱，这都对杉苗生长不利。

（3）地上部分速生期

地上部分速生期在8~10月，约2个半月至3个月。这时气候温暖而不酷热，雨量充沛，苗木高生长量要占全年高生长量的2/3以上。由于苗木生长快，密度较大时，互相竞争，造成自然分化，所以要及时间苗。

（4）生长后期

当气温下降到日平均15℃以下时，苗木高生长随之下降；日平均气温10℃以下时，杉苗进入封顶休眠阶段。但不同地区的杉苗封顶期迟早不一，北部产区种子育出的杉苗，在10月下旬至11月上旬就出现封顶；中心产区种子育出的杉苗，在11月中下旬封顶；南部产区种子育出的杉苗，有些在12月尚不封顶，而且幼苗幼嫩、含水率高，这是南部产区杉木引种到北部产区后，苗木易受冻害的重要原因之一。

2.2.2　造林后生长规律

杉木寿命可达数百年，造林后的生长可分为根系恢复期、速生期、平稳生长期和缓慢生长期（砍伐期）4个阶段。但砍伐期一般在林木成熟以后，所以，主要经历前3个阶段。

（1）根系恢复期

苗木从苗圃挖出后，根系受损伤，造林后有一个根系恢复和发展阶段。这一阶段根系分布的横幅和深度可达到成年树的一半左右；而地上部分生长相对缓慢。这一阶段的长短随立地条件及管理水平而异，一般杉木为3年，但如果立地条件好、使用良种加良法，可缩短至2年，甚至1年。相反，立地条件差、管理粗放，则这一阶段可延长到4年以上，林分迟迟不能郁闭，常形成"小老树"。所以，群众常说，杉木成不成林，首先要看头三年。

（2）速生期

这一阶段树高、直径生长迅速，丰产林每年树高可生长1~1.5m，胸径生长1.5~2.5cm。树高生长速生期的长短，主要取决于立地条件。肥沃土壤可持续10~12年，而贫瘠土壤上只持续5年左右，甚至根本没有明显的速生期，这就是为什么如今常用立地指数作为立地条件好坏的标志。胸径生长速生期长短，除受立地影响外，更大程度上受密度的影响，所以，培养小径材可栽密些，培养大、中径材要栽稀些，并且要及时疏伐。

（3）平稳生长期（又叫"干材期"）

这一阶段树高和胸径生长已经开始下降，但仍然保持中等水平，而材积生长仍处在上升阶段。这是因为此时虽每年年轮宽度比速生期窄，但杉木胸径粗、圆围大，因此材积增加较多。这一阶段结束迟早，也随立地条件而变化。差的立地上有两种情况：一是早期管理精细或适当施肥，杉木早期生长较好，但以后因地力跟不上而早衰，15年生以后材积生长开始下降；另一种情况是，立地条件差而管理一般，杉木始终缓慢而平稳生长，平稳生长结束期在 20 年甚至 30 年以后，这两种情况下都只能培养小径材。中等及中等偏上立地条件的杉木，结束期在 20~25 年，适合培育中径材；最好的立地条件，结束期在 30 年生以后，适合培养大径材。

（4）缓慢生长期（砍伐期）

这一阶段杉木树高和胸径生长量处于低水平的缓慢生长状态，杉木处于成熟和过熟阶段，最晚应在此阶段对杉木进行砍伐。

2.3 杉木林的经营技术

2.3.1 抚育间伐技术指标

杉木林从造林到主伐的过程中，抚育间伐是必不可少的经营环节，抚育间伐的实质则是对林分密度进行适时地调控以促进林木更好地生长，同时，抚育间伐获得的小径材，不仅可以加工利用，而且也是一项经济收入，对缺材地区有着重要意义。

（1）首次间伐时间

首次间伐时间即为林分第一次接受间伐的时间。首次间伐时间对林分未来的生长发育具有重要的影响。伐期过早，对原本合理的林分结构造成破坏，且间伐材未形成规格材，无法进入市场进行交易，导致经济亏损。若伐期过迟，林分充分郁闭，林木生长竞争激烈，树冠与根系生长受挫，导致部分林木发育不良，严重影响林木质量和产量。因此，选择适宜的影响因子对首次间伐时间的确定起着至关重要的作用。杉木林分首次间伐时间可以通过以下几个因子来确定。

按林分胸径生长量确定 杉木林分胸径遵循"慢—快—慢"的生长规律，当杉木胸径的平均生长量达到最大时可进行首次间伐，在实际的操作中，可通过解析标准木的方法计算胸径连年生长量和平均生长量的交汇点，也可通过胸径生长模型计算胸径平均生长量来确定首次间伐时间；也有学者将胸径连年生长量明显下降的年份定为首次间伐的年份（姜志林，1982）。

按冠幅与林木间距来确定 冠幅反映了树木的长期竞争水平，还随着林龄、密度和立地条件等因素而变化。林木之间的平均距离代表了林分密度，也制约着树冠的大小，因此，选用林木平均间距和冠幅这两个重要的林分调查因子来研究确定首次间伐时间。有学者通过构建年龄与冠幅株行距比值函数，求出当冠幅与株行距比值为 1.414 时的年龄作为林分的首次间伐时间（张连金等，2011）。

按林木分化程度确定 有学者指出，以林分中平均直径作为 1.0，通过对幼龄林林分进行每木检尺，统计出当林分中自然径级 ≤0.7 的株数占总株数的 15% 或者自然径级 ≤0.8 的林木占总株数 1/3 左右时，可对林分进行首次抚育间伐（姜志林，1982）。

按断面积连年生长量确定 断面积也是衡量林分密度的指标之一，可通过林分断面积连年生长量曲线来判断林分首次间伐时间，具体的做法是将曲线下降速度与过峰右拐点的直线斜率相等时候的点作为首次间伐时间的起始点，以右拐点作为首次间伐时间的终点，在这两个时间点之间对林分进行首次间伐较为合理（黄家荣，1994）。

按林分密度控制图来确定　根据林分的实际密度，在图上查出该密度与密度管理线的相交点，根据通过该交点的等树高线可求出此时林分的平均优势木高，再通过查询地位指数表或者地位指数曲线函数便可求出首次间伐的时间。

按枝下高确定　各地经验认为，一般在杉木林木的自然整枝高度介于全树高的 1/3 ~ 1/2 左右时，林分即可进行首次间伐（姜志林，1982）。

按冠高比确定　一般情况下，冠长与树高的比例大于 1:3 时，林木生长良好；等于或小于 1:3 时，林木长势减退，当冠高比过低时，间伐后也难以恢复正常生长，甚至造成死亡。所以，当林分中优势木的冠高比处于 1:3，即可进行间伐（姜志林，1982）。

上述方法需要进行实地调查和数据计算，给经营者带来不便，在林分实际经营过程中，经营者一般根据经验来制定首次间伐时间，如南方林区的针叶树大约在 6 ~ 10 年进行首次间伐（亢新刚，2011）。

（2）间伐强度

间伐强度有两种表达方式，一种是按株数计算，间伐的株数与间伐前林分总株数的比值作为间伐强度；另一种是按蓄积计算，即间伐的蓄积量占间伐前林分总蓄积量的值作为间伐强度。研究者们经过长期的不同间伐强度的定位试验，在此基础上总结得出的确定杉木林分间伐强度的几种方法如下。

按林分疏密度确定　在杉木林经营中，通常以疏密度为 0.7 作为间伐的下限，疏密度 0.9 作为间伐的上限，以现实林分的断面积或蓄积量与标准表中的断面积或蓄积量的数字相比，若比值大于 0.9，则需进行间伐，间伐后的林分疏密度控制在 0.7 左右，通过查表便可得出间伐量。

按林分郁闭度确定　与疏密度判断林分间伐量一致，当郁闭度大于 0.9 时，需要将杉木林分间伐至 0.6 ~ 0.8 之间。

按杉木冠幅确定　根据杉木林分的平均冠幅，以林分面积除以冠幅垂直投影面积，得到应该保留的立木株数，例如每公顷林分应该保留的立木株数表达式如公式 2-1 所示。

$$N = \frac{40000}{\pi \, CW^2} \tag{2-1}$$

式中，N 表示公顷株数，CW 表示杉木的林分的平均冠幅。由公式 2-1 可知杉木的平均冠幅可以通过构建冠幅与胸径的关系函数来确定。

按杉木树冠系数确定　树冠系数被定义为林木冠幅与树高的比值，研究发现该系数会随着林分密度的不同而在 1/8 ~ 1/2 范围内变动。根据杉木的首次间伐时间，一般取 1/4 来计算间伐强度，根据公式，林分公顷密度 = 4000/林分平均高，便可得出每株木的经营密度。

在杉木林分实际操作中，我国习惯于将间伐强度以株数百分比或者材积百分比来衡量，并按百分等级进行分类（张水松等，2005），分类结果如表 2-1 所示。

表 2-1　杉木林间伐强度分级

间伐强度	按株数（%）	按材积（%）
弱度	<25	<15
中度	26~35	16~25
强度	36~50	26~35
极强度	>51	>36

（3）间伐间隔期

首次间伐后，林木得到一定生长空间，生长加快，但若干年后，林木间的竞争又开始加剧，则需要再次间伐。间伐间隔期与林木的立地条件、上次间伐的强度等因素有关。确定杉木林间伐期可采用下述参考依据。

①当林分的胸径连年生长量出现下降或者林分郁闭度再次达到 0.9 时，需要对林分进行再次间伐。同时，在主伐前的 1 个龄级应终止抚育间伐。

②根据采伐蓄积和材积连年生长量的比值来计算间伐间隔期，表达式如下：

$$k = \frac{V}{Z} \tag{2-2}$$

其中，k 为间隔年数，V 为采伐蓄积（m³/hm），Z 为材积连年生长量。

杉木林的间伐次数则可依据主伐年龄和间隔期来定。通过使用上述方法计算，杉木林经营期的间伐次数为 1~2 次，间隔期为 5~10 年（徐金良等，2014）。

2.3.2　抚育间伐方法

杉木林的抚育间伐一般采用下层抚育法。现在也有某些地区正在试行机械抚育法、上层抚育法、综合抚育法等间伐方法，以研究不同间伐方法的效果。

下层抚育间伐，基本上是以人工稀疏代替林分的自然稀疏过程，将一部分位于树冠下层、生长衰弱的林木在其自然衰亡以前予以间伐利用，同时调整林分密度，改善林内环境，使保留下来的林木能够得到充分继续生长的空间，使整个林分的生长条件得到改善。

施行下层抚育法时，伐去处于林冠下层的 IV、V 级木或少量 III 级木，对于少量感染了病虫害、干形不良、受机械损伤的林木，虽然处于林冠上层亦应加以淘汰。贯彻"留大去小，留优去劣，留稀去密"的原则。

上层抚育法主要砍伐处于林冠上层的优势木和亚优势木，该方法只在极少数杉木林分内应用。

综合抚育法可从林冠上层，亦可从林冠下层选伐林木。这种方法先把林分均匀地分为若干树丛，每丛中的树木分为三级：第一级是培养木，为生长健壮符合培养要求的林木；第二级是辅助木，这种林木虽然生长及干形不一定良好，但对保持林内环境、促进优良木的生长起有益的作用；第三级是有害木，生长不良并影响培养木的生长，是间伐对象。

机械抚育法又称几何形抚育法。施行时，可以抽行也可以抽株间伐。抽行间伐就是在林内每隔一行或数行抽伐掉一株立木，抽到的立木不论其大小一律砍伐。隔株间伐的林木可以按直线配置也可以按三角配置。

间伐前，先要由有经验的技术人员号树，用红漆在该伐的树上打标志，再由工人进行砍伐。砍伐时，伐桩要低，最好连根刨，以免萌发。伐倒后及时进行打枝造材，然后运到林地附近空旷处，按不同规格堆放整齐，以便检尺和装车运输。如果连根刨，间伐后要把土坑填平。此外，要把采伐剩余物移出林外加以利用。间伐过程中要进行经济核算，并在间伐的林分中设几块试验标准地，以观察试验间伐对生长的影响。

2.3.3 主伐和伐区规划

杉木林的主伐有择伐、皆伐等多种方式。择伐，即先选择性地伐去一部分林木，过几年再伐去剩下的林木；皆伐即一次性砍光。杉木属于人工造林，所以同一林分的每株林木年龄相同，由于是人工更新，不需要保留一部分树木作为下种的母树，所以，宜采取皆伐。但皆伐会使得林地裸露，容易造成土壤冲刷，所以，伐区面积不宜大，可采用每一伐区 $1 \sim 5hm^2$ 的小面积皆伐（地形平整、坡度较缓、立地条件好的面积可大些；地形崎岖、坡度陡、土层薄的面积可小些）。如果林分面积较大，可划分成几个伐区，分期分批采伐。具体区划方式，可采取隔沟交替式，即采伐一条山沟，隔一条山沟，再采伐一条山沟。如某条山沟面积较大，则沟内可再划分成 100~200m 宽（陡坡的 100m，缓坡的 200m）的几条带，实行隔带采伐。第一批伐区采伐后，要及时更新，等幼林达到 3 年生左右时，再砍相邻的保留林带。

2.4 研究区域概况

本文选择收集福建、贵州两个省的杉木数据来进行研究。

2.4.1 福建省概况

福建省数据包括了一类清查数据、二类调查数据以及标准地调查数据。

2.4.1.1 全省概况

福建省简称闽，位于我国东南沿海，地理坐标为东经 115°50′~120°40′，东西宽约为 480km，北纬 23°33′~28°20′，南北长约为 530km。其东北部与浙江省毗邻，西部和西北部与江西省接壤，西南与广东省相连，东部为台湾海峡，与宝岛隔海相望。福建省全省陆域面积 12.14 万 km^2，占国土总面积的 1.26%，海域面积 13.63 万 km^2。

（1）地形与地貌

福建省背山面海，地势西北高、东南低，境内多山丘、少平原；多断层地貌及河谷盆地；海岸线曲折，港湾和岛屿众多。其中，山地丘陵面积约占福建省土地总面积的 90%。

省内有闽西与闽中两大山带，山带大体平行。闽西大山带蜿蜒于闽赣边界附近，由武夷山脉、杉岭山脉等组成，斜贯闽、赣两省，长约 530km，平均海拔 1km，是闽赣两省水系的分水岭。闽西山带北高南低，有不少 1500m 以上的山峰，主峰黄岗山，位于武夷山市境内，海拔 2158m，是中国东南沿海诸省的最高峰。闽中大山带斜贯于福建省中部，被闽江、九龙江截为三部分。闽江干流以北为鹫峰山脉；闽江与九龙江之间称戴云山脉；九龙江以南为博平岭。山带中段的山势最高，山体最宽。德化境内的戴云山主峰，海拔 1856m，为闽中大山带最高峰。以两大山带的主要山脉为脊干，分别向各个方向延伸出许多支脉，形成纵横交错的峰岭。山地外侧与沿海地带，则广泛分布着丘陵。

福建海岸地貌格局以多海湾、多半岛的曲折海岸线为主体。在沿海地区，最近的地质历史时期曾发生过多次海侵、海退，形成多级不同高度的海滨阶地、海蚀平台。原先的古海湾，由于河海的交互堆积，形成冲积、海积平原，总面积达 1865km^2。在大陆海岸线之外，分布着 1500 多个面积大于 500m^2 的岛屿。

（2）气候与土壤

福建省气候区域差异较大，闽东南沿海地区属南亚热带气候，闽东北、闽北和闽西属中亚热带气候。全省气候季节变化显著，大部分地区表现为春季（3~5 月）温暖潮湿，夏季（6~9 月）炎热湿润，秋季（10~11 月）暖和干燥，冬季（12~2 月）阴冷湿润。全省夏长冬短，冬季盛行偏北风，夏季盛行偏南风。年平均气温 15~22℃，其中 1 月大部分地区平均气温在 5~13℃，气温在时空分布上具有一定的地域性，其分布随着地势的起伏，从东南向西北波浪式递减。7 月平均气温除了少数山区外大部分地区在 27~29℃ 之间，各地差异较小。全年无霜期内陆 260~300 天，闽东南沿海 300~360 天。全省年平均降水量 1400~2000mm，是中国雨量最丰富的省份之一，其中沿海和岛屿偏少，西北山地较多，降水基本从闽东南沿海经闽中大山带向闽西大山带北段起伏递增。降水集中于春夏两季，3~6 月以锋面雨为主，盛夏和初秋以雷阵雨和台风雨为主，秋冬之交则为干季少雨，全省年均蒸发量为 750~1500mm。

福建省自然土壤主要以赤红壤、红壤、黄壤、山地草甸土为主，其分布具有明显的水平地带性和垂直地带性。南亚热带地区以赤红壤为主，海拔自下而上分别分布着赤红壤（海拔<400m）、红壤（海拔位于 400~800m）、黄红壤（海拔位于 800~1200m）、黄壤（海拔>1200m），平坦山顶则以山地草甸土为主；中亚热带地区则以红壤为主，海拔自下而上分别分布着红壤（海拔<700m）、黄红壤（海拔位于 700~1000m）、黄壤（海拔位于 1000~1900m）以及草甸土（洼平地段）。同时局部地区也分布着一些非地带性土壤，主要有滨海盐土、石灰性和非石灰性紫色土、红色石灰土和黑色石灰土、沙质土、风沙土等。在肥力的分布上，表现出自西北向东南的土壤厚度、腐殖质厚度、有机质含量、土壤水分、盐基代换量逐渐减少及心土层的硅铝比率降低的趋势。福建省主要的农业土壤有水稻土、旱作土和园林土等。

（3）森林资源

据第八次全国森林资源连续清查，到 2013 年为止，福建省森林覆盖率为 65.95%，位居全国第一。全省的森林面积为 801.27 万 km^2，森林蓄积总量达到 60796.15 万 m^3。与第七次清查相比，福建省的森林面积净增 34.62 万 km^2，全省森林覆盖率由 63.10% 提高到 65.95%，上升了 2.85 个百分点，活立木蓄积净增 13448.61 万 m^3，森林蓄积净增

12359. 87 万 m³。在森林资源中，天然林面积为 423. 15 万 km²，人工林面积 378. 12 万 km²，分别占全省森林面积的 52. 81%和 47. 19%。

在人工林中，用材林面积 469. 77 万 km²，占全省森林面积的 58. 63%，主要用材树种有杉木、马尾松、福建柏（*Fokienia hodginsii*）、黄山松（*Pinus taiwanensis*）、巨尾桉（*Eucalyptus grandis×E. urophylla*）、柳杉、侧柏（*Platycladus orientalis*）、刺槐（*Robinia pseudoacacia*）、光皮桦（*Betula luminifera*）、福建含笑（*Michelia fujianensis*）、花榈木（*Ormosia henryi*）等，尤其是杉木和马尾松，绝大部分是人工纯林，几乎分布于全省；经济林面积 87. 80×10⁴km²，占 10. 96%，主要有油茶（*Camellia oleifera*）、板栗（*Castanea mollissima*）、乌桕（*Sapium sebiferum*）、黄檀（*Dalbergia hupeana*）、秧青（*Dalbergia assamica*）、大叶合欢（*Archidendron turgidum*）、苦楝（*Melia azedarach*）和荔枝（*Litchi chinensis*）、龙眼（*Dimocarpus longan*）、橄榄（*Canarium album*）、阳桃（*Averrhoa carambola*）、杧果（*Mangifera indica*）、波罗蜜（*Artocarpus heterphyllus*）、番石榴（*Psidium guajava*）等果树，在全省分布普遍；薪炭林面积 3. 84 万 km²，占 0. 48%；防护林面积 195. 38 万 km²，占 24. 38%，主要树种为木麻黄（*Casuarina equisetifolia*），分布在从南部的诏安至闽江口的长乐沿海一带；特殊用途林面积 44. 48 万 hm²，占 5. 55%；竹林面积 106. 75 万 km²，占 13. 32%。

2.4.1.2 重点研究区域概况

福建省树冠标准地调查数据来源于顺昌县和将乐县。

（1）顺昌县

顺昌县位于福建省南平市，地理坐标为东经 117°30′~118°14′，北纬 26°35′~27°12′，分别与建阳、建瓯、南平、沙县、将乐、邵武 6 个县市接壤，面积达 1992km²。该县属福建西北山地丘陵区，境内山脉源于武夷山系杉岭支脉，分别由东北部、西北部和西南部向中部延伸，海拔 300~500m。该地区属中亚热带海洋性季风气候，四季鲜明，冬短夏长，年平均气温为 18. 9℃。冬季平均气温为 7. 8℃，多为西北风，夏季平均气温为 28. 1℃，多东南风。气候温和，雨量充沛，年降水量 1600~1800mm。土壤深厚、湿润、肥沃。森林覆盖率 75. 6%，属于福建省重点林区。主要用材树种有：杉木、马尾松、黄山松、巨尾桉、柳杉、侧柏、刺槐、毛竹、银桦等。

（2）将乐县

将乐县位于福建省三明市西北部，东经 117°05′~117°40′，北纬 26°26′~27°04′，东临顺昌，西接泰宁，南连明溪，北毗邵武，东南与沙县接壤，总面积为 2246. 7km²。将乐县地处武夷山脉东南麓，扼闽江支流金溪中下游，内山岭高耸，丘陵起伏，合谷和盆地错落其间，山体呈西南—北东走向，构成西北东南高，中间低的山间盆地地貌。将乐县属中亚热带季风气候，四季分明，夏无酷暑，冬少严寒，干湿分明，年平均气温在 19. 8℃，雨量充沛，年平均降水量 1703mm。森林覆盖率 85. 2%，其中有林地面积 18. 87 万 km²，其土壤和气候都非常适宜杉木生长。

2.4.2 贵州省概况

贵州省数据为标准地调查数据，数据来源于锦屏县和修文县。

2.4.2.1 全省概况

贵州省简称"黔"或"贵"，位于我国西南腹地，地理坐标为东经 103°36′～109°35′，北纬 24°37′～29°13′。东毗湖南省，南邻广西壮族自治区，西连云南省，北接四川省和重庆市，是一个山川秀丽、气候宜人、民族众多、资源富集、发展潜力巨大的省份。全省东西长约 595km，南北相距约 509km，总面积为 17.62 万 km²。

（1）地形与地貌

贵州省地处云贵高原东部，境内地势西高东低，自中部向北、东、南三面倾斜，平均海拔 1100m。贵州高原山地居多，素有"八山一水一分田"之说。全省地貌可概括分为高原山地、丘陵和盆地三种基本类型，其中 92.5% 的面积为山地和丘陵。境内山脉众多，重峦叠峰，绵延纵横，山高谷深。北部有大娄山，自西向东北斜贯北境，川黔要隘娄山关高 1444m；中南部苗岭横亘，主峰雷公山高 2178m；东北境有武陵山，由湘蜿蜒入黔，主峰梵净山高 2572m；西部高耸乌蒙山，属此山脉的赫章县珠市乡韭菜坪海拔 2900.6m，为贵州境内最高点。黔东南州的黎平县地坪乡水口河出省界处，海拔高程 147.8m，为境内最低点。贵州岩溶地貌发育非常典型。喀斯特（出露）面积 10.9 万 km²，占全省国土总面积的 61.9%，境内岩溶分布范围广泛，形态类型齐全，地域分异明显，构成一种特殊的岩溶生态系统。

（2）气候与土壤

气候温暖湿润，属亚热带湿润季风气候区。气温变化小，冬暖夏凉，气候宜人，全省大部分地区年平均气温为 15℃ 左右；从全省看，通常最冷月（1 月）平均气温多在 3～6℃，比同纬度其他地区高，最热月（7 月）平均气温一般是 22～25℃，为典型夏凉地区。降水较多，雨季明显，阴天多，日照少，境内各地阴天日数一般超过 150 天，常年相对湿度在 70% 以上。受大气环流及地形等影响，贵州气候呈多样性，"一山分四季，十里不同天"。另外，气候不稳定，灾害性天气种类较多，干旱、秋风、凝冻、冰雹等频度大，对农业生产有一定影响。

贵州土壤类型复杂多样，其中黄壤面积最大，占总面积的 38.6%，集中分布于黔中、黔北、黔东海拔 700～1400m 和黔西南海拔 900～1800m 之间地带。其次是石灰土，占 24.4%，广泛分布于石灰岩地区，以黔中、黔南分布最广。其他还有红壤主要分布于铜仁、黔东南海拔 700m 以上和黔南、黔西南海拔 450～900m 之间地带；砖红壤性红壤，主要分布于南北盘江及红水河湿热地区；黄棕壤主要分布于山地；山地灌木草甸土则出现在中山顶部和部分山脊。

（3）森林资源

据第八次全国森林资源连续清查，到 2013 年为止，贵州省森林覆盖率为 37.09%，全省的森林面积为 653 万 hm²，森林蓄积总量达到 30076 万 m³。与第七次清查相比，贵州省的森林面积净增 96 万 hm²，全省森林覆盖率由 31.61% 提高到了 37.09%，上升了 5.48 个百分点，森林蓄积净增 6068 万 m³。在森林资源中，天然林面积占全省森林面积的 55.78%，人工林面积占 44.22%。

全省乔木林中，纯林面积 433.64 万 hm²、蓄积 24725 万 m³，混交林面积 115.80 万 hm²、蓄积 5529.72 万 m³。全省乔木林中，马尾松林 148.08 万 hm²、蓄积 10922.31 万 m³，分别占 26.95%、36.1%；杉木林 106.52 万 hm²、蓄积 8415.36 万 m³，分别占 19.39%、27.81%；阔叶类树种（包括栎类、桦类、杨树、阔叶混交类、其他软阔类、其他硬阔类、乔木经济林树种等）234.33 万 hm²、蓄积 8765.00 万 m³，分别占 42.65%、28.97%；其他树种 60.50 万 hm²、蓄积 2152.22 万 m³，分别占 11.1%、7.11%。全省乔木林单位面积蓄积量为 57.54m³/hm²，其中：乔木纯林为 60.29m³/hm²，乔木混交林为 48.06m³/hm²。乔木林中低郁闭度等级的占 19.96%，中郁闭度等级的占 54.80%，高郁闭度等级的占 25.24%。平均郁闭度为 0.58，郁闭度以"中"为主。贵州植物丰富，位居国内前列，由多种植物有规律组合形成的植被，其类型复杂多样，空间过渡性明显，有自东向西由湿润性常绿阔叶林向半湿润常绿阔叶林过渡，由北到南由中亚常绿阔叶林向南亚常绿阔叶林过渡的规律，全省中部和北部大部分地区为中亚热带常绿阔叶林亚带，仅西南部南部北盘江红水河河谷及其斜坡地带为南亚热带具有热带成分的常绿阔叶林亚带。

2.4.2.2 重点研究区域概况

锦屏县位于贵州省东部。北临天柱县，南与黎平县接壤，西靠剑河县，东与湖南省靖州县为界。海拔 282~1344m，年平均气温 16.4℃，1 月均温 5.2℃，7 月均温 26.6℃，无霜期 314 天，年均日照 1086.3 小时，年降水量 1250~1400mm。

修文县位于贵州省中部。西南面以猫跳河与清镇市为界，西北与黔西、金沙两县隔六广河相望，北临息烽县，南与白云区相连，东及东北与开阳县接壤，东南与乌当区毗邻。海拔 940~1360m，年平均气温 13.6℃，无霜期 230~270 天，年降水量 1235mm。

2.5 主要建模方法

2.5.1 模型拟合指标

本研究在构建各类林分模型时，通常会选择几个候选模型进行方程拟合，根据模型拟合精度的判断，从中找出最佳模型。因此，根据每类研究的实际需求，选择以下几个模型拟合统计量指标作为模型择优标准的判断（李凤日，1987；孟宪宇和张弘，1996；杜纪山和唐守正，1998；张惠光，2006；覃阳平等，2014）。

①决定系数 R^2：

$$R^2 = 1 - \sum_{i=1}^{n} (y_i - \hat{y}_i)^2 / \sum_{i=1}^{n} (y_i - \bar{y}_i)^2 \qquad (2-3)$$

②调整型决定系数 $R_{adj}{}^2$：

$$R_{adj}{}^2 = 1 - \left[\frac{\sum\limits_{i=1}^{n}(y_i-\hat{y}_i)^2}{n-p-1} \right] \Big/ \left[\sum\limits_{i=1}^{n}(y_i-\bar{y}_i)^2 \Big/ (n-1) \right] \tag{2-4}$$

③均方残差 MSE：

$$MSE = \sum\limits_{i=1}^{n}(y_i-\hat{y}_i)^2 \Big/ (n-p) \tag{2-5}$$

④残差平方和 RSS：

$$RSS = \sum\limits_{i=1}^{n}(y_i-\hat{y}_i)^2 \tag{2-6}$$

式中，y_i 为第 i 个因变量的实际值，$\hat{y}_i$ 为第 i 个因变量的预测值，$\bar{y}$ 为因变量实际值的平均数，n 为样本个数，p 为自变量个数。

2.5.2 模型检验指标

模型检验是采用未参与建模的独立样本数据，对所建模型的预测性能进行综合评价，从而进一步验证模型的适用性。模型独立性检验有多种方法，本研究采用了误差分析、残差图分析以及统计检验三种方法来衡量所构建模型的合理性和适用性。

（1）误差分析指标

本研究选择以下几个指标作为模型独立性检验的误差分析指标（雷相东等，2006；张雄清和雷渊才，2010；刘洋等，2012），各类研究依据需求从中选择合适的指标进行模型检验。

①平均偏差 MD：

$$MD = \sum\limits_{i=1}^{n}(y_i-\hat{y}_i) \Big/ n \tag{2-7}$$

②均方根误差 $RMSE$：

$$RMSE = \sqrt{\sum\limits_{i=1}^{n}[(y_i-\hat{y}_i)^2 \Big/ (n-p)]} \tag{2-8}$$

③相对均方根误差 $RRMSE$：

$$RRMSE = \sqrt{\left[\sum\limits_{i=1}^{n}(y_i-\hat{y}_i)^2 \Big/ (n-p-1)\right] \Big/ \left[\left(\sum\limits_{i=1}^{n}\hat{y}_i\right) \Big/ (n-p)\right]} \tag{2-9}$$

④平均绝对误差 MAE：

$$MAE = \frac{1}{n}\sum\limits_{i=1}^{n}|y_i-\hat{y}_i| \tag{2-10}$$

⑤平均相对偏差绝对值 $MAPE$：

$$MAPE = \frac{1}{n}\sum\limits_{i=1}^{n}\left|\frac{y_i-\hat{y}_i}{y_i}\right| \times 100\% \tag{2-11}$$

⑥变异系数 CV：

$$CV = \left(\frac{RMSE}{\bar{y}}\right) \times 100\% \tag{2-12}$$

⑦复相关系数 $R_{复}$：

$$R_{复} = \{1 - [\sum_{i=1}^{n}(y_i - \hat{y}_i^2) / \sum_{i=1}^{16}(y_i - \bar{y}_i)^2]\} \qquad (2-13)$$

⑧偏相关系数 $r_{yn12\cdots(n-1)(n+1)\cdots8}$：

$$r_{yn12\cdots(n-1)(n+1)\cdots8} = \frac{r_{yn} - r_{y12\cdots(n-1)(n+1)\cdots8}r_{n12\cdots(n-1)(n+1)\cdots8}}{\sqrt{1-r_{y12\cdots(n-1)(n+1)\cdots8}^2}\sqrt{1-r_{n12\cdots(n-1)(n+1)\cdots8}^2}} \qquad (2-14)$$

式中，y_i 为第 i 个因变量的实际值，$\hat{y}_i$ 为第 i 个因变量的预测值，$\bar{y}$ 为因变量实际值的平均数，n 为样本个数，p 为模型中自变量个数。

（2）残差分析

残差分析通过观察独立样本数据残差视图的方式来验证模型假定的真实性，研究中选择标准化残差图，即将样本点绘制在以横坐标表示因变量的测量值或者估计值（y_i 或者 $\hat{y}_i$），纵坐标表示因变量的标准化残差（Standard Residuls）的直角坐标系中，其表达式见公式 2-15 和公式 2-16：

$$sr = \frac{y_i - \hat{y}_i}{s} \qquad (2-15)$$

$$s = \sqrt{\frac{\sum_{i=1}^{n}(y_i - \hat{y}_i)^2}{\mathrm{d}f}} \qquad (2-16)$$

式中，y_i 为第 i 个因变量的实际值，$\hat{y}_i$ 为第 i 个因变量的预测值，$\mathrm{d}f$ 表示自由度。如果使用独立样本数据进行模型计算，估计值和测量值得各个误差项都服从数学期望为零的正态分布，则标准化残差图中各个点应当均匀分布在 0 的上下，且至少有 95% 的点分布在 ±2 之间。

（3）统计检验

①预估精度 p（李春明等，2004）：

$$p = \left(1 - \frac{t_{0.05}S_{\bar{y}}}{\bar{y}}\right) \times 100\% \qquad (2-17)$$

其中：

$$S_{\bar{y}} = \sqrt{\frac{\sum_{i=1}^{n}(y_i - \hat{y}_i)^2}{n(n-2)}} \qquad (2-18)$$

式中，p 为预估精度，$S_{\bar{y}}$ 为估计值的允许误差，$t_{0.05}$ 为 t 分布上侧面积为 0.05 的值，y_i 为测量值，$\hat{y}_i$ 为预测值，n 为样本个数。

②t 检验。根据模型需要，研究采用 t 检验来验证模型中自变量系数的拟合优度，假设各自变量系数为 0，检验统计量 t 的取值为：

$$t = \frac{b_j}{s_{bj}} = \frac{b_j}{\sqrt{\sum_{i=1}^{n}(y_i - \hat{y}_i)^2 / (n-p-1)} / \sqrt{\sum_{i=1}^{n}(x_{ij} - \bar{x})^2}} \qquad (2-19)$$

式中，b_j 为第 j 个自变量系数，y_i 为因变量真实值，$\hat{y}_i$ 为因变量预测值，x_{ij} 为第 j 个自变量的第 i 个因变量，$\bar{x}$ 为自变量系数均值。$n-p-1$ 为计算因变量标准差的自由度，p 为自变量个数，n 为样本个数。

用未参与建模的数据对模型各个自变量系数进行 t 检验，在显著性双侧水平 $\alpha=0.05$ 的前提下，若 $|t|>t_{0.05}$，则拒绝原假设，所对应的自变量系数拟合结果可行；若 $|t|<t_{0.05}$，则说明该系数存在不适应性。

③F 检验。使用 F 检验来验证模型整体上的显著性，假设所构造的模型因变量与各个自变量之间没有显著关系，则均方回归和均方误差的比值就接近 1，模型不具备良好的适应性。否则推翻假设。其表达式见公式 2-20。

$$F = \frac{SSR/p}{SSE/(n-p-1)} = \frac{\sum_{i=1}^{n}(\hat{y}_i - \bar{y})^2/p}{\sum_{i=1}^{n}(y_i - \hat{y}_i)^2/(n-p-1)}$$

$$(2-20)$$

式中，y_i 为因变量真实值，$\hat{y}_i$ 为因变量预测值，$\bar{y}$ 为样本因变量真实值的平均数，p 和 $n-p-1$ 分别为回归平方和残差平方的自由度，p 为自变量个数，n 为样本个数。

用未参与建模的数据，以 $\alpha=0.05$ 作为置信区间对模型拟合效果进行 F 检验，若 $F > F_{0.05}$ 或 $P<0.05$，则拒绝原假设，认为模型拟合效果良好，具有适应性；若 $F<F_{0.05}$ 或 $P>0.05$，则不拒绝原假设，认为模型不具有适应性。

F 检验还有另一种表达方式，即将预测值和实际值进行方差分析，与前者相反的是，这里假设所构造的模型计算出的预测值与实际值没有显著影响，F 的计算方式为：

$$F = \frac{\sum_{i=1}^{k} n_i(\bar{x}_i - \bar{\bar{x}})^2/1}{\sum_{i=1}^{k}\sum_{j=1}^{n_i}(x_{ij} - \bar{x}_i)^2/(n-2)}$$

$$(2-21)$$

式中，$\bar{x}_i$ 为第 i 个因素的实际值或预测值的平均数，$\bar{x}$ 为所有实际值和预测值的平均数，x_{ij} 为第 i 个因素的第 j 个实际值或者预测值，n 为数值的个数。

与前一个 F 检验相反，若 $F>F_{0.05}$ 或 $P<0.05$，则拒绝原假设，认为真实值和预测值之间有显著的差异，模型拟合效果不佳，模型不具有适应性；若 $F<F_{0.05}$ 或 $P>0.05$，则不拒绝原假设，说明模型预测值与实际值之间差异不明显，从而说明模型具有适应性。

第一个 F 检验是对估计的回归方程在总体中的显著性进行假设检验，本研究中冠幅修正模型、全林分模型的检验中选择了总体显著性检验；第二个是对实际值和预测值的显著性差异进行检验，本研究中的不同立地条件下树冠轮廓模型检验则选择了第二种 F 检验方法。

④χ^2 检验。χ^2 检验是考察模型实际值和理论值差异性程度的方法之一，本研究使用 χ^2 检验对不同龄组树冠形态模型以及林分直径分布的参数预估模型和参数回收模型进行检验。其计算方法如公式 2-22 所示：

$$\chi^2 = \sum_{j=D_{\min}}^{D_{\max}} \frac{y_j - \hat{y}_j}{y_j}$$

$$(2-22)$$

式中，y_j 表示径阶为 j 的林木株数实际值；$\hat{y}_j$ 表示径阶为 j 的林木株数理论值。按照可信度 $\alpha = 0.05$ 计算，若 $\chi^2 < \chi^2_{0.05}$，则表示当前林分数据符合相应分布函数的分布状态。

2.6　本章小结

本章通过搜集杉木生长相关的资料，概述了杉木适宜的生长环境、在我国的分布情况以及杉木的生长规律。介绍了杉木林抚育间伐的经营技术，对抚育间伐中的首次间伐时间、间伐强度和间伐间隔期技术指标以及间伐方法进行了详细的阐述。重点介绍了福建省和贵州省的杉木分布地理概况以及本书中所涉及的建模方法和建模指标，本章内容为下文的杉木人工林经营实施方案优化决策模型的研究提供了相关理论基础。

3 立地质量评价研究

立地质量是林木和其他植被生长对其生境的生产潜力的间接反映，是对影响森林生产能力的所有生境因子（土壤、降雨、光照、温度等）综合评价的一种量化指标，因此，立地质量是影响林分中林木的生长规律、预估林分生长收获的重要基础。通过对立地质量评价的研究，可掌握森林生长的生境以及生境对森林生产力的影响能力。立地质量对于研究林木形态结构、构建形态收获模型、预估林分生长收获和投资收益、森林经营决策和制定森林经营作业法方案很重要，是实现科学造林以及经营森林的关键。立地质量评价分为有林地评价和宜（无）林地评价。本章主要针对杉木宜（无）林地评价模型和有林地评价模型展开研究。

3.1 宜林地立地质量评价

3.1.1 数据来源

于 2012 年在福建省顺昌县大历、岚下与曲村国有林场共设置 81 块 30m×30m 的立地因子重复的样地，每个样地选择 5 株生长最高的杉木，测量并记录每株树高，然后计算各样地优势木平均高。查阅造林技术档案确定各样地年龄，测量各样地的坡度、腐殖质厚度、土层厚度、海拔，调查坡位、坡向、土壤类型与地貌。模型拟合数据与检验数据相互独立，并依据 8∶2 的原则进行分配，其中用于模拟拟合的样地有 65 块，用于模型检验的样地有 16 块。

依据数量化理论要求，所取样本数 N 必须满足 $N > 2\sum_{j=1}^{m} r_j$ 的要求，其中 m 是项目数，r_j 是类目数。因此，数据包含了不同林分的立地条件（坡度范围 15°~35°；坡位范围上、中、下；坡向范围阴坡、半阴坡、半阳坡、阳坡；土壤类型范围红壤、黄红壤、黄壤；腐殖质厚度范围<10cm、10~20cm、>20cm；土层厚度范围<40cm、40~80cm、>80cm；地貌范围低山、中山；海拔范围<1000m、1000~1500m）。

3.1.2 研究方法

（1）K–均值算法

K–均值算法又叫快速聚类法，是 Macqueen 于 1967 年提出的，其思想是把每个样品聚集到其最近形心（均值）类中去。在它的最简单说明中，这个过程由下列三步所组成（Macqueen，1967）：

①把样品粗略分成 K 个初始类；

②进行修改，逐个分派样品到其最近均值的类中去（利用标准化数据计算欧氏距离）；

③重新计算接受新样品的类和失去样品的类的形心（均值）；

重复②，直到各类无元素进出。

（2）主成分分析法与均方差分析法

为防止各指标间信息重叠，采用主成分分析法定量确定评价指标，若指标累积贡献率达到85%，表明这些指标可以代替原有指标所提供的全部信息，此时这些指标即可作为评价指标。

在指标确定的基础上，通过均方差分析法计算评价指标权重。具体见公式3-1、3-2、3-3：

$$\bar{x}_p = \frac{1}{z}\sum_{j=1}^{z} x_{pq'} \tag{3-1}$$

$$S_p = \sqrt{(\sum_{j=1}^{z} x_{pq'} - \bar{x}_p)^2} \tag{3-2}$$

$$W_p = S_p / \sum_{z=1}^{z} S_p \tag{3-3}$$

其中，$\bar{x}_p$ 为第 p 个指标平均值，x_{pq}' 为指标 x_p 标准化后值，z 为各指标测量值个数，S_p 为各指标均方差，W_p 为各指标权重系数。

（3）模糊综合评价方法

①建立评价集 $V = \{V_1, V_2, \cdots, V_b\}$，$V_b$ 为评价等级，$b = 1, 2, \cdots, n$。本研究中立地评价等级分为 3 级，分别为好、中和差。

②隶属函数的建立。隶属函数分为正效应指标的隶属函数和负效应指标的隶属函数，正效应指标表示值越大立地质量越好，负效应指标表示值越大立地质量越差。

负效应指标隶属函数为公式3-4、3-5、3-6：

$$b=1, \quad A(x) = \begin{cases} 1 & x \leq d_1 \\ d_2 - \dfrac{x}{d_2} - d_1 & d_1 < x < d_2 \\ 0 & x \geq d_2 \end{cases} \tag{3-4}$$

$$b=2, \quad A(x) = \begin{cases} 0 & x \leq d_1 \\ x - d_1 / d_2 - d_1 & d_1 < x < d_2 \\ d_3 - x / d_3 - d_1 & d_2 < x < d_3 \\ 0 & x \geq d_3 \end{cases} \tag{3-5}$$

$$b=3, \quad A(x) = \begin{cases} 0 & x \leq d_2 \\ x - d_2 / d_3 - d_2 & d_2 < x < d_3 \\ 1 & x \geq d_3 \end{cases} \tag{3-6}$$

正效应指标隶属函数为公式3-7、3-8、3-9：

$$b=1, \quad A(x) = \begin{cases} 1 & x \geq d_1 \\ x-d_2/d_1-d_2 & d_2 < x < d_1 \\ 0 & x \leq d_2 \end{cases} \quad (3-7)$$

$$b=2, \quad A(x) = \begin{cases} 0 & x \geq d_1 \\ d_1-x/d_1-d_2 & d_2 < x < d_2 \\ x-d_3/d_2-d_3 & d_3 < x < d_2 \\ 0 & x \leq d_3 \end{cases} \quad (3-8)$$

$$b=3, \quad A(x) = \begin{cases} 0 & x \geq d_2 \\ d_2-x/d_2-d_3 & d_3 < x < d_2 \\ 1 & x \leq d_3 \end{cases} \quad (3-9)$$

其中，$A(x)$ 为评价对象集中单个指标对 b 评价等级的隶属函数，x 为各指标实际测量值，d_1、d_2、d_3 分别为各指标的相应分级标准值。

③以各指标分级标准和实际值为基础，并依据隶属函数分别确定各评价等级隶属度，得到矩阵 R。

④依据均方差分析得到的权重构建权重向量：$A = (A_1, A_2, \cdots, A_8)$。

⑤隶属度集：$S = A \times R$。

⑥模糊综合评价：$P = S \times V$。

（4）数量化理论预测模型

数量化理论预测模型为公式 3-10：

$$y_i = \sum_{j=1}^{m} \sum_{k=1}^{n} \delta_i(j, k) b_{jk} + \varepsilon_i \ (i=1, 2, \cdots, 65) \text{（文泉等，1979）} \quad (3-10)$$

公式 3-10 中，i 为样地，j 为项目，即坡度、坡位、坡向、土壤类型、腐殖质厚度、土层厚度、地貌和海拔，各项目分别表示为 $X_1, X_2, X_3, \cdots, X_8$；$k$ 为 j 项目下的类目（子项目），当 $j=1$ 时（坡度），k 分别为 <15°、16°~25°、26°~35° 和 >35°，各类目即为 X_{11}, X_{12}, X_{13} 和 X_{14}。当 $j=2, 3, 4, \cdots, 8$ 时，以此类推。坡度、坡位、腐殖质厚度、土层厚度与地貌因子的类目划分依据国家森林资源连续清查技术规定（林业部，1990）；坡向、土壤类型与海拔类目划分则依据测量实际值。

$$\delta_i(j, k) = \begin{cases} 1 & \text{第 } j \text{ 项目第 } k \text{ 类目存在具体值时} \\ 0 & \text{否则} \end{cases} \quad (3-11)$$

引入 0-1 化数量化函数，即示性函数 $\delta_i(j, k)$ 为了实现对定性因子（坡位、坡向、土壤类型、土壤质地与地貌）的定量化推断以及各因子之间的不可比性。将样地立地因子代入公式（3-11）得到表 3-1。

为了求解 b_{jk} 的估计值将该模型通过矩阵表达式形式进行表示，本文中各因子按照表 3-1 顺序组成矩阵 X，优势木平均高组成矩阵 Y，依据矩阵性质 $\dot{b}_{jk} = (X'X)^{-1}(X'Y)$。因此，预测方程公式 3-12：

$$\hat{y}_i = \sum_{j=1}^{m}\sum_{k=1}^{n}\delta_i(j,k)\,b_{jj} \tag{3-12}$$

采用 MATLAB 中 xlsread 函数、xlswrite 函数、pinv 函数以及矩阵运算函数对模型进行拟合，得出 b_{jk}。

$$X=\begin{bmatrix}
0&0&1&0&0&0&1&0&0&1&0&1&0&0&0&0&1&0&1&0&1&0&1&0\\
0&1&0&0&0&0&1&0&1&0&0&0&0&1&0&0&0&1&0&1&0&1&0\\
0&0&1&0&0&0&1&1&0&0&0&0&0&0&1&0&1&0&1&0&1&0\\
0&1&0&0&0&0&0&1&0&0&0&0&0&1&0&1&0&0&1&1&0\\
0&0&1&0&0&0&1&0&0&1&0&0&1&0&0&0&1&0&1&1&0\\
0&0&0&1&0&1&0&0&1&0&0&0&1&0&0&0&1&1&0\\
\vdots&&&&&&&&&&&&&&&&&&&&&&&\\
0&1&0&0&1&0&0&0&0&1&0&1&0&0&0&1&0&0&1&1&0
\end{bmatrix}
\quad
Y=\begin{bmatrix}
19.2\\21.2\\11.9\\11.7\\14.8\\14.9\\\vdots\\11.2
\end{bmatrix}$$

表 3-1　各样地优势木平均高与立地质量因子

标准地号	优势木平均高	坡度 X_1(°) <15	16~25	26~35	>35	坡位 X_2 上	中	下	坡向 X_3 阴坡	半阴坡	半阳坡	阳坡	土壤类型 X_4 红壤	黄红壤	黄壤	腐殖质厚度 X_5(cm) <10	10~20	>20	土层厚度 X_6(cm) <40	40~80	>80	地貌 X_7 低山	中山	海拔 X_8(m) <1000	1000~1500
1	19.2	0	0	1	0	0	0	1	0	0	1	0	1	0	0	0	0	1	0	1	0	1	0	1	0
2	21.2	0	1	0	0	0	0	1	0	1	0	0	0	0	1	0	0	1	0	1	0	1	0	1	0
3	11.9	0	0	1	0	0	0	1	1	0	0	0	0	1	0	0	0	1	0	1	0	1	0	1	0
4	11.7	0	1	0	0	0	0	1	0	1	0	0	0	0	1	0	0	1	1	0	0	1	1	0	
5	14.8	0	0	1	0	1	0	0	0	0	1	0	1	0	0	1	0	0	0	0	1	0	1	1	0
6	14.9	0	0	0	1	0	1	0	1	0	0	0	0	1	0	0	1	0	0	0	1	1	0	1	0
...																									
65	11.2	0	1	0	0	1	0	0	0	0	1	0	1	0	0	0	1	0	0	1	0	0	1	1	0

3.1.3　影响杉木生长的多维因素分析

宜林地立地质量综合评价是营林造林决策理论的重要组成部分，同时对于评价林分生长量和收获量至关重要。近十几年来，国内对宜林地立地质量研究取得一定的进展，但多数限于某一方面或某几方面的研究，对宜林地立地质量的综合性评价研究不多见。另外一些学者出现人为选择影响宜林地立地质量因子导致结果存在疑问，为了整体地、科学地评价福建省宜林地立地质量等级和生产潜力，克服之前的研究中在选择影响立地的主要因子数量不恰当加之依靠主观因素选取的问题，本研究利用主成分分析法从立地质量因子中筛选出影响林木生长的主导因子，利用综合模糊评价法划分立地质量等级，然后利用数量化理论方法建立林分优势木平均高与立地主导因子之间的多元回归方程，用以评价宜林地的生产潜力。

通过对二类调查数据整理，选择地貌、海拔、坡度、坡向、坡位、腐殖质厚度、土层厚度、土壤类型共 8 个指标进行主成分分析，分析之前对数据进行了各种预处理，包括清洗、转换，主成分分析结果见表 3-2。

表 3-2 主成分分析结果

主成分	特征值	贡献率	累积贡献率
1	2.98275402	18.64	18.64
2	2.35229036	14.70	33.34
3	2.11518018	13.22	46.56
4	1.88209686	11.76	58.32
5	1.63179546	10.20	68.52
6	1.23453778	7.72	76.24
7	1.02892308	9.43	85.67
8	1.00982300	14.33	100.00

8个主成分因素累积贡献率达到100%，达到统计学要求，虽然前7个因素累积贡献率达到85.67%，已经达到统计规定，可以选择前7个因素作为主要成分进行分析，但是观察第8个因素贡献率达到了14.33%，表明第8个因素贡献也很大，加入第8个主成分可以表达全部信息，选择的8个指标之间相互独立并且可以代表足够信息，因此进入数据挖掘的因素是地貌、海拔、坡度、坡向、坡位、腐殖质厚度、土层厚度、土壤类型，其中地貌、海拔、坡度、坡位与坡向是地形因子，腐殖质厚度、土层厚度与土壤类型是土壤指标。

为了分析不同年龄不同密度杉木蓄积生长与立地因子的关系，通过K-均值方法对数据进行挖掘，将K-均值得出的结果进行总结，结果见表3-3。

表 3-3 不同年龄不同密度杉木蓄积生长与立地因子的关系

龄组	密度（株/hm²）	地貌	海拔	坡度	坡位	坡向	土壤类型	腐殖质厚度	土层厚度
幼龄林	2390~2900	—	-0.025	-0.013	-0.076	-0.049	-0.005	0.037	0.073
中龄林	2010~2780	-0.068	-0.069	-0.237	-0.241	-0.257	-0.029	0.158	0.076
近熟林	1590~2410	-0.169	-0.345	-0.010	-0.100	-0.097	-0.222	0.317	0.249
成过熟林	1070~2090	-0.185	-0.419	-0.144	-0.230	-0.123	-0.189	0.505	0.390

结果显示：当林分年龄和密度不同时，影响其林分蓄积生长的立地因子重要性也发生着变化。具体结果如下。

①杉木幼龄林（2390~2900株/hm²）时期，各立地因子重要性依次是坡位、土层厚度、坡向、腐殖质厚度、海拔、坡度和土壤类型。

②杉木中龄林（2010~2780株/hm²）时期，各立地因子重要性依次是坡向、坡位、坡度、腐殖质厚度、土层厚度、海拔、地貌和土壤类型。

③杉木近熟林（1590~2410株/hm²）时期，各立地因子重要性依次是海拔、腐殖质厚度、土层厚度、土壤类型、地貌、坡位、坡向和坡度。

④杉木成过熟林（1070~2090株/hm²）时期，各立地因子重要性依次是腐殖质厚度、

海拔、土层厚度、坡位、土壤类型、地貌、坡度和坡向。

由表3-3可知，针对不同的林分密度，不同的年龄情况下，分析影响蓄积的主要因子，在8个主要影响因子中只有腐殖质厚度和土层厚度与材积成正比，随着腐殖质厚度与土层厚度的增加，蓄积增加。其余6个因子均与蓄积成反比，随着因子取值的增加，蓄积逐渐减少。

3.1.4 宜林地立地质量的数量化评价

（1）数量化理论预测模型构建

依据数量化理论预测模型（式3-12）得出各样地优势木平均高的预测方程：

$\hat{y} = 2.3002 \delta_i (1, 1) + 1.3813 \delta_i (1, 2) + 0.8836 \delta_i (1, 3) + 0.8426 \delta_i (1, 4) + 1.0270 \delta_i (2, 1) + 2.0124 \delta_i (2, 2) + 2.3719 \delta_i (2, 3) + 2.7108 \delta_i (3, 1) + 1.466 \delta_i (3, 2) + 0.7443 \delta_i (3, 3) + 0.4902 \delta_i (3, 4) + 1.6044 \delta_i (4, 1) + 2.0855 \delta_i (4, 2) + 1.7214 \delta_i (4, 3) + 0.8509 \delta_i (5, 1) + 2.353 \delta_i (5, 2) + 3.9092 \delta_i (5, 3) + 0.0734 \delta_i (6, 1) + 2.1392 \delta_i (6, 2) + 3.1987 \delta_i (6, 3) + 3.3261 \delta_i (7, 1) + 2.0852 \delta_i (7, 2) + 3.5985 \delta_i (8, 1) + 1.8128 \delta_i (8, 2)$

$$(3-13)$$

该方程是关于8个项目24个类目的数量化方程，示性函数前的系数表示各类目得分值，具体见表3-4。预测某一样地优势木平均高需将该样地各因子所对应示性函数值代入求得。

表3-4 福建省杉木立地质量各类目得分

项目	类目		得分值	项目	类目		得分值
坡度	<15°	X_{11}	2.3002	坡向	阴坡	X_{31}	2.7108
（X_1）	16°~25°	X_{12}	1.3813	（X_3）	半阴坡	X_{32}	1.4660
	26°~35°	X_{13}	0.8836		半阳坡	X_{33}	0.7443
	>35°	X_{14}	0.8426		阳坡	X_{34}	0.4902
坡位	上部	X_{21}	1.0270	土壤	红壤	X_{41}	1.6044
（X_2）	中部	X_{22}	2.0124	类型	红黄壤	X_{42}	2.0855
	下部	X_{23}	2.3719	（X_4）	黄壤	X_{43}	1.7214
腐殖质厚度	<10cm	X_{51}	0.8509	土层	<40cm	X_{61}	0.0734
（X_5）	10~20cm	X_{52}	2.3530	厚度	40~80cm	X_{62}	2.1392
	>20cm	X_{53}	3.9092	（X_6）	>80cm	X_{63}	3.1987
地貌	低山	X_{71}	3.3261	海拔	<1000m	X_{81}	3.5985
（X_7）	中山	X_{72}	2.0852	（X_8）	1000~1500m	X_{82}	1.8128

由表3-4知，X_1中随着坡度的增加得分值相应减少；X_{23}与X_{21}和X_{22}相比得分最高；X_{31}与X_{32}得分相对高于X_{33}与X_{34}；X_{42}得分高于X_{41}和X_{43}；对于X_5与X_6因子，随着厚度的增加，得分相对提高；X_7与X_8均是地势较低时有相对较高的得分值。在8个项目因子中，

X_5、X_6、X_7 与 X_8 的个别类目中出现得分值大于"3"的情况。表 3-4 结果与表 3-3 所得结果一致，表 3-4 更加清晰地解释了表 3-3 的结果。通过各类目得分值可确定出与林木生长关联度高的立地因子，如坡度<15°的下部坡位、阴坡、红壤和黄壤、腐殖质厚度>20cm、土层厚度>80cm、低山和海拔<1000m 更有利于杉木生长，这些规律和我们的造林实践也是相吻合的。

（2）数量化理论预测模型检验

为了科学客观地评价立地质量数量化理论预测模型的精度，利用 MATLAB 中 corrcoef 函数计算模型检验数据的因变量与各项目（自变量）之间以及各项目间的相关系数得到相关矩阵 M。

$$M = \begin{bmatrix} M_{11} & \cdots & M_{18} \\ \vdots & \ddots & \vdots \\ M_{81} & \cdots & M_{88} \end{bmatrix} \tag{3-14}$$

相关矩阵 M 中 M_{11} 表示因变量（y_i）与自变量之间相关关系，M_{12} 表示因变量与 X_1 之间相关关系，以此类推。

根据本研究所构建的模型，依据相关矩阵计算方法（公式 3-14）对相关矩阵进行计算：

$$M = \begin{bmatrix} 1.000 & 0.224 & 0.179 & 0.550 & -0.255 & 0.524 & 0.597 & 0.440 & 0.418 \\ 0.224 & 1.000 & 0.031 & 0.050 & 0.076 & 0.059 & 0.155 & -0.109 & -0.133 \\ 0.179 & 0.031 & 1.000 & 0.140 & -0.011 & -0.197 & 0.047 & -0.041 & -0.274 \\ 0.550 & 0.050 & 0.140 & 1.000 & -0.158 & 0.293 & 0.072 & 0.072 & -0.013 \\ -0.255 & 0.076 & -0.011 & -0.158 & 1.000 & -0.236 & -0.070 & -0.510 & -0.071 \\ 0.524 & 0.059 & -0.197 & 0.293 & -0.236 & 1.000 & -0.100 & 0.212 & 0.099 \\ 0.597 & 0.155 & 0.047 & 0.072 & -0.070 & -0.100 & 1.000 & 0.096 & 0.333 \\ 0.440 & -0.109 & -0.041 & 0.072 & -0.510 & 0.212 & 0.096 & 1.000 & 0.236 \\ 0.418 & -0.133 & -0.274 & -0.013 & -0.071 & 0.099 & 0.333 & 0.236 & 1.000 \end{bmatrix} \tag{3-15}$$

杉木优势木平均高（y）与 X_3（坡向）、X_4（土壤类型）、X_5（腐殖质厚度）、X_6（土层厚度）、X_7（地貌）和 X_8（海拔）相关系数均高于与 X_1（坡度）和 X_2（坡位）的相关系数，但是与 X_4 为负相关；特别地，杉木优势木平均高与 X_7 和 X_8 相关性高于 0.4，与 X_3、X_5、X_6 相关性高于 0.5。

通过复相关系数、偏相关系数（在对其他项目的影响进行控制的条件下，衡量优势木平均高与某个项目之间的线性相关程度）与 t 检验对预测模型进行检验。

8 个项目中相关性较高的是：X_2 与 X_8 相关系数为 -0.274，X_3 与 X_5 相关系数为 0.293，X_4 与 X_7 相关系数为 -0.510，X_6 与 X_8 相关系数为 0.333。

由复相关系数公式得到 $R_{复} = 0.709$，说明杉木优势木平均高与 8 个项目之间的相关系数为 0.709，线性相关程度较高，因此本研究得出的 8 个项目在很大程度上影响杉木优势木生长。各项目与优势木平均高的偏相关系数及其显著性检验结果见表 3-5。

表 3-5   各项目与优势木平均高的偏相关系数及其显著性检验

项目	坡度	坡位	坡向	土壤类型	腐殖质厚度	土层厚度	地貌	海拔
偏相关系数	0.311	0.219	0.634	-0.280	0.580	0.766	0.481	0.464
P	0.012	0.082	<0.001	0.025	<0.001	<0.001	<0.001	<0.001

由表 3-5 可知，在 $\alpha = 0.01$ 水平下，项目分别作为控制变量时，表现出不同的贡献值，具体是：优势木平均高与坡向（X_3）、腐殖质厚度（X_5）、土层厚度（X_6）、地貌（X_7）、海拔（X_8）具有较高的显著性，与坡度（X_1）、坡位（X_2）、土壤类型（X_4）不显著。依据偏相关系数大小得出各项目影响宜林地立地质量的重要性依次为：土层厚度、坡向、腐殖质厚度、地貌、海拔、土壤类型、坡度与坡位，其中土层厚度、坡向、腐殖质厚度、地貌与海拔 5 个项目是主导因子。坡位的影响不显著，主要是杉木分布在坡位上无一定的规律性。因此，可以分别用 5 个项目或 5 个以上的项目以至 8 个项目来预估宜林地的立地质量。

3.2   有林地立地质量评价

3.2.1   数据来源

数据来源于福建省第 4、5、6、7 期固定样地复测样地，样地大小为 1 亩①，即 0.067hm²。其中杉木人工纯林的固定样地有 257 个。样地每间隔 5 年复测 1 次，复测内容涵盖了样地数据和样木数据。其中，样地主要调查因子包括了地类、海拔、地貌、坡向、坡度、坡位、土壤名称、土壤厚度、林种、优势树种、起源、平均年龄、龄组、平均胸径、平均树高、郁闭度、活立木蓄积、林分蓄积、散生蓄积、四旁蓄积、枯倒蓄积和采伐蓄积；样木数据调查的是相应样地数据中单株木的信息，包括了单株木的胸径和材积，其中，第 7 期样木数据在原有的基础上，从每块样地中挑选出三株平均木，测量其树高。经过统计，第 4 期有样木数据 8094 组，第 5 期有样木数据 13531 组，第 6 期有样木数据 9469 组，第 7 期有样木数据 8330 组。根据样地调查数据，整理得到样地的立地概况如表 3-6 所示。

由于全林分模型和密度控制模型在构建过程中都涉及株数变量，因此，根据样木数据统计每一期样地中的株数。其中，第 4 期有 82 块样地含有株数数据，第 5 期有 102 块样地含有株数数据，第 6 期有 73 块样地含有株数数据，第 7 期有 71 块样地含有株数数据，叠加起来有 328 个样地数据。为了与国际统一，将林分断面积、蓄积、株数值换算成以公顷为单位的统计量，剔除公顷株数少于 10 株、蓄积小于 1m³ 的样地，最后筛选出 227 个包含重复的样地，按照 7：3 的原则，154 个样地数据用于数据拟合，73 块样地数据用于检验。同时结合样木数据计算出样地算数平均胸径，经过整理和计算，用于模型拟合与检验的一类清查数据统计情况见表 3-7。

---

①   1 亩 = 1/15hm²，下同。

表 3-6　一类清查样地的立地概况

项目	地貌	海拔（m）	坡向	坡度（°）	坡位	土壤名称	土壤厚度（cm）
最小值~最大值或实际值	低山、中山、丘陵	100~1140	东、南、西、北、东北、东南、西北、西南	4~45	脊部、上、中、下、谷地	红壤类、黄壤类、水稻土类	10~200

表 3-7　模型拟合与检验的一类清查数据统计

变量	拟合数据				检验数据			
	最小值	最大值	平均值	标准差	最小值	最大值	平均值	标准差
林龄（t）	5	29	16	5.44	6	29	15	5.27
算数平均胸径（$\bar{D}$, cm）	6.3	26.8	11.9	3.42	6.3	18.0	11.2	2.95
断面积平均胸径（D_g, cm）	6.3	27.4	12.3	3.36	6.3	18.2	11.5	2.92
树高（H, m）	4.0	18.3	10.44	2.94	4.6	15.6	9.0	2.84
断面积（G, m²/hm²）	7.3	56.2	26.98	11.51	7.3	53.6	24.32	10.86
蓄积（M, m³/hm²）	15.08	373.76	124.54	72.43	24.78	308.96	119.41	74.59
株数（N, N/hm²）	1169	3747	2328	571.56	1289	3477	2314	589.81

3.2.2　研究方法

评价某一有林地的立地质量时，地位级、地位级指数和地位指数是我国常用的三种评定标准（郭艳荣等，2012）。地位级是在同一年龄下，依据林分平均高来判定该林分的立地条件，通常被分为5~7级，用罗马数字来衡量，地位级一般在天然林研究中应用较多（王威和党永峰，2013；潘鹏等，2015）。地位级指数和地位指数分别指的是林分基准年龄的平均高和优势木高。由于地位级只是对立地质量进行分类，没有具体的数值表达，在建模中无法将其作为变量带入模型，而地位级指数和地位指数则引入了数学方法，具有特定的数学表达式，因而受到广泛地应用（杜纪山和王洪良，2000；江传阳，2014）。但人工林林分生长周期中通常伴随抚育间伐、补植等人工经营活动，林分的平均高因此而受到影响，从而影响有林地立地条件的判断，而林分优势木的生长受人为干扰因素较少，因此，本研究选择地位指数作为立地条件的判定指标。

立地指数模型的构建方法可以归为3类，即导向曲线法、参数预估法与代数差分方程法（惠刚盈等，2010）。导向曲线法是建立优势木高与年龄的导向曲线，通过各龄阶优势木高标准差调整或变动系数调整来获得各龄阶的地位指数，该方法构建的地位指数精度准确，但计算过程复杂，对数据量要求较多。参数预估法则是选择理论方程作为基础模型，将系数转化为代表地位等级的函数，该方法构造的方程式简单易懂，但方程计算值与实际值可能存在不一致的问题。代数差分方程法是通过对原方程进行参数消元，建立反应两组不同年龄和优势木高的差分方程，从而对基准年龄优势木高进行预估的方法，差分方程表现形式灵活，对于大范围数据具有良好的模拟性能（段爱国和张建国，2004）。因此，本研究选用代数差分法构建地位指数模型。

研究选择了常用于拟合林分优势高导向曲线的 Richards、Mitscherlich 和 Korf 三个理论方程以及 Schumacher、Hyperbola 和 Logarithmic hyperbolic 三个经验方程作为基础模型来构建差分方程。以 Richards 方程为例，代数差分法的具体操作步骤如下。

在地位指数模型的构建中，将其中一组代表林分此时的优势木高和年龄，另一组代表基准年龄和地位指数，通过方程拟合得到差分方程参数的具体表达。以 Richards 方程为例来说明差分方程的应用方法。选取 t_1 年时林分的优势木高为 HT_1，带入 Richards 方程如公式 3–16 所示。

$$HT_1 = a\left[1-\exp\left(-ct_1\right)\right]^b \tag{3-16}$$

由于地位指数方程是一定的，因此两个数据所带入的方程参数不变。选取 t_2 年时林分的优势木高为 HT_2，带入 Richards 方程如公式 3–17 所示。

$$HT_2 = a\left[1-\exp\left(-ct_2\right)\right]^b \tag{3-17}$$

将公式 3–16 和公式 3–17 中的参数 a 放置等式左边后两边取对数，得到：

$$\ln\left(HT_1/a\right) = b\ln\left[1-\exp\left(-ct_1\right)\right] \tag{3-18}$$

$$\ln\left(HT_2/a\right) = b\ln\left[1-\exp\left(-ct_2\right)\right] \tag{3-19}$$

将 3–18 与 3–19 式相除，消除参数 b，再经过整理得到差分方程见公式 3–20。

$$HT_2 = a\left(HT_1/a\right)^{\frac{\ln\left[1-\exp(-ct_2)\right]}{\ln\left[1-\exp(-ct_1)\right]}} \tag{3-20}$$

在本研究中，由于一类清查体系中只测定了样地平均高数据，缺乏样地优势木高数据，因此本研究采用同一区域杉木人工林临时样地中的优势木高与平均木高数据建立优势木高–平均木高方程：$HT = 3.048+0.932H$（$R^2 = 0.967$）。计算出的优势木数据用于模型的拟合与检验。

值得注意的是，同一个基础方程的差分方程会因自由参数的不同而不同，对于理论方程而言，当选择渐近参数 c 为自由参数时，差分方程为多型单渐近线方程。当选择潜在生长参数 a 为自由参数时，差分方程为单型可变渐近线方程（惠刚盈等，2010）。对于三个理论生长方程，参数 a 代表林木的潜在生长最大值，参数 c 代表林木生长速率，最好保留这两个参数，因此将 b 作为自由参数。而经验方程则将每个参数分别作为自由参数进行分析。根据上述条件，对 3 个理论方程和 3 个经验方程进行代数差分转换，分别得到 9 个不同形式的差分方程，具体表达如表 3–8 所示。

表 3–8　基础方程及转换后的差分方程

基础方程	表达式	自由参数	差分方程
Richards	$HT = a\left[1-\exp\left(-ct\right)\right]^b$	b	$HT_2 = a\left(HT_1/a\right)^{\frac{\ln\left[1-\exp(-ct_2)\right]}{\ln\left[1-\exp(-ct_1)\right]}}$
Mitscherlich	$HT = a\left[1-b\exp\left(-ct\right)\right]$	b	$HT_2 = \exp\left(ct_1-ct_2\right)\left(HT_1-a\right)+a$
Korf	$HT = a\exp\left(-b/t^c\right)$	b	$HT_2 = a^{1-t_1^c/t_2^c}HT_1^{t_1^c/t_2^c}$

（续）

基础方程	表达式	自由参数	差分方程
Schumacher	$HT=a\exp\ (-b/t)$	a	$HT_2=HT_1\exp\ (b/t_1-b/t_2)$
		b	$HT_2=a\ (HT_1/a)^{t_1/t_2}$
Hyperbola	$HT=a+b/t$	a	$HT_2=b\ (\frac{1}{t_2}-\frac{1}{t_1})\ +HT_1$
		b	$HT_2=\frac{t\ (HT_1-a)}{t_2}+a$
Logarithmic hyperbolic	$\lg\ (HT)\ =a+b/t$	a	$HT_2=10^{b\,(\frac{1}{t_2}-\frac{1}{t_1})\,+\lg\,(HT_1)}$
		b	$HT_2=10^{\frac{t_1[\lg(HT_1)-a]}{t_2}+a}$

注：HT 为林分优势木高，HT_1 和 HT_2 分别为 t_1 和 t_2 时刻的林分优势木高，a、b、c 为参数。

设置 $H=H_2$、$t=t_2$、$SI=H_1$、$T=t_1$，带入表 3-8 的所有差分方程中，转化后可得到以各差分方程为基础的地位指数方程。

3.2.3 模型拟合与检验

在数据拟合中，选择样地的复测数据，同一样地中前一期数据代表 t 和 H，后一期数据代表 T 和 SI，选取 331 组样地组合数据对地位指数方程进行拟合。以决定系数 R^2 和残差平方和 RSS 作为拟合指标。同样选择未参与建模 154 组数据进行检验，以均方根误差 $RMSE$ 和平均偏差绝对值 MAE 作为检验指标。模型的表达式、拟合参数、拟合指标及检验指标如表 3-9 所示。

表 3-9　地位指数方程参数及拟合检验指标统计

编号	地位指数方程	参数值			拟合指标		检验指标	
		a	b	c	R^2	RSS	$RMSE$	MAE
2-12	$SI=a\ (HT/a)^{\frac{\ln[\,1-\exp(-cT)\,]}{\ln[\,1-\exp(-ct)\,]}}$	28.992	—	0.018	0.777	695.140	1.536	1.179
2-13	$SI=a+\frac{HT-a}{\exp\ (cT-ct)}$	23.922	—	0.036	0.757	756.655	1.607	1.260
2-14	地位指数方程	43.106	—	0.387	0.773	705.550	1.554	1.203
2-15	$SI=\frac{HT}{\exp\ (b/T-b/t)}$	—	5.265	—	0.717	880.115	1.716	1.231
2-16	$SI=a\ (HT/a)^{\frac{\ln[\,1-\exp\,(-cT)\,]}{\ln[\,1-\exp\,(-ct)\,]}}$	18.500	—	—	0.741	805.277	1.624	1.283
2-17	$SI=a+\frac{HT-a}{\exp\ (cT-ct)}$	—	-50.007		0.701	931.577	1.761	1.324
2-18	$SI=(\frac{HT}{a^{1-T^c/t^c}})^{\frac{t^c}{T^c}}$	16.004	—		0.688	969.588	1.765	1.402
2-19	$SI=\frac{HT}{\exp\ (b/T-b/t)}$	—	-2.287	—	0.717	880.115	1.716	1.231
2-20	$SI=a\ (HT/a)^{t/T}$	1.267	—	—	0.741	805.277	1.624	1.283

表 3-9 显示了 9 类差分方程的拟合和检验结果，从中可以看出理论方程的拟合效果优于经验方程，在理论方程中，Richards 方程的决定系数 R^2 为 0.777，高于其他方程，且残差平方和 RSS 在 9 个方程中最小，说明预测值与测量值偏差较小，在模型检验中，Richards 方程的 $RMSE$ 和 MAE 均小于其他模型，说明拟合的方程适用于检验的数据。Korf 方程的拟合精度也较高，决定系数略小于 Richards 方程，检验结果也优于除了 Richards 方程外的其他模型，但 Korf 方程中的参数 a 达到 43.1，作为代表杉木树高的生长极限值，不符合杉木的生长生理特性，且代表生长速率的参数 c 达到 0.387，也高于实际的生长速率值。为了进一步验证 Richards 差分方程的适应性，将测量值与预测值进行单因素方差分析，在 $\alpha = 0.05$ 的检验下，得到 F 值为 0.047 > $F_{0.05}$ = 3.87，P 值为 0.82 > 0.05，说明预测值和实际值不存在显著差异。综上各种结果，本研究选择 Richards 差分方程来计算样地的地位指数。

3.3　本章小结

本研究利用主成分分析法与 K-均值算法对影响杉木材积收获的因素进行多维分析，结果表明不同年龄与密度时影响杉木材积收获的立地因子也不相同；利用模糊综合评价法与数量化理论预测模型两种数学方法分别对宜林地立地质量进行分级与数量化评价，影响杉木宜林地立地质量的因子重要性为土层厚度>坡向>腐殖质厚度>地貌>海拔>土壤类型>坡度>坡位，构建了宜林地数量化模型；利用差分方程法分析有林地立地质量，结果表明 Richards 差分型立地指数模型最适合评价研究区有林地立地质量。

研究得出立地条件依据年龄和密度的不同具体影响因子对蓄积的重要程度也不尽相同（黄旺志等，1997；汪为民，2006），林分不同的生长期，林分密度也不同，对立地因子的需求也不相同，具体是：杉木幼龄林时期，影响林分蓄积的立地因子主要为坡位、土层厚度、腐殖质厚度与坡向，究其原因是该时期林木生长竞争较大，林木的生长更多地受到土层、温度与水分的影响，而坡位与坡向的不同直接影响着林地的温度和水分，间接影响着杉木的胸径、树高、蓄积的生长。杉木中龄林时期，各立地因子重要性依次是坡向、坡位、坡度、土层厚度、腐殖质厚度、海拔、地貌和土壤类型。究其原因是这段期间中龄林密度较幼龄林时期减少，生长较快，林木生长竞争减小，林木生长需要来自水分、光照和土层（坡度、坡位、坡向、腐殖质厚度）。杉木近熟林时期与成过熟林时期的三个生长阶段，林分株数密度较小，光照充足，灌木和草本丰富，枯枝落叶多，腐殖质厚度大，对杉木生长有很大影响；另外土层厚度影响着杉木根系的伸展和吸肥、吸水能力，从而土层厚度也成为影响杉木生长的关键立地因子。

与前人的研究相比，本研究选择影响立地的主要因子的方法上，综合使用主成分分析法、K-均值算法以及综合模糊评价法，研究结果更加具备整体性和科学性。本研究指标选择合理且较全面，地形因子选择了 5 个因子，类似研究地形对杉木生长影响有曾秋麟（1979）和宛志沪等（1983），地形因子仅仅选择了坡向、海拔与坡位 3 个因子或者仅选择坡向与海拔；土壤指标选择也很合理，特别是土壤类型的选择，不同的土壤类型对杉木生长非常重要，另外虽然无法加入土壤有机质等微观指标，但是腐殖质厚度与土层厚度同样可以从宏观层面体现土壤的养分，因此研究结果合理且可靠，本研究没有选择加入土壤微观指标主要是由于样本量较多加之使用二类调查数据无法收集到土壤有机质和土壤氮、磷、钾等指标，今后如果数据与条件可能的话可以选择代表土壤微观的指标。

本研究所构建的分级评价方法与数量化预测方程可以从两方面较好地评价宜林地立地质量，对于今后评价宜林地生产力提供了一种可行的数学方法。应用时，若确定某宜林地立地质量等级可运用模糊评价法进行划分，若确定立地指数只需根据宜林地的立地因子，由立地指数得分表查出相应因子的得分值，结合数量化理论预测方程确定出优势木平均高即可。

一个好的数学模型应该具有良好的预测性能（拟合效果与检验效果），较少的参数，简单的数学形式以及便于今后推广与普及的特性。利用福建省杉木调查数据并采用 ADA 推导出 9 个树高生长模型的差分型地位指数模型，采用 SPSS 软件对模型参数分别进行拟合，并通过误差检验比较的方法筛选出适合模拟杉木人工林立地指数最佳模型。研究结果表明 Richards 差分型立地指数模型具有更高的预测性能，这与 Richards 方程具有良好的生物学意义有密切的关系。

4 / 杉木人工林形态模型研究

作为树木重要组成部分的树冠是树木进行光合、呼吸和蒸腾作用的重要场所，是反映树木长期竞争水平的重要指标。树冠的形态结构直观反映了树木的生长发育状况，可以预测林木的生长、健康状况，以及地上生物量和树冠的光截获量。然而树冠测量耗时耗力，在实际生产中不可能对每株林木的树冠进行测量，因此构建高精度树冠形态模型变得非常有必要。本章使用不同的数学方法，以树冠为研究对象，分别对树冠因子与林分生长因子之间的逻辑关系、树冠的整体轮廓以及林木竞争指数进行研究。

4.1　引言

预估和分析林木长势的主要方式是观察林木蓄积收获量，而林木形态则能通过另一个角度来表达林木生长的生理过程、反馈林木生长和环境因子相互调控结果以及评估林木的结构生长和变化。其中，树冠是树木光合作用和蒸腾作用的主要场所，对树木的生长过程具有主导作用，树冠形态不仅能反映林分密度、立地条件、树木间的竞争水平，还能衡量林分木材质量和生物多样性水平。

林木的树冠部分主要是植物的叶片，是整个树木有机物质供应的来源，其生长的状况直接影响到林木生物量的积累。树木的冠幅、冠长、胸径、树高是随着树木的生长而变化的，且冠幅、冠长大小随杉木生长的变化将直接影响到自身占有空间的大小，进而影响接受光照、水分、营养的数量，并且也对其他单木个体产生竞争压力。在林木郁闭前，林木个体占有充足的养分和光照能量，此阶段将自由生长，其生长潜力也主要受到种源、林木本身的遗传学特性和立地的影响，随着林木个体的长大，进入郁闭后，由于树冠的阻挡以及个体的竞争，个体大小受到抑制，冠幅、冠长等形态也相应发生变化。另一方面，在外业调查时也发现树木的树冠大小直接影响着阳光在林分内的分配，树冠越大除进行光合作用的表面积越大外，撑开的冠幅直接阻挡了林下植被获得阳光的能力，林下其他物种由于缺少阳光逐渐被淘汰，防止了与林分内优势树种争夺养分，因此郁闭的杉木林分林下往往较为干净。

本章形态模型的构建重点是围绕杉木林木树冠形态与林分因子之间的关系开展研究。

4.2　杉木冠幅冠长模型研究

为了研究冠幅、冠长大小的变化及对冠幅、冠长大小随林木生长的预测，先针对可能影响冠幅、冠长的林分调查因子进行筛选。

林分调查的基本因子有：地点、面积、林地所有权、林地使用权、林木所有权、林木使用权、海拔、地貌、坡度、坡向、坡位、坡型、可及度、母岩、母质、母质风化度、岩石裸露度、石漠化程度、石漠化成因、土壤名、土壤厚度、腐殖质层、土壤结构、土壤质地、土壤松紧度、土壤石粒量、土壤湿度、土壤水、地下水位、土壤酸碱度、土壤侵蚀强度、地类、森林类别、公益林保护等级、林种、优势树种、树种组成、林分起源、林层、森林类型、林龄、龄组、龄级、径级组、平均胸径、平均树高、优势木平均高、蓄积、株数、林木质量、疏密度、郁闭度、自然度、植被覆盖度、植被类型、群落结构、生态功能等级、天然更新情况、森林受害等级、森林健康度、森林景观等级、地位级、地位指数、立地类型、立地质量等级、经营类型、作业法、造林类型、造林年度等。

在以上因子中，像地点、面积、林权等与林分生长毫无关系的因子直接排除。地位级、地位指数、立地类型、立地质量等级均为评价立地质量的指标，其中立地类型不容易量化，因此从中选择一个即可代表该林分的立地质量。本研究将地位级进行了量化，利用南京林产工业学院森林学教研组根据贵州、福建、广东、广西的杉木实生林标准地编制的杉木地位级表（南京林产工业学院森林学教研组，1979），5 种地位级中，I 级地以数字 5 表示，II 级地以 4 表示，以此类推，量化值越高代表其立地质量越好。

胸径和树高是林木大小的直接反映，并且随着林木的生长发生变化，有研究表明胸径与冠幅大小呈线性关系。由于杉木本身具有自然整枝的作用，不同的年龄阶段以及受到外界竞争的影响，枝下高会发生变化，通过树高及枝下高可直接确定林木的冠长。立地质量的好坏直接影响着林木个体生长所需要的营养及林木个体的潜在生长能力。单位面积上的林木株数越大，林木个体所占有的生长空间越小，反之林木个体所占有的生长空间越大，越能自由生长，也直接地反映在冠幅大小上，评价林分密度的指标有株数密度、每公顷断面积、疏密度、立木度、郁闭度、林分密度指数、树木–面积比、植距指数等，本研究选择获取方便的株数密度。林分竞争因子选用林木的相对直径。综合考虑，选择胸径、树高、年龄、地位级、单位面积株数、直径比 6 个与林分生长有关的因子作为模型的自变量。

为了更好地对冠幅冠长变化进行预测，在综合各类方法上，研究采用主成分分析法和逐步回归分析法分别建立杉木冠幅、冠长模型。

4.2.1 数据来源

在锦屏县和修文县共搜集标准地 32 个，标准地规格为 25.82m×25.82m，每个标准地进行每木测量胸径、方位角、水平距、定位角，这些标准地数据因为包含每木位置，因此用于竞争指数的研究。

由于上述数据均缺少冠幅、冠长数据，为研究冠幅外轮廓的形态模型，于 2011 年 8～9 月在贵州省修文县调查了 98 株年龄在 10～26 年之间、不同立地的杉木冠幅、冠长数据，用于冠幅、冠长模型的研究。由于目前尚没有树冠轮廓研究的测量方法，根据测量需要及叙述方便，定义了上冠幅边缘高度、下冠幅边缘高度、外冠幅高度三个名词，如图4-1中"＊"所示。其中上冠幅边缘高度指以根颈处水平面为横坐标，根颈中心为坐标原点，以地面垂直方向为纵坐标，对应于横坐标的冠幅轮廓位置的高度，在测量时取不同的坐标位置，上冠幅边缘高度值不一样，上冠幅与下冠幅交界处的高度称为外冠幅高度。利用该测量方案对东、西、南、北四个方向测量后得出的一系列点位能够反映杉木的外围轮廓，利用该数据用于研究杉木的树冠轮廓曲线。

杉木树冠因子调查方法如下。

（1）调查使用工具

调查时所用的仪器和工具主要是卷尺、围径尺、超声波测高器、相机。卷尺主要用于冠幅的测量，围径尺用于测胸径和根颈，超声波测高器用于测量树高和冠幅高度、枝下高等，相机用于整株杉木的拍照。

（2）测量内容

每株标准木要求测量的因子有：胸径、东西冠幅、南北冠幅、枝下高、冠高、冠幅边缘高度及沿冠幅向外每50cm测冠幅边缘高度，如图4-1所示。

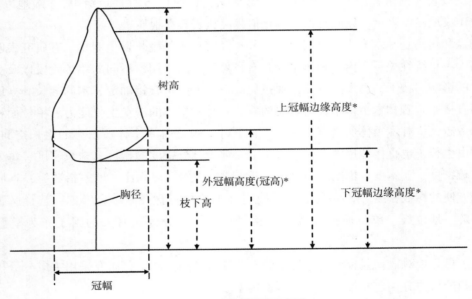

图4-1　测树因子示意图

（3）测量方法

分幼龄林、中龄林、近熟林、成熟林四个龄组5个不同地位级，对每株杉木用围径尺测量胸径及根颈处的直径，分东、西、南、北四个方向每向外50cm用超声波测高器测量外冠幅高度，不足50cm的部分按实际宽度记录，东、南、西、北四个方向冠幅最外的宽度，利用测高器测量枝下高（枝下高度以活枝为准）。个别幼龄林树高较矮，高度、冠幅改用皮尺或围径尺直接测量。

4.2.2 杉木冠幅模型建立（主成分分析法）

利用 98 株不同年龄、不同立地、来自不同林分的杉木实测数据对胸径、树高、年龄、地位级、株数、直径比 6 个自变量指标进行主成分分析。为了消除异方差影响或克服离群值，研究对 6 个自变量采取取对数和保持原值两种处理方法。分析结果如下。

（1）保持原值进行主成分分析

对数据分析的简单统计量如表 4-1 所示，调查的 98 株杉木来自不同的标准地，平均公顷株数 1695 株/hm²，胸径 13cm。求得的 6 个变量的相关系数矩阵如公式 4-1 所示，从矩阵中可简要地了解各变量间相关性的大小，例如年龄与胸径、树高的相关性较大。

表 4-1　简单统计量

项目	年龄	胸径（cm）	树高（m）	地位级	直径比	株数
平均值	19.0102	13.3735	10.0041	2.0714	1.0686	113.5204
标准差	5.4988	2.6976	2.3303	0.9765	0.0804	43.9682

相关系数矩阵：

$$（4-1）$$

表 4-2　相关系数矩阵特征值

主成分	特征值	特征值之差	贡献率	累积贡献率
$Y1$	2.4125	1.0630	0.4021	0.4021
$Y2$	1.3495	0.2658	0.2249	0.6270
$Y3$	1.0837	0.2614	0.1806	0.8076
$Y4$	0.8223	0.5580	0.1371	0.9447
$Y5$	0.2643	0.1967	0.0441	0.9887
$Y6$	0.0676		0.0113	1.0000

利用相关系数矩阵进一步计算得 6 种主成分的特征值、各特征值之差、各主成分对方差的贡献率以及累积贡献率，如表 4-2 所示。表中前面三个主成分的累积贡献率达 0.8076，加上第四个主成分累计贡献率已超过 90%，所以只需要前面四个主成分即可概括

这组数据。因此只确定前面四个主成分的具体形式，由表 4-2 前四个主成分的特征值及计算得出的各特征向量得各主成分表达式：

$$Y1 = 0.5025t + 0.6044D + 0.4881H - 0.0005SC + 0.1184CI - 0.3605N \qquad (4-2)$$

$$Y2 = -0.4693t + 0.1951D + 0.1586H + 0.8392SC + 0.0106CI - 0.1106N \qquad (4-3)$$

$$Y3 = 0.0524t + 0.0358D + 0.4123H + 0.0093SC - 0.8017CI + 0.428N \qquad (4-4)$$

$$Y4 = -0.082t + 0.099D + 0.3593H - 0.0489SC + 0.5706CI + 0.7255N \qquad (4-5)$$

根据这四个主成分的线性表达式，计算每株杉木的四个主成分值，取特征值作为权重系数，并按照公式 4-6 计算主成分的综合值 Y。

$$Y = \lambda_1 Y_1 + \lambda_2 Y_2 + \lambda_3 Y_3 + \lambda_4 Y_4 \qquad (4-6)$$

通过计算得到的综合主成分公式如 4-7 所示：

$$Y = 0.5683t + 1.8416D + 2.1338H + 1.1012SC - 0.0997CI + 0.0414N \qquad (4-7)$$

按照该公式计算 98 株杉木的各主成分综合值，以该值为横坐标，分别东西冠幅、南北冠幅、平均冠幅为纵坐标绘制散点图，如图 4-2 至图 4-4 所示。从各图中可看出，各样木的主成分综合值在 40~100 之间，随着主成分综合值的增大，冠幅大小有变大的趋势，其中平均冠幅与东西冠幅较南北冠幅明显。

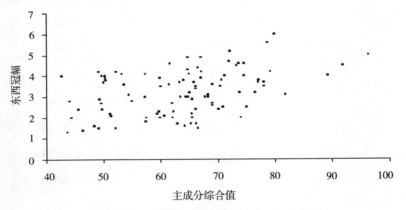

图 4-2　东西冠幅与主成分综合值相关散点图

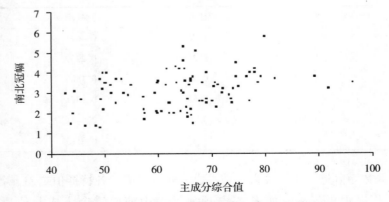

图 4-3　南北冠幅与主成分综合值相关散点图

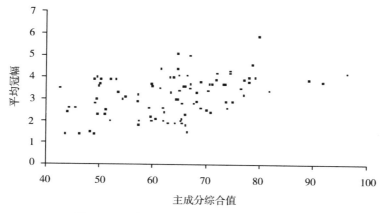

图4-4 平均冠幅与主成分综合值相关散点图

用线性、指数、对数和幂函数四种形式对东西冠幅、南北冠幅、平均冠幅与主成分综合值相关散点图进行回归分析，结果如表4-3所示。

表4-3 东西冠幅、南北冠幅、平均冠幅回归分析结果

类型	统计内容	东西冠幅	南北冠幅	平均冠幅
线性	决定系数	0.4054	0.3030	0.3897
	误差平方和	90.2190	69.9563	69.1092
	显著性水平	<0.0001	0.0024	<0.0001
指数	决定系数	0.3964	0.3175	0.3891
	误差平方和	10.3556	8.3876	8.2714
	显著性水平	<0.0001	0.0014	<0.0001
对数	决定系数	0.3888	0.2990	0.3791
	误差平方和	91.386	70.1406	69.7787
	显著性水平	<0.0001	0.0028	0.0001
幂函数	决定系数	0.3851	0.3150	0.3814
	误差平方和	1.9737	1.5849	1.5709
	显著性水平	<0.0001	0.0016	0.0001

（2）取对数后进行主成分分析

同4.2.2（1）中主成分分析的步骤相同，先得出数据的简单统计量，如表4-4所示。对各主成分进行相关系数矩阵特征值、特征值之差、各主成分的方差贡献率、累积贡献率的计算，结果如表4-5所示。

表4-4 简单统计量

项目	年龄对数	胸径对数	树高对数	地位级对数	直径比对数	株数对数
平均值	2.9018	2.5740	2.2719	0.6150	0.0635	4.6647
标准差	0.3007	0.1959	0.2613	0.4854	0.0748	0.3644

相关系数矩阵（公式4-8）：

年龄对数 胸径对数 树高对数 地位级对数 直径比对数 株数对数

$$R = \begin{bmatrix} 1.0000 & 0.5666 & 0.4063 & -0.4464 & -0.0298 & -0.3375 \\ & 1.0000 & 0.7359 & 0.2984 & 0.1588 & -0.4391 \\ & & 1.0000 & 0.1640 & -0.0509 & -0.1036 \\ & & & 1.0000 & -0.0728 & -0.0833 \\ & & & & 1.0000 & -0.1590 \\ & & & & & 1.0000 \end{bmatrix} \quad (4-8)$$

表4-5　相关系数矩阵特征值

主成分	特征值	特征值之差	贡献率	累积贡献率
Y1	2.3606	0.9785	0.3934	0.3934
Y2	1.3822	0.2675	0.2304	0.6238
Y3	1.1147	0.3084	0.1858	0.8096
Y4	0.8063	0.5357	0.1344	0.9440
Y5	0.2706	0.2050	0.0451	0.9891
Y6	0.0656		0.0109	1.0000

表4-5中前面四个主成分的累计贡献率已超过90%，所以只确定前面四个主成分的具体形式，由表4-5各主成分的特征值和计算各主成分的特征向量得各主成分特征向量的表达式计算公式4-9、4-10、4-11、4-12：

$$Y1 = 0.476\ln(t) + 0.6117\ln(D) + 0.5047\ln(H) + 0.0569\ln(SC) + 0.082\ln(CI) - 0.3669\ln(N)$$
$$(4-9)$$

$$Y2 = -0.5013\ln(t) + 0.1887\ln(D) + 0.1845\ln(H) + 0.8201\ln(SC) - 0.0751\ln(CI) + 0.0284\ln(N)$$
$$(4-10)$$

$$Y3 = 0.1694\ln(t) - 0.0222\ln(D) + 0.3317\ln(H) - 0.0557\ln(SC) - 0.8097\ln(CI) + 0.4495\ln(N)$$
$$(4-11)$$

$$Y4 = -0.0677\ln(t) + 0.103\ln(D) + 0.3869\ln(H) - 0.1268\ln(SC) + 0.5494\ln(CI) + 0.7191\ln(N)$$
$$(4-12)$$

根据前四个主成分的线性表达式，计算每株杉木的四个主成分值，取特征值作为权重系数，并按照公式4-7计算主成分的综合值Y，计算公式如4-13：

$$Y = 0.565\ln(t) + 1.7631\ln(D) + 2.1281\ln(H) + 1.1035\ln(SC) - 0.3698\ln(CI) + 0.254\ln(N)$$
$$(4-13)$$

按照该公式计算98株杉木的各主成分综合值，以该值为横坐标，分别东西冠幅、南北冠幅、平均冠幅为纵坐标绘制散点图，如图4-5至图4-7所示。

从图 4-5 至图 4-7 可看出，东西冠幅、南北冠幅和平均冠幅与主成分综合值有一定的散点关系。但较之各自变量不取对数时的效果更差。分别四种函数进行回归分析，结果如表 4-6 所示。

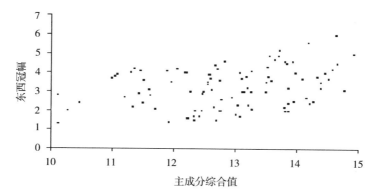

图 4-5　东西冠幅与主成分综合值相关散点图

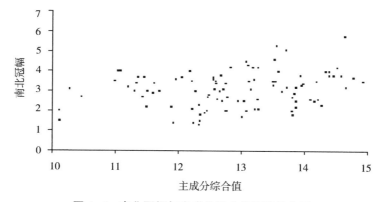

图 4-6　南北冠幅与主成分综合值相关散点图

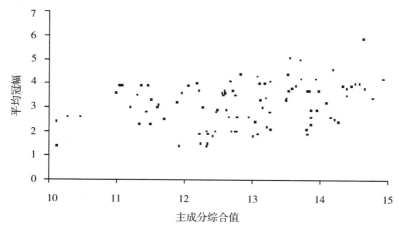

图 4-7　平均冠幅与主成分综合值相关散点图

表 4-6　东西冠幅、南北冠幅、平均冠幅回归分析结果

类型	统计内容	东西冠幅	南北冠幅	平均冠幅
线性函数	决定系数	0.3292	0.2615	0.3248
	误差平方和	96.2637	71.7598	72.8896
	显著性水平	0.0009	0.0093	0.0011
指数函数	决定系数	0.3167	0.2530	0.3105
	误差平方和	11.0532	8.7310	8.8073
	显著性水平	0.0015	0.0120	0.0019
对数函数	决定系数	0.3217	0.2548	0.3173
	误差平方和	96.7868	72.0273	73.2808
	显著性水平	0.0012	0.0114	0.0015
幂函数	决定系数	0.3105	0.2468	0.3038
	误差平方和	2.0939	1.6523	1.6688
	显著性水平	0.0019	0.0143	0.0024

从表4-6来看，利用四种函数对冠幅与主成分综合值进行回归分析均达到极显著水平（显著性 P 值<0.01）。东西冠幅、南北冠幅、平均冠幅三者用线性回归分析的决定系数均大于其他三种曲线形式。就决定系数大小而言，后者决定系数在0.3左右，小于前面不对自变量处理的主成分分析。此外，从对自变量的两种处理方式的各散点图进行对比发现，对自变量取对数的结果不比对自变量原值直接进行主成分分析的效果好。

根据以上的分析结果，不对自变量取对数，分别建立利用年龄、胸径、树高、地位级、相对直径比、株数预测各冠幅的模型如下。

东西冠幅公式4-14：

$$ewCW = f_1 (t, D, H, SC, CI, N)$$
$$= 0.0393 (0.5683t + 1.8416D + 2.1338H + 1.1012SC - 0.0997CI + 0.0414N) + 0.7126$$

$$(4-14)$$

南北冠幅公式4-15：

$$snCW = f_2 (t, D, H, SC, CI, N)$$
$$= 1.6589e^{0.009(0.5683t + 1.8416D + 2.1338H + 1.1012SC - 0.0997CI + 0.0414N)}$$

$$(4-15)$$

平均冠幅公式4-16：

$$avgCW = f_3 (t, D, H, SC, CI, N)$$
$$= 0.0328 (0.5683t + 1.8416D + 2.1338H + 1.1012SC - 0.0997CI + 0.0414N) + 1.0626$$

$$(4-16)$$

4.2.3　杉木冠幅模型建立（逐步回归分析法）

逐步回归分析能够根据各个自变量对因变量的重要程度及影响逐次把各变量引入到回归函数中去，同时也把那些显得不那么重要的自变量也逐步从回归函数中去除掉。利用

SAS 软件，采用逐步回归分析的方法对 98 株杉木树冠的冠幅进行预测。自变量选择年龄、胸径、树高、地位级、相对直径比、株数，因变量采用南北冠幅、东西冠幅、平均冠幅和其对数两种处理方式。

（1）选入变量的处理

在数据处理过程中发现，将各变量及各变量的对数形式同时作为逐步回归分析的变量时，其最终分析的结果中不会同时出现某一变量的两种形式，即在逐步回归分析过程中某一变量和其对数形式被引入方程中，在后面的剔除操作中该变量的某种形式将被剔除，只剩变量的一种形式。例如对将胸径和胸径的对数值同时放入回归分析的变量中，在逐步回归分析过程中胸径和胸径的对数均被添加进回归分析方程，在之后的剔除步骤中仅有一种形式被留存下来。因此，对是否将自变量的对数和自变量同时选作逐步回归的变量将进行进一步的研究。

针对这个问题，采取以下三种数据处理方式：

①以 6 个因子作为自变量对东西冠幅、南北冠幅、平均冠幅作逐步回归分析；

②以 6 个因子的对数作为自变量对东西冠幅、南北冠幅、平均冠幅作逐步回归分析；

③以 6 个因子及相应的对数共 12 个自变量对东西冠幅、南北冠幅、平均冠幅作逐步回归分析。

以上三种形式处理后的回归分析结果如表 4-7 所示。

表 4-7　不同自变量处理方式的逐步回归分析结果比较

因变量	处理方式	选入变量	决定系数	平均残差方	显著性 P 值
东西冠幅	①	D, CI, SC, t, N	0.4000	0.7042	<0.0001
	②	$\ln(D)$, $\ln(CI)$, $\ln(SC)$	0.3089	0.7938	<0.0001
	③	D, CI, SC, $\ln(t)$, N	0.4081	0.6946	<0.0001
南北冠幅	①	D, CI	0.1823	0.6630	<0.0001
	②	$\ln(D)$, $\ln(CI)$	0.1858	0.6602	<0.0001
	③	$\ln(D)$, $\ln(CI)$	0.1858	0.6602	<0.0001
平均冠幅	①	t, D, SC, CI, N	0.4047	0.5273	<0.0001
	②	$\ln(D)$, $\ln(CI)$, $\ln(SC)$	0.3055	0.5273	<0.0001
	③	t, D, SC, $\ln(CI)$, N	0.4045	0.5274	<0.0001

回归分析的显著性 P 值表明东西冠幅、南北冠幅和平均冠幅的回归方程的回归效果均达到极显著水平。从各种处理的决定系数和平均残差方来看，不管是采取哪种处理方式，其差异并不太明显。对东西冠幅作为因变量，第三种处理方式的决定系数大于其他两种处理方式，平均残差方也都比其他两种处理方式小，而直接取对数的第二种处理方式的决定系数均比其他两种处理方式小，平均残差方也比其他两种大，表明 6 个因子和 6 个因子对数构成的自变量组合优于其他两种方式。从逐步回归分析结果选入的变量来看，第一种处理方式选入的变量为 t、D、SC、CI、N 五种因子，第二种处理方式选入的变量为 $\ln(D)$、 ln（SC）、ln（CI），第三种处理方式选入的变量为 ln（t）、D、SC、CI、N。结合回归分析的复相关系数和平均残差方来看，最终选入的自变量越少其回归效果越差，并且在相同因子被选入变量时，带有对数处理的变量回归分析效果也更好。

对南北冠幅作为因变量，第三种处理方式的决定系数同第二种处理方式的决定系数相同，大于第一种处理方式的决定系数，第三种处理方式的平均残差方同第二种处理方式的平均残差方相同，小于第一种处理方式的平均残差方，表明在自变量中加入对数时的回归效果比单独采用自变量方式来得好。从选入变量来看，三种处理方式选入的变量一样，均为胸径 D 和相对直径的竞争指数 CI 或其对数形式，也表明了选入变量一样时，有对数形式的回归分析效果更好。

对平均冠幅作为因变量，第二种处理方式的决定系数比其他两种小，平均残差方与第三种处理只有 0.0001 的差别。第一种处理方式与第三种处理方式的决定系数差别仅为 0.0002，平均残差方差别仅为 0.0001。从选入变量来看，第二种处理方式选入的变量为 2 个，第一、三种处理方式选入的变量为 5 个。同东西冠幅、南北冠幅一样，选入的自变量越多其回归方程的回归效果越好。

综上结果表明，对自变量进行对数处理后，方程的回归效果较差。在自变量中掺杂了某些变量的对数形式，能在某些情况下使得回归分析的效果稍好，但差距并不明显。因此，在以下的逐步回归分析中不将变量的对数形式考虑进来。

（2）以冠幅为因变量

利用删选因子的逐步回归法计算求出最优的回归方程，在 SAS 中设定选取因子的显著性水平 p1 和删除因子的显著性水平 p2 均为 0.05，对全部等待考虑的回归项逐步建立只含一个自变量的回归方程、包含两个自变量的回归方程、包含三个自变量的回归方程……直到未被选中的自变量或回归项的显著性水平低于 1−p1，且在回归方程中的自变量显著性水平都高于 1−p2。对东西冠幅、南北冠幅、平均冠幅为因变量对 6 个自变量进行逐步回归分析，结果如下。

①东西冠幅

决定系数为 0.6325，显著性水平 $P<0.0001$，平均残差方 MSE 为 0.7042，回归分析最终确定以年龄、胸径、地位级、相对直径比、株数 5 个自变量来预测东西冠幅的大小，方程形式如公式 4−17：

$$ewCW = f_4 (t, D, SC, CI, N)$$
$$= 7.0157 - 0.0939t + 0.3357D - 0.5732SC - 4.4178CI - 0.0053N \quad (4-17)$$

②南北冠幅

决定系数为 0.4270，显著性水平 $P<0.0001$，平均残差方 MSE 为 0.6630，回归分析最终确定以胸径和相对直径比作为自变量预测南北冠幅，方程形式如公式 4−18：

$$snCW = f_5 (D, CI)$$
$$= 3.8769 + 0.1348D - 2.4288C \quad (4-18)$$

③平均冠幅

决定系数为 0.6362，显著性水平 $P<0.0001$，平均残差方 MSE 为 0.5273，回归分析最终确定以年龄、胸径、地位级、相对直径比、株数作为自变量预测平均冠幅的大小，方程形式如公式 4-19：

$$avgCW = f_6 (t, D, SC, N, CI)$$
$$= 6.8032 - 0.0909t + 0.2995D - 0.5340SC - 3.9917CI - 0.0049N \qquad (4-19)$$

从以上分析的结果可得出在逐步回归分析过程中，各结果的回归分析均达到极显著水平，南北冠幅的分析结果决定系数小于东西冠幅和平均冠幅。平均冠幅与东西冠幅均以年龄、胸径、地位级、相对直径比、株数作为自变量对冠幅进行预测；而南北冠幅自变量仅有胸径和相对直径比。不管是东西冠幅、南北冠幅还是平均冠幅，逐步回归分析的结果中均出现了胸径和相对直径比两个自变量，表明胸径和相对直径比在冠幅的预测中起到较为重要的作用。本研究计算建模的自变量选择中，相对直径比反映的是该样木的竞争能力，对于将其他竞争指数引用进模型中是否会对冠幅的预测有同样的作用需要做进一步的实验，本研究在此不作进一步的分析。

（3）以冠幅对数为因变量

以东西冠幅、南北冠幅、平均冠幅对数为因变量，6 个因子为自变量进行逐步回归分析，回归分析最终确定以年龄、胸径、地位级、相对直径比、株数作为自变量预测平均胸径的大小，结果如下。

①东西冠幅

决定系数为 0.6414，显著性水平 $P<0.0001$，平均残差方 MSE 为 0.0786，方程形式如公式 4-20：

$$\ln (ewCW) = f_7 (t, D, SC, CI, N)$$
$$= 2.5465 - 0.0340t + 0.1153D - 0.2127SC - 1.5734CI - 0.0019N$$

由上式得

$$snCW = e^{2.5465 - 0.0340t + 0.1153D - 0.2127SC - 1.5734CI - 0.0019N} \qquad (4-20)$$

②南北冠幅

决定系数为 0.5916，显著性水平 $P<0.0001$，平均残差方 MSE 为 0.0659，回归分析最终确定以年龄、胸径、地位级、相对直径比、株数作为自变量预测平均胸径的大小，方程形式如公式 4-21：

$$\ln (snCW) = f_8 (t, D, SC, CI, N)$$
$$= 2.4500 - 0.0323t + 0.0939D - 0.1988SC - 1.3093CI - 0.0018N$$

由上式得

$$snCW = e^{2.4500 - 0.0323t + 0.0939D - 0.1988SC - 1.3093CI - 0.0018N} \qquad (4-21)$$

③平均冠幅

决定系数为 0.6535，显著性水平 $P<0.0001$，平均残差方 MSE 为 0.0607，回归分析最终确定以年龄、胸径、地位级、相对直径比、株数作为 5 个自变量预测平均胸径的大小，方程形式如公式 4-22：

$$\ln (avgCW) = f_9 (t, D, SC, N, CI)$$
$$= 2.4989 - 0.0328t + 0.1060D - 0.2055SC - 1.4732CI - 0.0017N$$

由上式得

$$avgCW = e^{2.4989 - 0.0328t + 0.1060D - 0.2055SC - 1.4732CI - 0.0017N} \qquad (4-22)$$

从以上的结果可看出在逐步回归分析过程中，各结果的回归分析均达到极显著性水平，南北冠幅的分析结果决定系数比东西冠幅和平均冠幅小。平均冠幅、东西冠幅、南北冠幅均以年龄、胸径、地位级、相对直径比、株数作为自变量对冠幅进行预测。对因变量取对数，逐步回归分析结果表明其自变量的选择不体现出差别。

从逐步回归分析结果的 6 个模型可看出，不论是哪个模型，树高均不出现在自变量中，表明树高在预测冠幅生长时影响很小。

4.2.4 杉木冠长模型建立（主成分分析法）

同建立冠幅模型的方法一样，分别采用主成分分析法和逐步回归分析法建立杉木的冠长模型。计算 98 株样木的主成分综合值，以该值作为横坐标，各样木的冠长作为各样木的纵坐标，作相关散点图。样木的冠长由树高减去枝下高计算得出。以各自变量原值计算的主成分综合值为横坐标，冠长为纵坐标如图 4-8 所示；以各自变量对数计算的主成分综合值为横坐标，冠长为纵坐标如图 4-9 所示。

从冠长与主成分综合值的相关散点图看出，随主成分综合值的增大，冠长也随着变大，这种趋势相对于冠幅与主成分综合值间的关系更明显。

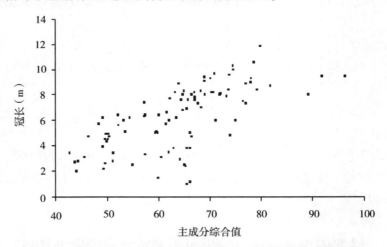

图 4-8 冠长与主成分综合值各自变量原值计算所得相关散点图

（1）保持原值的主成分综合值

利用 4 种函数对冠长与主成分综合值之前的散点关系作回归分析，分析结果显示直线型能较理想地反映冠长与主成分综合值的相关关系，因此利用直线形式拟合冠长与主成分综合值的关系，得到公式 4-23。决定系数为 0.5647，误差平方和 3.1361，显著性 P 值 <0.0001。

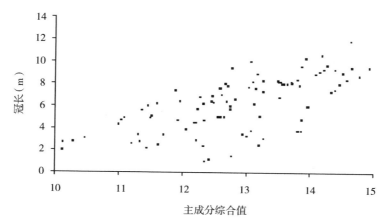

图4-9　冠长与主成分综合值各自变量对数计算所得相关散点图

$$CL = 2.9389（0.5683t+1.8416D+2.1338H+1.1012SC-0.0997CI+0.0414N）+45.567$$

$$(4-23)$$

（2）自变量取对数的主成分综合值

利用直线形式拟合冠长与主成分综合值的关系，得到公式4-24：

$$CL = 1.4552［0.565\ln（t）+1.7631\ln（D）+2.1281\ln（H）+1.1035\ln（SC）-0.3698\ln（CI）+$$
$$0.254\ln（N）］-12.549$$

$$(4-24)$$

决定系数为 0.6605，平均残差方 MSE 为 3.4595，显著性 P 值<0.0001。

对比主成分综合值中的各自变量是否取对数发现，两种处理方式的散点图相似，冠长与主成分综合值的线性关系极显著，但两种处理方式的决定系数在 0.56~0.66 之间，说明相关性不是很好。两种处理方式均可用线性式来表示，对比两种处理方式线性回归分析的决定系数、平均残差方和显著性水平，发现两种处理方式差异并不明显，即在计算主成分综合值时是否先对自变量取对数形式来最终考察与冠长的关系并不重要。

4.2.5　杉木冠长模型建立（逐步回归分析法）

（1）以冠长为因变量

决定系数为 0.7874，显著性水平 $P<0.0001$，均方残差 MSE 为 2.4066，方程形式为公式4-25：

$$CL = f（D，H，CI，N）$$
$$= 6.7714+0.3638D+0.3181H-6.4622CI-0.0155N$$

$$(4-25)$$

（2）以冠长对数为因变量

决定系数为 0.7172，显著性水平 $P<0.0001$，平均残差方 MSE 为 0.1254，方程形式为公式4-26：

$$\ln（CL）= f（D，CI，N）$$
$$= 2.4854+0.1021D-1.6645CI-0.0032N$$

由上式得

$$CL = e^{2.4854+0.1021D-1.6645CI-0.0032N}$$ (4-26)

在利用逐步回归方法研究冠长与各自变量关系的过程中，对因变量采取原值与取对数两种方式来考察与自变量的关系，结果发现：以冠长原值进行逐步回归分析时，经过筛选的自变量为胸径、树高、相对直径比和株数密度；以冠长的对数值进行回归分析时，经过筛选的自变量为胸径、相对直径比和株数密度，比前者少了树高自变量。对比两种处理方式的决定系数、显著性水平、平均残差方，结果为对因变量的两种处理方式自变量与因变量间的回归分析均达到极显著水平（$P<0.01$），决定系数在 0.71~0.79 之间，差别不大。因此认为对因变量是否取对数对利用胸径、相对直径比、株数等来建立冠长模型影响不是很大。

4.2.6　结论与讨论

本节对小班因子进行初步分析，选定胸径、树高、年龄、地位级、林分密度、相对直径比 6 个因子，分别利用主成分分析法和逐步回归分析法建立了冠幅、冠长生长模型。对比两种方法用于杉木冠幅模型的建模，结果发现以下几点：

（1）主成分分析法能反映所有确定的自变量对冠幅的影响，各自变量对冠幅影响的大小通过各自对计算主成分综合值时的权重大小间接地反映出来，至于在主成分综合值公式中胸径的权重较大，则反映了胸径在主成分中的影响较大；用逐步回归分析法建立冠幅预测模型时，会根据各自变量对冠幅的重要性逐次把它们引入函数，且剔除那些显得不重要的自变量。

（2）不管是主成分分析法还是逐步回归分析法计算的结果均表明南北冠幅的预测能力较差，东西冠幅则同平均冠幅相似，具有较好的模型拟合结果。

（3）从两种方法的模型拟合结果来看，逐步回归分析法中回归分析的决定系数大于用主成分分析法的回归分析结果。说明用逐步回归分析法建立的冠幅生长模型能更好地反映自变量与冠幅的关系，利用逐步回归分析法建立冠幅的生长预测模型将能更好地对冠幅的大小做出预测。

对比主成分分析法与逐步回归分析法用于杉木冠长模型的建模，结果发现以下几点：

（1）主成分分析法能反映所有确定的自变量对冠长的影响，各自变量对冠长影响的大小通过各自对计算主成分综合值时的权重大小间接地反映出来。利用主成分分析法是先计算出各自变量的主成分综合值，然后再与冠长建立散点相关系数进行分析，从该点考虑，确定各自变量权重时并不与冠长建立关系，因此各自变量对冠长的影响是间接的。

（2）用逐步回归分析法建立冠长模型时，会根据各自变量对冠长的重要性逐次把它们引入函数，且剔除那些显得不重要的自变量。本研究用逐步回归分析法建立的冠长模型，被引入分析结果的自变量为胸径、树高、相对直径比和株数等。说明对冠长大小影响较大的是胸径、树高、相对直径比和株数这四个变量。经过进一步的试验计算发现，不同的样本数据的逐步回归分析结果所选择的自变量不尽一致，因此认为利用逐步回归分析法建立冠长模型时还受到样木数据的影响。

（3）从主成分分析法与逐步回归分析法建立冠长模型的决定系数、显著性水平和平均残差方来看，利用逐步回归分析法建立的冠长模型优于用主成分分析法建立的冠长模型。因此建立冠长模型时优先考虑使用逐步回归分析法。

（4）利用逐步回归分析法建立冠长模型时，选择的自变量为年龄、胸径、树高、立地质量、竞争指数和株数密度，其中立地质量用地位级表示，竞争指数用相对直径比表示。经过分析后确定的自变量剩下胸径、树高、相对直径比和株数密度，结果认为在本研究所用数据中年龄、地位级对冠长的影响不明显。

总体而言，利用逐步回归分析法建立冠幅、冠长模型优于主成分分析法；因变量是否取对数对结果影响不是很大；在建立冠幅模型时，南北冠幅的预测能力较差，东西冠幅则同平均冠幅相似，具有较好的模型拟合结果。

4.3 基于修正方程的单木冠幅模型

在 4.2 节中，构建的冠幅冠长的线性回归模型选择使用地位级来表现林木的生长条件，而地位级是依据林分平均高而制定的，对于人工林而言，林地会受到间伐、补植等人为因素的干扰，林分条件平均高会因此受影响，从而影响有林地立地条件的判断。同时，采用线性回归法构建模型虽然计算简便，但存在着自变量形式单一、模型精度低的局限性（Uzoh and Oliver，2008）。相比之下，非线性模型由于其变量组合形式的多样化，在模型的表达上具有更大的探索空间。在诸多的非线性回归方程中，修正方程以修正变量和基础模型组合的形式存在，基础模型根据因变量的属性而制定，修正变量的加入能够尽量缩小理论模型与实际结构之间的误差，且修正模型直观易懂，应用方便。基于此，本节以冠幅的潜在生长量为基础模型，以密度、地位指数、竞争指数及直径为修正变量，构建杉木人工林单木冠幅模型，并与线性回归模型的拟合优度进行对比分析。

4.3.1 数据来源

研究实验地点设置于福建省顺昌县岚下乡林场。根据不同林龄和密度选取 50 块大小为 30m×30m 的杉木人工纯林样地，使用围尺和激光测高仪分别测量样地中每株树木的胸径（D）和树高（H），并在每块样地选择 5~7 株树冠生长较对称的林木作为标准木，选择 2~3 株树高长势良好，并且与周围树木竞争较小的林木作为优势木，借助皮尺和塔尺分别测量标准木和优势木的东西冠幅（CW 东西）和南北冠幅（CW 南北）。胸径测量的精度为 0.1cm，其他变量则为 0.1m，将东西冠幅和南北冠幅的平均数作为本研究的冠幅数据。同时记录每块样地的平均胸径、平均树高和密度。所采集的数据中，根据不同年龄、密度及立地条件，选择其中的 227 株杉木数据用于模型拟合，78 株用于模型检验。模型拟合和检验的数据汇总于表 4-8。

表 4-8　模型拟合与检验数据汇总

变量	拟合数据				检验数据			
	最小值	最大值	平均值	标准差	最小值	最大值	平均值	标准差
年龄（年）	5	35	16	6.67	8	35	15	7.15
密度（株/hm²）	750	4500	2400	909.64	900	3000	2400	560.02
地位指数（m）	10	20	16	2.42	10	19	16	1.94
胸径（cm）	6.1	31.3	15.9	5.52	6.1	28.0	15.5	5.41
平均胸径（cm）	7.4	26.7	16.2	4.99	6.5	25.8	15.3	4.80
树高（m）	3.0	20.6	12.2	3.91	4.7	22.8	11.8	3.91
平均树高（m）	4.0	19.7	12.2	3.63	5.4	20.6	11.5	3.52
优势木高（m）	5.1	22.7	14.4	3.61	6.5	22.8	13.4	3.62
冠幅（m）	1.4	7.3	3.5	1.00	1.6	5.5	3.3	0.90

4.3.2　研究方法

　　树冠的生长与林木直径生长类似，在周围没有竞争的前提下，树冠能够在林木生理所限定的范围内自由生长。但林分内绝大多数林木，由于林木间相互竞争而使林木的实际生长量小于潜在生长量，减小的程度与林分密度及林木之间的竞争程度有关，同时，树冠的生长还与立地条件以及其他林分因子相关。本研究以冠幅各个方向长度一致为假设前提，以反映冠幅潜在生长的冠幅-年龄函数作为基础模型，以胸径生长函数、地位指数、林分密度及竞争指数作为修正变量，对模型进行修正。杉木人工林单木冠幅表达公式为4-27与4-28：

$$CW = F（CW_0）\times Y_{CW} \qquad\qquad (4-27)$$

$$Y_{CW} = F（_{1,2,3\cdots}） \qquad\qquad (4-28)$$

　　其中，CW 代表冠幅，$F（CW_0）$ 代表树冠潜在生长方程，Y_{CW} 代表误差函数，φ_1、φ_2、φ_3……分别代表修正变量，变量既可以是单个元素也可以是函数，在本研究中，修正变量包括：林分密度、立地质量、竞争指数和林木直径。

　　模型的拟合与检验精度分别选用2.5节主要建模方法中的指标进行判定。

4.3.3　冠幅潜在生长方程

　　由于实际调查中的疏开木不易确定，因此，在本研究中，以优势木的冠幅生长过程代替疏开木的生长过程，以年龄作为自变量，假设冠幅各个方向长度一致，选择常用的七个经验方程以及五个理论方程对样地中冠幅长势良好的优势木进行拟合，建立冠幅-年龄的函数，方程的拟合结果如表4-9所示。

表4-9　冠幅潜在生长方程拟合结果

公式编号	表达式	参数			R^2	MSE
		a	b	c		
4-29	$CW_0=a+bt$	2.083	0.142	—	0.755	0.337
4-30	$CW_0=a+bt+ct^2$	2.314	0.108	0.001	0.756	0.343
4-31	$CW_0=a\,t^b$	1.262	0.453	—	0.783	0.331
4-32	$CW_0=ab^t$	2.547	1.032	—	0.755	0.345
4-33	$CW_0=a\exp(bt)$	2.547	0.032	—	0.755	0.345
4-34	$CW_0=a+b\ln t$	-0.831	1.951	—	0.707	0.412
4-35	$CW_0=1/(a+bt)$	0.350	-0.007	—	0.745	0.359
4-36	$CW_0=a/[1+b\exp(-ct)]$	17.276	6.089	0.044	0.756	0.344
4-37	$CW_0=a[1-\exp(-bt)]$	6.350	0.081	—	0.689	0.437
4-38	$CW_0=a\exp[-b(-ct)]$	43.922	2.913	0.014	0.756	0.343
4-39	$CW_0=a\exp(-b\,t^{-c})$	3103.691	8.040	0.074	0.736	0.371
4-40	$CW_0=a[1-\exp(-ct)]^b$	75.096	0.495	0.001	0.740	0.366

注：其中，CW_0 为冠幅的潜在生长量（m），t 为林木年龄，a、b、c 为模型参数。

在显著性检验统计量 F 的 sig 值均小于 0.05 的前提下，在 12 个模型中，发现幂函数（公式 4-31）的相关系数 R^2 最大，为 0.783，均方残差最小，为 0.331。因此，研究采用幂函数作为冠幅潜在生长量的表达式，亦是修正函数的基础模型。

4.3.4　误差函数建立

树冠的生长与林木直径生长类似，在周围没有竞争的前提下，树冠能够在林木生理所限定的范围内自由生长，但林分内绝大多数林木，由于林木间相互竞争而使林木的实际生长量小于潜在生长量，减小的程度与林分密度及林木之间的竞争程度有关，同时，树冠的生长还与立地条件以及其他林分因子相关。

建立修正函数首先要选择修正变量来构造误差函数，研究中以地位指数、林分密度、竞争指数和直径作为修正变量。

（1）地位指数

立地条件对林分的生长收获具有重要的影响，通常采用地位指数或者地位级来判断林地的立地条件，对于人工林而言，林地会受到间伐、补植等人为因素的干扰，林分条件平均高会因此受影响，从而影响有林地立地条件的判断，而优势木的生长受人为干扰因素较少，因此，本研究使用第三章构建的地位指数模型来计算地位指数。

（2）林分密度

树冠的生长与密度息息相关，衡量林分密度的指标很多，从便于林业生长实际应用出发，拟从每公顷株数和相对植距两个林分密度测度中选择一个与冠幅生长关系最为密切的指标作为林分密度指标。每公顷株数十分容易获得，相对植距是林分中林木的空间（即

1000 与每公顷株数的除数）的开方与优势木高的除数。其表达式如公式 4-41。

$$RS = \sqrt{1000/N}/HT \qquad (4-41)$$

其中，N 为林分中每公顷株数（株/hm²），HT 为优势木高（m）。

在 N 和 RS 两个变量中，分别对其与冠幅数值进行 Pearson 相关性分析，挑选出相关系数最大的变量作为密度修正变量。由表 4-10 得 N 与冠幅的相关系数为-0.745，大于 RS 与冠幅的相关系数，因此将林分公顷株数 N 作为密度指标来进行修正函数的建立。

表 4-10　林分密度、竞争指标与冠幅的 Pearson 相关性分析

指标	CW/RD	CW/RH	CW/RDH	CW/N	CW/RS
相关系数 r_{xy}	0.790 **	0.634 **	0.498 *	−0.745 **	−0.438 *

注：如表示 CW 与相关变量为及显著相关，* 表示与相关变量较显著相关。

（3）竞争指数

林分密度只能反映林分内每株林木平均占有的空间，但未考虑不同大小的林木占有不同的空间而导致林木间的竞争关系也不同的问题（孟宪宇，2006），冠幅的生长也受到竞争指数的影响。一个好的竞争指数，不仅应与林木生长关系密切，有一定的理论依据，还应该形式简单直观、测算容易、应用方便（孟宪宇和张弘，1996）。由于与距离有关的竞争指数在实际操作中测量困难且计算复杂，且更多的研究表明与距离无关的竞争指数在方程的拟合中，优度不亚于前者（刘微和李凤日，2010；刘强等，2014）。根据上述原则，研究选择相对直径、相对树高和树高直径比（雷相东等，2006）作为与距离无关的单木竞争指标，3 个指标的具体表达见公式 4-42、4-43 和 4-44。

$$RD_i = D_i/D_g \qquad (4-42)$$

$$RH_i = H_i/HT \qquad (4-43)$$

$$RHD_i = H_i/D_i \qquad (4-44)$$

其中，RD_i 为第 i 株林木的相对胸径；RH_i 为第 i 株林木的相对树高；RHD_i 为第 i 株林木的树高直径比；D_i 为林分中各林木的胸径（cm）；H_i 为林分中各林木的树高（m）；HT 为林分优势木高（m）；D_g 为断面积平均胸径（cm）。

分别对上述三项指标与冠幅数值进行 Pearson 相关性分析（表 4-10），挑选出相关系数最大的变量作为竞争指数修正变量。由表 4-10 得 RD_i 与冠幅的相关系数最大，为0.790，故将林木相对直径 RD_i 作为竞争指数的修正变量。

（4）其他修正变量

除了地位指数、林分密度及竞争指数以外，冠幅的生长还受其他林分因子的影响。本研究利用多元线性回归中的逐步回归法剔除变量。为消除共线性，病态指数大于 15 或者容许度小于 0.5 的变量也排除在外。研究以冠幅为因变量，采用 SPSS18.0 杉木数据（胸径、树高、枝下高、树冠比）进行逐步回归分析，按照上述原则，被纳入的变量有地位指数、林分密度、竞争指数及胸径，前三项已被选入作为修正变量，因此，将胸径也作为修正变量。

根据不同形式的理论和经验方程，使用生长模型基础方程对 227 株杉木的胸径数据进行拟合，得到决定系数 R^2 最高的方程如公式 4–45 所示。

$$D = e^{3.397-8.259/t} \ (R^2 = 0.857) \tag{4-45}$$

式中，D 为林木胸径（cm），t 为年龄。

修正变量构造的误差函数 Ycw 应该满足以下性质：

①随着 SI 的增加，单株树木的优势木越高，树木长势越好，CW 会随之增加。因此修正函数 CW 为 SI 的增函数。

②林分密度越高，树木竞争越激烈，冠幅生长受阻，因此密度是 CW 的减函数。

③竞争指数越高，单木较平均木而言长势良好，相应的生长空间越大，因此，CW 为 RD 的增函数。

④林木胸径与冠幅呈现显著的正相关性，因此，CW 为胸径的增函数。

孟宪宇和张弘（1996）和刘洋等（2012）研究成果表明，误差函数的构建方式以指数函数和幂函数的组合形式为最佳，因此，研究选择通过指数函数和幂函数来组合修正变量。每个修正变量都有两种形式，共 4 个变量，因此误差函数有 $2^4 = 16$ 种表现方式。误差函数的表达以及修正变量的约束条件汇总于表 4–11。

4.3.5　模型的拟合与检验

（1）模型拟合

结合已建立的冠幅潜在生长量公式，采用 SPSS18.0，对 37 块样地的 227 株的杉木数据进行拟合，拟合结果见表 4–11。

表 4–11　误差函数表达式及拟合结果

模型编号	误差函数表达式	约束条件	R^2	MSE
4–46	$Y_{CW} = SI^{\alpha_1} N^{\alpha_2} RD^{\alpha_3} D^{\alpha_4}$	$\alpha_1 > 0$；$\alpha_2 < 0$；$\alpha_3 > 0$；$\alpha_4 > 0$	0.876	0.081
4–47	$Y_{CW} = SI^{\alpha_1} N^{\alpha_2} RD^{\alpha_3} \alpha_4^{D}$	$\alpha_1 > 0$；$\alpha_2 < 0$；$\alpha_3 > 1$；$\alpha_4 > 1$	0.856	0.103
4–48	$Y_{CW} = SI^{\alpha_1} N^{\alpha_2} \alpha_3^{RD} \alpha_4^{D}$	$\alpha_1 > 0$；$\alpha_2 < 0$；$\alpha_3 > 1$；$\alpha_4 > 1$	0.743	0.206
4–49	$Y_{CW} = SI^{\alpha_1} \alpha_2^{N} RD^{\alpha_3} \alpha_4^{D}$	$\alpha_1 > 0$；$0 < \alpha_2 < 1$；$\alpha_3 > 1$；$\alpha_4 > 1$	0.874	0.085
4–50	$Y_{CW} = \alpha_1^{SI} N^{\alpha_2} RD^{\alpha_3} \alpha_4^{D}$	$\alpha_1 > 1$；$\alpha_2 < 0$；$\alpha_3 > 1$；$\alpha_4 > 1$	0.871	0.092
4–51	$Y_{CW} = SI^{\alpha_1} N^{\alpha_2} \alpha_3^{RD} D^{\alpha_4}$	$\alpha_1 > 0$；$\alpha_2 < 0$；$\alpha_3 > 0$；$\alpha_4 > 0$	0.673	0.386
4–52	$Y_{CW} = SI^{\alpha_1} \alpha_2^{N} \alpha_3^{RD} D^{\alpha_4}$	$\alpha_1 > 0$；$0 < \alpha_2 < 1$；$\alpha_3 > 0$；$\alpha_4 > 0$	0.873	0.086
4–53	$Y_{CW} = \alpha_1^{SI} N^{\alpha_2} \alpha_3^{RD} D^{\alpha_4}$	$\alpha_1 > 1$；$\alpha_2 < 0$；$\alpha_3 > 0$；$\alpha_4 > 0$	0.874	0.085
4–54	$Y_{CW} = SI^{\alpha_1} \alpha_2^{N} RD^{\alpha_3} D^{\alpha_4}$	$\alpha_1 > 0$；$0 < \alpha_2 < 1$；$\alpha_3 > 0$；$\alpha_4 > 0$	0.874	0.086
4–55	$Y_{CW} = \alpha_1^{SI} N^{\alpha_2} RD^{\alpha_3} D^{\alpha_4}$	$\alpha_1 > 1$；$0 < \alpha_2 < 1$；$\alpha_3 > 0$；$\alpha_4 > 0$	0.874	0.086
4–56	$Y_{CW} = \alpha_1^{SI} N^{\alpha_2} RD^{\alpha_3} D^{\alpha_4}$	$\alpha_1 > 1$；$\alpha_2 < 0$；$\alpha_3 > 0$；$\alpha_4 > 0$	0.742	0.208
4–57	$Y_{CW} = SI^{\alpha_1} \alpha_2^{N} \alpha_3^{RD} \alpha_4^{D}$	$\alpha_1 > 0$；$0 < \alpha_2 < 1$；$\alpha_3 > 1$；$\alpha_4 > 1$	0.872	0.087

（续）

模型编号	误差函数表达式	约束条件	R^2	MSE
4-58	$Y_{CW} = \alpha_1{}^{SI} N^{\alpha_2} \alpha_3{}^{RD} \alpha_4{}^{D}$	$\alpha_1 > 1$；$\alpha_2 < 0$；$\alpha_3 > 1$；$\alpha_4 > 1$	未收敛	—
4-59	$Y_{CW} = \alpha_1{}^{SI} \alpha_2{}^{N} RD^{\alpha_3} \alpha_4{}^{D}$	$\alpha_1 > 1$；$0 < \alpha_2 < 1$；$\alpha_3 > 1$；$\alpha_4 > 1$	未收敛	—
4-60	$Y_{CW} = \alpha_1{}^{SI} \alpha_2{}^{N} \alpha_3{}^{RD} D^{\alpha_4}$	$\alpha_1 > 1$；$0 < \alpha_2 < 1$；$\alpha_3 > 0$；$\alpha_4 > 0$	0.873	0.086
4-61	$Y_{CW} = \alpha_1{}^{SI} \alpha_2{}^{N} \alpha_3{}^{RD} \alpha_4{}^{D}$	$\alpha_1 > 1$；$0 < \alpha_2 < 1$；$\alpha_3 > 1$；$\alpha_4 > 1$	未收敛	—

注：α_1、α_2、α_3、α_4均为系数。

结果表明 4 项幂函数乘积组合的模型拟合效果最佳，其中系数 $\alpha_1 = 0.568$，$\alpha_2 = -0.228$，$\alpha_3 = 1.085$，$\alpha_4 = 0.0093$，决定系数 $R^2 = 0.876$，$MSE = 0.083$。则 Y_{CW} 的计算如公式 4-62 所示：

$$Y_{CW} = SI^{0.568} N^{-0.228} RD^{1.085} D^{0.093} \tag{4-62}$$

其中：

$$SI = 28.992 \ (H/28.992)^{\frac{\ln[1-\exp(-0.018 \times 20)]}{\ln[1-\exp(-0.018 \times t)]}}$$

$$RD_i = D_i / D_g$$

$$D = e^{3.397 - 8.259/t}$$

结合误差函数，根据冠幅模型的表达式 $CW = CW_0 \times Y_{CW}$，即得出单木冠幅预测模型，见公式 4-63。

$$CW = 1.262 \ t^{0.453} \times SI^{0.568} N^{-0.228} RD^{1.085} D^{0.093} \tag{4-63}$$

（2）模型检验

根据所拟合的冠幅修正模型，对未参与建模的 13 块样地中的 78 株杉木数据进行计算，将计算得到的数据与实际数据进行比较，采用平均偏差（MD）、均方根误差（$RMSE$）和相对均方根误差（$RMSE\%$）这几个指标来衡量模型拟合的精度。

经数据的整理和计算，在 F 双侧检验显著水平 $p < 0.05$ 的前提下，得到 $MD = 0.051$，$RMSE = 0.221$，$RMSE\% = 0.110$，模型的预测误差较低，因此模型有一定的实用性。

多数文献在构建树冠单木模型时，使用的是一元模型或多元线性回归模型（Grote，2003；田晓筠，2008；韦雪花等，2013），一元回归探讨的是单木冠幅和直径的关系，多元线性回归是将各类林分因子作为自变量，筛选符合条件的林分因子进行拟合。为了进一步证明模型的真实性和优越性，本研究将修正模型和线性回归模型进行比较，将参与修正模型拟合的数据分别进行一元回归和多元线性回归模型的拟合。其中，一元回归模型中的线性回归模型在众多一元模型中的拟合效果最佳，多元回归分析在自变量的筛选上，采用逐步回归分析法。在因变量和各项系数的 F 检验显著的条件下，分别得到方程和决定系数，如公式 4-64 和公式 4-65 所示。

$$CW = 1.139 + 0.147D \quad (R^2 = 0.630) \tag{4-64}$$

$$CW = 1.689 + 0.821D - 0.007N + 0.300SI + 0.093RD \quad (R^2 = 0.638) \tag{4-65}$$

而本研究中采用修正法拟合的模型的决定系数为 0.876，说明修正模型与线性模型相比，在精度上大大提高。为了进一步验证模型的真实性，分别对三个模型进行残差分析，分析结果如图 4-10 所示。

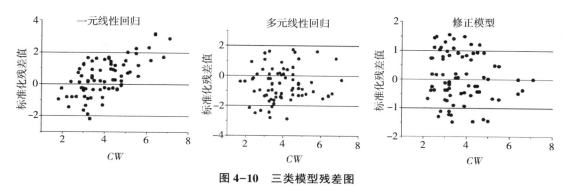

图 4-10　三类模型残差图

图 4-10 中的横坐标为冠幅值，纵坐标为各个模型的标准化残差值，根据残差图，一元线性回归的残差有小部分值超过±2，且对于误差项方差为 0 的假设，其残差分布与正态分布稍微有所偏差；多元线性回归方程的残差分布尽管符合正态分布，但仍有部分残差值小于−2。而修正模型的残差分布即符合回归分布原则，其残差值都在±2 之间，残差值更加紧凑。因此，说明采用修正模型模拟杉木的单木冠幅生长更加具有优越性。

4.3.6　结论与讨论

研究构建了冠幅−年龄潜在生长函数，在此基础上，选择地位指数、林分密度、竞争指数和胸径作为修正变量，构建了基于修正模型的单木冠幅生长预测模型。根据决定系数最大，均方残差最小的原则，发现四项幂函数乘积组合的模型拟合效果最佳。采用平均系统误差、均方根误差和相对均方根误差这几个指标来衡量模型拟合的精度，检验结果显著。同时通过决定系数和残差图，将修正模型与线性回归模型进行对比分析，发现修正模型可以更好地预测杉木冠幅生长。

在模型的应用中，只需要知道林木所在的林分年龄、林分优势木高、林分平均直径和株数密度，就可以准确预估林木的冠幅生长。同时，我们发现，无论是冠幅潜在生长量函数还是误差函数所构成的修正方程，采用幂函数的表达形式都得到最优的结果，这是因为幂函数及其扩展式基本上概括了全部的单峰曲线形式，模型适应性较强（肖君，2006）。

在修正模型的构建中，修正变量的选择十分重要，本研究根据经验以及数据的相关性分析，发现冠幅的生长与林分密度、地位指数、竞争指数和胸径呈现明显的相关性，因此选择上述指标作为修正变量。但是不同树种存在不一致的生长特性，或者同一树种在不同的环境下，会获得不同的量测数据，从而导致冠幅生长与林分因子相关性的不一致，因此，修正变量的选择要根据数据的实际情况考虑。

冠幅作为重要的林分因子，不仅能反映林木的生长状况，衡量林木健康程度，还能对林木的树冠形态预估起到参考作用，通过本研究构建的模型，可以实现对冠幅生长的预估，从而间接地预估林分生长状态，同时为下文的树冠形态生长、形态收获的研究奠定基础，对把握林分动态具有重要的意义。

4.4 杉木不同龄组树冠形态模拟模型研究

林木形态反映了林木的生命活力和生产能力，除了冠幅冠长以外，树冠形状对判断林木间竞争、描述林木光合作用和蒸腾作用、反映林下生物多样性以及衡量林木健康也有着重要的参考价值（Biging and Dobbertin，1995），因此，对树冠形状的研究越来越受到经营者的重视。树冠的结构是动态变化的，树冠变化受到林分密度的影响，林分密度随着年龄的不同而不同，幼龄林时期林分密度较大，冠长较长，冠幅较小，近熟林以及成熟林时期林分密度较小，冠长较短，冠幅较大，具体的树冠形状随着年龄（或者林分密度）的不同而变化，因此考虑年龄的影响能准确建立树冠形态模型。目前国内分龄组建立树冠轮廓模型的研究还未见报道。基于此，利用生长模型和统计分析方法分别幼龄林、中龄林和近成熟林3个龄组建立描述杉木树冠形态的预估模型（假设树冠无偏冠），为进一步研究杉木树冠结构规律及动态生长模拟提供方法依据。

4.4.1 数据来源

根据2013年森林档案信息，在幼龄林、中龄林、近熟林和成熟林均有林木分布的顺昌县大历林场和岚下林场共设置98块30m×30m的样地，样地所在的林分均未经过间伐。对各样地中胸径5cm以上的乔木进行每木检尺，记录每株杉木的直径、树高、枝下高、东西和南北冠幅，并计算各样地的相应平均直径、平均高、株数密度和断面积。依据各样地平均直径和平均高选取生长没有偏冠的标准木297株，每株活立木分别测量5个不同树冠长度位置处对应的树冠半径（图4-11），共计1485个测量值。

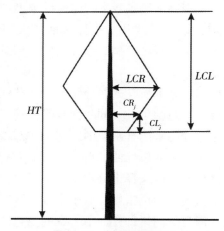

图4-11 树冠测量因子

注：HT为全树高（Height of tree）；LCR为最大树冠半径；CR_j为任意一处树冠半径；LCL为最大树冠长度；CL_j为任意一处冠长；j＝1，2，3，4，5，分别表示最大树冠长度的1/10、1/4、1/2、3/4、9/10位置。j＝1，2，3，4，5。

模型拟合数据与检验数据相互独立，并依据8:2的原则进行分配，其中用于模型拟合的标准木有237株，用于模型检验的标准木60株。模型拟合与检验的标准木数据基本概况见表4-12。

表 4-12　不同龄组杉木树冠轮廓模型拟合与检验数据的基本概况

变量	拟合数据				检验数据			
	平均值	最小值	最大值	标准差	平均值	最小值	最大值	标准差
胸径（cm）	16.0	6.1	31.3	5.6	16.5	6.4	30.0	6.3
全树高（m）	12.4	3.0	22.8	3.9	12.6	3.6	21.9	4.4
最大树冠半径（m）	3.3	1.4	5.1	0.8	3.5	1.4	5.4	0.9
任意一处树冠半径（m）	2.1	0.1	5.1	1.4	2.2	0.2	5.2	1.5
最大树冠长度（m）	6.1	1.1	15.3	2.4	6.0	1.6	15.0	2.1
任意一处树冠长度（m）	3.0	0.1	13.8	2.3	3.0	0.1	13.4	2.0
年龄	16	5	35	6.8	19	7	32	7.7
株数密度（株/hm²）	1549	300	2697	671.2	1503	395	2550	618.5
林分断面积（m²/hm²）	23.7	8.6	34.9	6.5	23.6	9.3	33.4	6.0

4.4.2　方差分析

使用单因素方差分析（年龄作为因子）分析年龄对相对树冠半径的影响。依据国家森林资源连续清查技术规定（林业部，1990）中杉木龄级和龄组的划分标准，将标准木划分为幼龄林（≤10年）、中龄林（11~20年）、近熟林（21~25年）和成熟林（26~35年）。对各龄组间标准木的相对树冠半径作方差分析（表 4-13），结果表明幼、中、近成熟龄林在相对树冠半径方面存着在显著性的差异（$F=24.166$，$P<0.001$），即年龄对树冠形态有显著影响。幼龄林、中龄林均与近熟林和成熟林有显著差异，而近、成熟林之间无显著差异。因此，分别构建杉木幼龄林、中龄林和近成熟林三个龄组的树冠轮廓模型。

表 4-13　不同龄组杉木相对树冠半径（均值±标准误）的方差分析

龄组	幼龄林	中龄林	近熟林	成熟林	F-value	P
相对树冠半径	0.396±0.018	0.515±0.013	0.588±0.021	0.634±0.026	24.166	<0.001

4.4.3　模型选取

依据国内外树冠轮廓文献的报道，存在一些函数能够很好地描述树冠半径和冠长之间的相互关系。本研究比较了八大类函数（表 4-14）的拟合和预测性能，除第一类外，其余7类函数均为非线性函数模型。模型在假设杉木生长通直且没有偏冠的前提下进行拟合。

表 4-14　杉木树冠轮廓模型拟合方程

模型类别	模型来源
线性函数	Baldwin and Peterson（1997）
指数函数	Hann（1999），Rautiainen and Stenberg（2005）
生长函数	Davies and Pommerening（2008）
多项式	Baldwin and Peterson（1997），Crecente-Campo et al.（2013）

（续）

模型类别	模型来源
对数函数	Condés and Sterba（2005），Pretzsch et al.（2002）
双曲线	Rautiainen and Stenberg（2005）
幂函数	OriginLab
峰值函数	OriginLab

4.4.4 模型拟合、检验与最优模型选取

利用统计分析方法，从八大类模型中初步筛选出决定系数相对高、残差平方和相对小，能够描述幼龄林、中龄林和近成熟林的树冠轮廓模型共 20 个，模型的具体参数估计值、拟合与检验指标值见表 4-15、4-16 和 4-17。

在幼龄林拟合结果中（表 4-15），Cubic 模型的 R^2 为 0.78，RSS 为 2.403，拟合精度较高；检验结果中，Cubic 模型的 $RMSE$ 为 0.1145，低于其他 5 个模型，CV 也比其他 5 个模型小。因此，确定 Cubic 模型模拟杉木幼龄林树冠轮廓。

表 4-15　杉木幼龄林各模型参数和模型的统计指标值

模型名称	模型表达式	参数				拟合指标		检验指标	
		a	b	c/w	a_3/a_4	R^2	RSS	$RMSE$	CV（%）
Exp3P2	$y = e^{a+bx+cx^2}$	−0.0180	−0.3668	−4.2472	—	0.74	2.423	0.1549	5.845
DoseResp	$y = a + \dfrac{b-a}{1+10^{(c-x)a_3}}$	−0.1603	1.2978	0.3196	−1.9671	0.74	2.413	0.1558	5.879
Log3P1	$y = a - b\ln(x+c)$	4.5279	4.0109	2.3684	—	0.74	2.432	0.1552	5.857
GCAS	$f(z) = a + \dfrac{b}{w\sqrt{2\pi}}e^{-z^2/2}\left(1+\left\vert\sum\limits_{i=3}^{4}\dfrac{a_i}{i!}H_{i(Z)}\right\vert\right)$ $z = \dfrac{x-c}{w}$　$H_3 = z^3-3z$ $H_4 = z^4 - 6z^3 + 3$	1.1508	−0.7732	0.9293/ 0.3159	0.60145/ 1.1947	0.74	2.414	0.1554	5.864
Cubic	$y = a + bx + cx^2 + a_3x^3$	1.0220	−1.0070	−1.9235	1.9946	0.78	2.403	0.1145	4.321
Allometric2	$y = a + bx^c$	1.0806	−1.4645	0.9131	—	0.74	2.436	0.1553	5.860

注：模型 Exp3P2、DoseResp、Log3P1、GCAS、Cubic 与 Allometric2 分别属于 Exponential、Growth、Logarithm、Peak function、Polynomial 与 Power 类。y 为相对树冠半径（RCR_j），x 为相对冠长（RCL_j）。

在中龄林拟合结果中（表 4-16），Poly4 模型的 R^2 为 0.85，高于其他 6 个模型，RSS 为 1.631，低于其他 6 个模型，此模型拟合效果较好。Poly4 模型的 $RMSE$ 与 CV 均较其他模型检验效果好。Poly4 模型拟合与检验性能均优于其他模型，因此，选取 Poly4 模型模拟杉木中龄林树冠轮廓。

表 4-16　杉木中龄林各模型参数和模型的统计指标值

模型名称	模型表达式	参数				拟合指标		检验指标	
		a	b	c/w	a_3	R^2	RSS	$RMSE$	CV（%）
Exp3P2	$y = e^{a+bx+cx^2}$	−0.0761	0.7155	−9.4520	—	0.80	1.709	0.1307	3.661
Slogistic1	$y = \dfrac{a}{1+e^{-b(x-c)}}$	1.0015	−10.517	0.3003	—	0.81	1.676	0.1295	3.627
HyperbolaGen	$y = a - \dfrac{b}{(1+cx)^{1/a_3}}$	1.0639	0.0059	168.8678	−0.867	0.80	1.717	0.1310	3.669
Log3P1	$y = a - b\ln(x+c)$	84.1239	30.8122	14.7910	—	0.80	1.732	0.1316	3.686
Lorentz	$y = a + \dfrac{2b}{\pi} \cdot \dfrac{a_3}{4(x-c)^2+a_3^2}$	1.2921	−1.0998	0.5136	0.5841	0.81	1.644	0.1282	3.591
Poly4	$y = a+bx+cx^2+a_3x^3+wx^4$	1.1712	−4.5765	23.6050/ 71.6824	−73.4399	0.85	1.631	0.0978	2.740
Allometric2	$y = a + b\,x^c$	1.0549	−2.1876	1.15001	—	0.80	1.717	0.1310	3.669

注：模型 Slogistic1、HyperbolaGen、Lorentz 与 Poly4 分别属于 Growth、Hyperbola、Peak function 与 Polynomial 类。y 为相对树冠半径（RCR_j），x 为相对冠长（RCL_j）。

在近成熟林拟合结果（表 4-17）中，GaussAmp 模型的 R^2 为 0.76，RSS 为 1.514，此模型拟合效果较好。GaussAmp 模型的 $RMSE$ 值（$RMSE = 0.1415$）比其他 6 个模型小，CV 值（$CV = 3.485\%$）也优于其他模型。因此，选择 GaussAmp 模型模拟杉木近成熟林树冠轮廓。

表 4-17　杉木近成熟林各模型参数和模型的统计指标值

模型名称	模型表达式	参数			拟合指标		检验指标	
		a	b	c/a_3	R^2	RSS	$RMSE$	CV（%）
Exponential	$y = a + be^{cx}$	1.6561	−0.6231	2.3333	0.70	1.545	0.1633	4.022
Stirling	$y = a + b\left(\dfrac{e^{cx}-1}{c}\right)$	1.0330	−1.4539	2.3333	0.70	1.545	0.1633	4.022
Slogistic1	$y = \dfrac{a}{1+e^{-b(x-c)}}$	0.9201	−15.7864	0.2741	0.71	1.520	0.1619	3.988
Log2P2	$y = \ln(a+bx)$	2.8117	−4.3582	—	0.71	1.559	0.1639	4.037
GaussAmp	$y = a + be^{-\frac{(x-c)^2}{2a_3^2}}$	0.9430	−0.8976	0.4509/ 0.1573	0.76	1.514	0.1415	3.485
Parabola	$y = a+bx+cx^2$	1.0069	−1.0562	−3.2205	0.71	1.544	0.1631	4.017
Allometric2	$y = a + bx^c$	0.9751	−3.7577	1.5557	0.70	1.542	0.1631	4.017

注：模型 Exponential、Stirling、Log2P2、GaussAmp 与 Parabola 分别属于 Exponential、Exponential、Logarithm、Peak function 与 Polynomial 类。y 为相对树冠半径（RCR_j），x 为相对冠长（RCL_j）。

4.4.5　最优模型的假定性检验

（1）残差检验

杉木生长各时期最优模型的残差结果见图 4-12，各时期最优模型均达到统计检验规定，表明各时期最优模型假定均成立，且分布在横轴上下两侧残差均匀，表明参数估计无偏，均可以作为各时期预估模型。杉木生长各时期，残差全部分布于 ±0.4 之间，较统计规定范围小，因此本研究得出各时期最优模型能够充分代表杉木不同龄组的树冠轮廓。

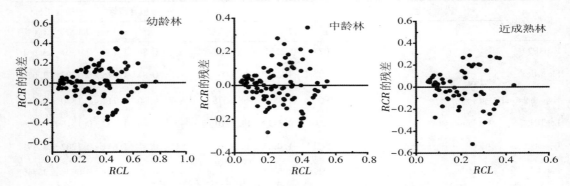

图4-12　杉木三个不同龄组树冠轮廓最优模型的残差

（2）卡方检验

杉木幼龄林、中龄林和近成熟林三个时期的树冠轮廓模型分别是 Cubic、Poly4 与 GaussAmp。对 3 个最优模型的理论值与实际测量值进行卡方检验，均满足 $\chi^2 < \chi^2_{0.05}$（$P = 0.31 \sim 0.57 > 0.05$），说明 3 个模型分别能够很好地拟合与预测杉木三个时期的树冠轮廓。以相对冠长为横坐标，根据相对树冠半径的实际值与各时期最优模型的理论值分别绘制杉木幼龄林、中龄林和近成熟林三个时期树冠轮廓图（图4-13）。

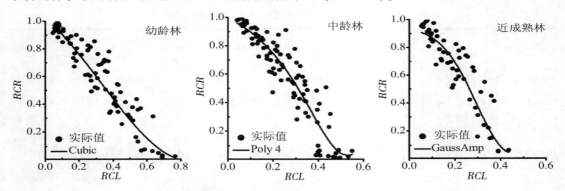

图4-13　杉木三个不同龄组树冠轮廓的理论值和实际值

幼龄林时期，树冠轮廓整体笔直近似圆锥形，而且是杉木生长整个时期中冠长最长的（$0 < RCL < 0.8$）；中龄林时期，树冠中下部较突出，整体形状较饱满近似抛物体形；近成熟林时期，下部突出明显，近似圆台形或近似于伞形，在整个杉木生长过程中此阶段冠长最短（$0 < RCL < 0.5$）。因此，选取的树冠轮廓模型不仅符合统计检验，而且可以从生物学意义给予合理解释。

4.4.6　结论与讨论

本研究中构建杉木树冠形态模型并不是简单笼统地将所有年龄标准木的树冠数据叠加到一起构建统一的模型。经过方差分析发现，杉木树冠外形在不同年龄时树冠轮廓也不尽相同，林木年龄对树冠外形具有很大影响，但由于近熟林和成熟林时期，杉木树高均生长缓慢，轮廓无显著差异，因此本研究将杉木分成幼龄林、中龄林和近成熟林3个龄组来详细分析杉木的树冠形态，采用八大类模型模拟杉木树冠轮廓取得了较好的效果，拟合的决定系数较高。

本研究构建的幼龄林、中龄林和近成熟林时期杉木树冠轮廓的最优模型分别是 Cubic、Poly4 与 GuassAmp。林木年龄的不同、生长和竞争是导致树冠形状改变的主要原因（Baldwin and Peterson，1997）。Cubic、Poly4 属三次和四次多项式模型，这一结论与 Baldwin and Peterson 模拟美国路易斯安那州火炬松树冠轮廓相一致，他们将树冠分为内层和外层分别进行模拟，得出多项式模型可以很好地模拟火炬松外层轮廓（Baldwin and Peterson，1997）。同样 Pretzschet et al. 使用不同的几何体模拟德国3个树种的树冠形状，结果发现圆锥体能够很好地模拟挪威云杉（*Picea abies*）的树冠，三次抛物线体模拟欧洲山毛榉（*Fagus sylvatica*）的树冠，二次抛物线体适合描述欧洲银冷杉（*Abies alba* Mill.）的树冠形状（Pretzsch et al.，2002）。这一结论表明多项式模型模拟树冠轮廓的方法论和结果是可行的。

幼龄时期，依据 Cubic 模型所绘图形显示该时期树冠形状近似圆锥形，究其原因是树高生长较快，侧枝生长不够发达，因此本研究选取最优模型符合杉木生长生物学原理。关于树冠呈圆锥的形状，先前的研究也有报道。Rautiainen and Stenberg 证明了欧洲赤松的树冠形状与圆锥体相似是合理的（Rautiainen and Stenberg，2005），后来 Rautiainen et al. 使用同样的模型来代替椭圆体模拟树冠形状，并未发现圆锥体模拟树冠的优势（Rautiainen et al.，2008）。然而，在关于模拟辐射松树冠的研究中，利用椭圆体模拟树冠形状时，呈现出高估树冠半径的趋势，而利用圆锥体模拟时，呈现出低估的趋势（Crecente Campo，2008）。杉木在中龄林时期，由于林木竞争较大，生长稍缓，侧枝相比幼龄时期发达，形状近似抛物体形，生物学解释与构建的 Poly4 模型一致。对于树高生长缓慢而侧枝生长发达，甚至多数超过主梢的近熟林和成熟林杉木而言，突出的下部树冠以及较短的冠长形似圆台或者伞形，GuassAmp 模型诠释了该时期杉木树冠轮廓。

研究方式新颖，研究结果可以精确预估不同年龄树冠形态且模型具备合理的生物学意义，研究具有一定的创新性，同时模型在预估树冠体积和表面积、树冠生物量和碳储量以及叶面积指数中有很大的应用潜力。

4.5 杉木不同立地条件的树冠轮廓模型研究

在4.4节中研究了不同龄组下的相对冠幅和相对冠长之间的关系，在此基础上进一步研究，以不同的形式构建更直观的树冠轮廓模型，充分表达树冠轮廓与林分因子之间的关系。

树冠轮廓模型主要分为两类，第一类是使用二次曲线、抛物线、幂函数或者组合方程来描述整个树冠轮廓；第二类树冠轮廓模型是以冠幅为分界点，将树冠分成上下两部分，根据分段函数构建树冠轮廓模型。目前已有部分学者使用该方法构建了不同树种的轮廓模型，研究结果表明，将树冠进行分段模拟，所构建的模型在精度上和应用上均优于整体模型，对树冠轮廓的模拟更加具有实用性（Marshall et al.，2003；Crecente-Campo et al.，2009；Crecente-Campo et al.，2013）。

基于此，本研究以福建省杉木人工林树冠调查数据为基础，以冠幅为分界点，分别构建杉木人工林树冠上半部分、下半部分以及整体的轮廓模型，对分段轮廓模型和整体轮廓模型的拟合效果和检验效果进行对比分析，并根据构建的模型绘制树冠外轮廓，讨论不同林分条件下的树冠轮廓长势（Dong et al.，2016）。

4.5.1 数据来源

在4.4节数据基础上，于2014年和2015年分别在顺昌县和将乐县补充调查了不同立地条件、不同密度的18块圆形标准地。

在顺昌县小班中，每块样圆中选择5~7株树冠生长较匀称、没有偏冠的林木作为标准木，借助皮尺、塔尺和激光测高仪分别测量标准木和优势木的东西冠幅（CW）、南北冠幅、第一活枝高（HCB）、第一活枝半径水平距离（CR_0）、冠幅高（$HLCR$）以及从上而下树冠1/4、1/2和3/4处的树冠半径水平距离（CH）。取东西冠幅和南北冠幅的平均值作为模型构建时的冠幅数据。

在将乐国有林场的样圆中，量测了标准木和优势木的东西冠幅、南北冠幅、第一活枝高、第一活枝水平距离和冠幅高，在树冠半径的量测上，以冠幅为分界线，分别测量了冠幅上半部分从上而下1/4、1/2和3/4处的树冠半径水平距离和冠幅下半部分1/2处的树冠半径水平距离。树冠结构变量的测量精度均为0.1m。

通过实际测量的树冠变量也可推导计算出其他树冠变量，例如通过树高和枝下高可以求得最大树冠冠长（LCL），通过树高、枝下高和冠幅高可以推算出树冠上半部分（L_U）和下半部分（L_L）的长度，根据最大冠长，可以计算出各个等分位的树冠长度。树冠结构调查中的各个测量变量及计算变量可直观地展示在图4-14中。

在测量树冠水平距离的方法上，使用塔尺垂直于地面，平行于树干向外移动直到到达测量树冠的枝梢位置，使用卷尺衡量塔尺与树干的水平距离即为相应位置处树冠半径的长度，树冠结构变量的测量精度均为0.1m。在下文的研究中，取东西冠幅和南北冠幅的平均值作为模型构建时的冠幅数据，东西冠幅高和南北冠幅高作为平均冠幅高。

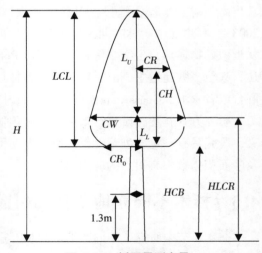

图4-14 树冠量测变量

注：图2-2中的变量在文中均有注释，其中$LCL = H - HCB$；$L_U = H - HLCR$；$L_L = HLCR - HCB$；$CH = q * LCL$，q取1/4、1/2或3/4。

经统计，参与树冠量测的林木有 711 株，将量测的数据整理汇总于表 4-18。

表 4-18　不同立地树冠轮廓模型数据汇总

变量	样本个数	最小值	最大值	均值	标准差
年龄（t）	31	5	35	16	6.57
密度（N, N/hm²）	22	750	4800	2125	654.32
胸径（D, cm）	1629	5.0	33.2	15.5	5.66
树高（H, m）	1629	2.9	23.5	12.0	4.11
优势木高（HT, m）	498	5.1	25.5	14.1	3.60
冠幅（CW, m）	711	1.6	8.0	3.5	1.05
枝下高（HCB, m）	711	0.2	16.3	6.0	3.41
第一活枝半径（CR_0, m）	711	0.4	3.5	1.5	0.64
冠幅高（$HLCR$, m）	711	1.8	16.6	7.7	3.55
树冠半径（CR, m）	2510	0.1	3.8	1.1	0.56

4.5.2　方差分析多重比较

根据前面的研究结果，我们发现冠幅和冠长会随着林龄、林分密度和地位指数的变化而变化，树冠中其他位置的树冠半径亦会随着冠幅和冠长呈现出规律性的变化（Crecente-Campo et al.，2009）。如 4.4 节杉木不同龄组树冠形态模拟模型研究中所述，如果将树冠半径数据都放在一起进行树冠轮廓方程的拟合，不仅会影响模型精度，且不能很好地解释林分因子变化对树冠长势的影响。因此，研究需要根据不同林分条件（林龄、林分密度、地位指数）对树冠数据进行聚类，从而根据分类进行拟合，使得数据群体更加具有代表性，提高模型拟合精度。4.4 节已经按照龄组对数据进行分类，在这里我们将林分株数密度和地位指数分别作为方差分析中的检验对象，观察上述 2 个林分因子是否对最大树冠半径（LCR）和冠长（LCL）产生显著影响，并通过多重比较的差异结果来进行数据分类。表 4-19 为 2 类检验对象对 LCR 和 LCL 方差分析结果，结果表明，各个检验统计量的 F 值都大于 F 临界值，显著性水平都小于临界概率，说明不同立地条件和林分密度下的林木 LCR 和 LCL 有显著性差异。按照多重比较结果对 LCR 和 LCL 进行分类，不同地位指数下的 LCR 数据可分为 3 类，LCL 可分为 4 类；不同林分密度下的 LCR 和 LCL 均可分为 11 类。从多重分类数来看，不适合林分密度对建模数据进行分类，而 LCL 和 LCR 在立地条件方差分析多重比较中呈现出一致的分类结果，因此，根据不同的地位指数，将建模数据进行分类。

表 4-19　不同林分条件下 LCR 和 LCL 的方差分析

因素	水平	多重分类数	F 值	P 值
地位指数	LCR	3	10.747	<0.000
	LCL	3	7.145	<0.000
林分密度	LCR	11	6.329	<0.000
	LCL	12	4.145	<0.000

在地位指数方差分析多重比较中，我们还发现冠幅冠长在地位指数 12~16、17~20 及 21~24 这三类内部之间的均值差不显著，而不同类中的地位指数所对应的冠长均值则存在一定的显著差异，不同地位指数下的 LCR 和 LCL 均值±标准误计算结果见表 4-20。因此，将地位指数按照 12~16、17~20 及 21~24 分为 III、II 和 I 三类，并分别三类地位指数，对其树冠轮廓模型进行拟合与检验。

表 4-20　不同地位指数下的 LCR 和 LCL 均值±标准误差

地位等级	I	II	III
SI 分类	21~24	17~20	12~16
均值±标准误（LCL）	3.686±0.245	2.956±0.087	2.258±0.122
均值±标准误（LCR）	3.4983±0.1283	3.8593±0.0950	3.167±0.1337

4.5.3　模型选择

参考前人的研究成果，结合树冠轮廓的生长规律，搜集整理了以下几个模型（表 4-21）用于拟合树冠轮廓上半部分、下半部分和整体的外轮廓曲线。

表 4-21　树冠轮廓模型

模型编号	模型表达式	备注
4-66	$CR_U = LCR \left[(LCL-CH)/L_U \right]^{a_0 + a_1 \left[(LCL-CH)/L_U \right]^{\frac{1}{2}} + a_2 \frac{HT/D}{}}$	上半部分
4-67	$CR_U = LCR \left[(LCL-CH)/L_U \right]^{a_0 + a_1 \left[(LCL-CH)/L_U \right]^{1/2} + a_2 \times (HT/D)}$	上半部分
4-68	$CR_U = LCR \left[(LCL-CH)/L_U \right]^{a_0}$	上半部分
4-69	$CR_L = LCR \left[b_0 + (1-b_0) \times (CH/L_L)^{b_1} \right]$	下半部分
4-70	$CR_L = LCR \left[b_0 + (1-b_0)^{(CH/L_L)} \right]$	下半部分
4-71	$CR_L = LCR \times (CH^{b_0} + b_1)$	下半部分
4-72	$CR = LCR \left[c_0 (RCH-1) + c_1 (RCH^2-1) + c_2 (RCH^3-1) + c_3 (RCH^4-1) \right]$	总体
4-73	$CR = LCR \left\{ c_0 \left[(RCH-1)/(RCH+1) \right] + c_1 (RCH-1) \right\}$	总体
4-74	$CR = LCR (c_0 + c_1 \times CH + c_2 \times CH^2)$	总体

注：上述模型中，CR_U 为树冠上半部分任一位置处的半径，m；CR_L 为树冠下半部分任一位置处的半径，m；CR 为任一位置处的树冠半径，m；LCR 为最大树冠半径，m；LCL 为冠长，m；CH 为树冠任一位置处的冠长，m；L_U 为树冠下半部分冠长，m；L_L 为树冠上半部分冠长，m；RCH 为相对冠长，是任意处冠长与最大冠长的比值。a_0、a_1、a_2、b_0、b_1、c_0、c_1、c_2、c_3 为模型系数。

上述 9 个模型中都还有最大树冠半径变量，由于树冠的发育并非总为对称，因此在本研究中，将最大树冠半径视为冠幅的一半来计算，根据冠幅修正模型的研究结果，除了地位指数外，冠幅还涉及林分密度、年龄和竞争指数，因此，树冠轮廓模型亦能间接反映不同林分条件对树冠轮廓的影响。

根据表 4-21 中的树冠轮廓模型参数得知，要想模拟杉木树冠轮廓，还需要预估其他林木变量，如树高（H）、胸径（D）、最大树冠半径（LCR）、冠长（LCL）、下半部分冠幅长（L_L）以及上半部分冠幅长（L_U），相比较而言，树高和胸径是较容易获得的林木因子，有关于林木树高和胸径的模型目前已存在大量的研究（Martin and Ek，1984；Biging and Dobbertin，1995；Temesgen and Gadow，2004；Gonzalez-Benecke et al.，2014）。L_L、L_U 和 LCL 三个因子的数值在实际林分中不易获得，但三者可以通过相对容易测量的树高、枝下高（HCB）和冠幅高（$HLCR$）计算得出。本研究已经对杉木的单木冠幅模型进行研究，在这里，为了更方便地应用树冠轮廓模型，本研究采用逐步回归法构建枝下高和冠幅高模型，模型的表达式如公式 4-75 和公式 4-76 所示。

$$HCB=f\left(\varepsilon_1，\varepsilon_2\cdots\right) \tag{4-75}$$

$$HLCR=f\left(\gamma_1，\gamma_2\cdots\right) \tag{4-76}$$

其中，HCB 代表枝下高，m；$HLCR$ 代表冠幅高，m；ε_1，ε_2，$\cdots$以及γ_1，$\gamma_2\cdots$代表了与因变量显著相关的林分因子。

4.5.4 树冠轮廓模型拟合与检验

（1）模型拟合结果

选择 288 组不同林分条件下的杉木树冠调查数据进行模型拟合，表 4-22 是 I 立地条件下树冠轮廓模型的拟合结果，9 个模型都获得了较高的决定系数。在树冠上半部分的模型中，模型 4-67 的 R^2 的精度略微高于模型 4-66，同时 RSS 值也在三个模型中最低，表面上看模型 4-67 是树冠上半部分模拟的最佳模型，但该模型中的系数 a_0 值却检验不显著。模型 4-68 的 R^2 在三个模型中最低，RSS 最高，说明模型精度相对较低，但该系数的标准误差却最小，尽管如此，我们在参数检验显著的前提下，以 R^2 和 RSS 作为主要判定依据，因此，模型 4-66 最适合描述 I 地位指数下的树冠上半部分轮廓。对于树冠下半部分轮廓模型，模型 4-69、4-70 和 4-71 的拟合精度都较为精确，同时参数值的检验结果显著，因此，三者中的任一个模型都能表达杉木人工林的树冠下半部分轮廓。在整体轮廓模型拟合结果中，模型 4-72 无论从 R^2 还是 RSS 角度，拟合精度都高于模型 4-73 和模型 4-74，同时参数值检验显著，因此将模型 4-72 作为模拟 I 地位指数下的树冠整体轮廓最优模型。

表 4-22　I 地位条件下的树冠轮廓模型拟合结果

模型类别	模型编号	参数	估计值	标准误	R^2	RSS
上半部分	4-66	a_0	-1.112	0.216	0.719	8.004
		a_1	1.496	0.250		
		a_2	1.640	0.226		
	4-67	a_0	-0.266	0.271		
		a_1	1.490	0.250	0.720	7.982
		a_2	0.807	0.301		
	4-68	a_0	1.430	0.053	0.669	9.444
下半部分	4-69	b_0	0.758	0.008	0.994	0.041
		b_1	0.368	0.043		
	4-70	b_0	-2.610	0.002	0.993	0.042
	4-71	b_0	0.049	0.008	0.943	0.425
		b_1	-0.120	0.005		

（续）

模型类别	模型编号	参数	估计值	标准误	R^2	RSS
整体	4-72	c_0	3.841	0.456	0.885	9.225
		c_1	-16.844	1.754		
		c_2	21.546	2.503		
		c_3	-9.195	1.175		
	4-73	c_0	0.366	0.110	0.843	12.594
		c_1	-3.603	0.827		
	4-74	c_0	1.527	0.045	0.595	32.466
		c_1	-0.235	0.310		
		c_2	0.007	0.002		

表4-23是Ⅱ立地条件下树冠轮廓模型的拟合结果，在树冠上半部分模拟拟合结果中，模型4-66的R^2为0.890，在三个模型中最高，RSS为16.524，在三个模型中最低，被视为最佳模型。树冠下半部分的三个模型拟合结果与地位指数Ⅰ中的拟合结果一致，均有较高的决定系数和较低的残差平方和，其中模型4-69和模型4-70的拟合精度略高于模型4-71。在三个整体轮廓模型中，模型4-72的R^2均高于其他两个模型，RSS值最低，因此能够较好地模拟Ⅱ地位条件下的树冠整体轮廓。同时，Ⅱ地位指数下的9个模型参数均通过了显著性检验。

表4-23 Ⅱ地位条件下的树冠轮廓模型拟合结果

模型类别	模型编号	参数	估计值	标准误	R^2	RSS
上半部分	4-66	a_0	0.435	0.175	0.890	16.524
		a_1	0.950	0.011		
		a_2	-0.81	0.121		
	4-67	a_0	-0.087	0.102	0.699	89.662
		a_1	0.958	0.080		
		a_2	0.347	0.124		
	4-68	a_0	0.731	0.016	0.651	103.859
下半部分	4-69	b_0	0.742	0.005	0.997	0.194
		b_1	1.036	0.033		
	4-70	b_0	-0.253	0.001	0.996	0.198
	4-71	b_0	0.061	0.004	0.958	2.463
		b_1	-0.099	0.003		

（续）

模型类别	模型编号	参数	估计值	标准误	R^2	RSS
整体	4-72	c_0	4.143	0.291	0.806	90.610
		c_1	-17.302	1.097		
		c_2	23.670	1.533		
		c_3	-11.138	0.708		
	4-73	c_0	1.831	0.061	0.765	109.567
		c_1	-2.631	0.051		
	4-74	c_0	1.713	0.032	0.365	296.104
		c_1	-0.132	0.025		
		c_2	-0.011	0.004		

表 4-24 是 III 立地条件下树冠轮廓模型的拟合结果，对于树冠轮廓上半部分模型，模型 4-66 的决定系数 R^2 为 0.939，高于其他两个模型，RSS 为 2.514，为三个模型中最低，

表 4-24　III 地位条件下的树冠轮廓模型拟合结果

模型类别	模型编号	参数	估计值	标准误	R^2	RSS
上半部分	4-66	a_0	0.428	0.148	0.939	2.514
		a_1	0.325	0.007		
		a_2	-0.342	0.028		
	4-67	a_0	1.449	0.141	0.771	11.940
		a_1	0.560	0.118		
		a_2	-1.300	0.127		
	4-68	a_0	0.725	0.026	0.648	18.351
下半部分	4-69	b_0	0.715	0.015	0.995	0.099
		b_1	0.812	0.067		
	4-70	b_0	-0.243	0.002	0.994	0.114
	4-71	b_0	0.048	0.007	0.949	1.013
		b_1	-0.089	0.007		
整体	4-72	c_0	3.710	0.400	0.843	16.928
		c_1	-15.453	1.556		
		c_2	20.736	2.218		
		c_3	-9.662	1.039		
	4-73	c_0	1.835	0.089	0.813	20.115
		c_1	-2.650	0.077		
	4-74	c_0	1.470	0.040	0.388	65.879
		c_1	-0.139	0.043		
		c_2	-0.014	0.008		

此模型的拟合结果最好。树冠下半部分模拟中，与前两个立地条件一致，三个模型均获得较高的决定系数和较低的残差平方和，其中模型 4-69 和模型 4-70 的拟合精度略高于模型 4-71。树冠整体轮廓模型中，模型 4-72 无论从 R^2 还是 RSS 角度，拟合精度都高于模型 4-73 和模型 4-74。同时，II 地位指数下的 9 个模型参数均通过了显著性检验。

（2）模型检验结果

根据模型的拟合结果，选择 72 组未参与建模的数据，分别三类地位等级，选择模型 4-66、模型 4-69 和模型 4-72 进行检验，将预测值和实际测量值进行方差分析，比较两者之间的差异，同时使用平均偏差（MD）、均方根误差（$RMSE$）指标来检验模型的精度，模型检验结果如表 4-25 所示。各地位等级下最优树冠轮廓模型残差如图 4-15 所示。

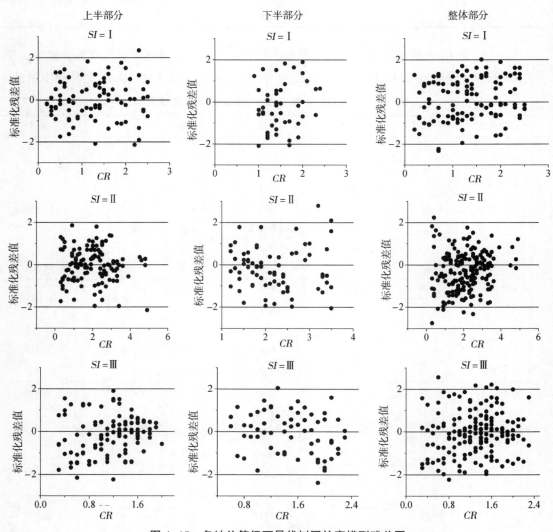

图 4-15 各地位等级下最优树冠轮廓模型残差图

表 4-25 树冠轮廓模型拟合结果

地位指数	模型编号	备注	df	F-value/F_{0.05}	P-value	MD	RMSE（m）
I	4-66	上半部分	80	0.046/3.914	0.829	-0.026	0.339
	4-69	下半部分	48	0.048/3.955	0.826	-0.029	0.154
	4-72	整体	136	0.052/3.891	0.700	0.033	0.070
II	4-66	上半部分	115	1.833/3.875	0.177	0.153	0.298
	4-69	下半部分	69	0.000/3.870	0.984	-0.001	0.207
	4-72	整体	192	0.208/3.845	0.649	-0.058	0.235
III	4-66	上半部分	100	2.672/3.924	0.105	0.077	0.183
	4-69	下半部分	60	0.026/3.908	0.872	-0.018	0.177
	4-72	整体	168	0.380/3.860	0.538	0.058	0.247

方差分析结果表明，9 个模型的实际的 F 值均小于临界 F 值，P 值也小于临界概率，说明 9 个模型的实际值与预测值的差异性不显著。在平均偏差计算结果中，除了 II 地位等级下模型 4-66 的 MD 为 0.153，其他模型的 MD 绝对值均小于 0.1，同时，所有模型的均方根误差介于 0.07~0.339m 之间，检验结果良好，说明上述模型能够较好地模拟不同地位等级下的杉木人工林的树冠外轮廓形状。

使用未参与建模的数据对各个地位等级的最优模型进行残差检验，从图 4-15 可以看出，9 个模型至少有 95% 的残差值均匀分布在 ±2 之间，说明参数估计无偏，模型构建符合原假设，进一步说明了不同地位等级下树冠轮廓模型的适应性。

4.5.5 其他模型的拟合与检验

根据整理好的调研数据，将林分年龄、林分株数密度、林木胸径、树高和冠幅这几项林分因子分别与枝下高和冠幅高做逐步回归，回归结果显示树高、林龄和林分密度被选入自变量集合，杉木 HCB 和 HLCR 模型的拟合结果以及拟合指标如表 4-26 所示。

表 4-26 HCB 模型和 HLCR 模型拟合结果

模型表达式	R^2	RSS
$HCB = 0.483 + 0.481H + 0.110t - 0.000926N$	0.85	52.788
$HLCR = 0.196 + 0.532H + 0.163t - 0.00111N$	0.87	65.872

表 4-26 说明枝下高模型和冠幅高模型分别能够解释 85% 和 87% 的测量数值，模型精度拟合较高。使用未参与建模的数据对 HCB 和 HLCR 模型进行计算，对实际值和预估值进行方差分析，采用平均偏差（MD）、均方根误差（$RMSE$）指标来检验模型的精度，同时绘制残差图。检验结果见表 4-27 和图 4-16。

表 4-27 HCB 模型和 HLCR 模型检验结果

模型因变量	df	F-value/F_{0.05}	P-value	MD	RMSE（m）
HCB	65	0.000/3.921	0.985	0.000	0.500
HLCR	65	0.003/3.921	0.954	-0.032	0.566

检验结果表明，HCB 和 HLCR 模型的实际的 F 值均小于临界 F 值，P 值也小于临界概率，说明实际值与预测值的差异性小。平均偏差和均方根误差也有较好的计算结果，在残差分析中，两个模型的残差值都均匀分布在 0 水平线的上下，几乎所有的值都在 ± 2 之间，说明模型构建符合原假设。拟合结果和检验结果都说明 HCB 和 HLCR 模型能应用于杉木单木的实际生长预估中。

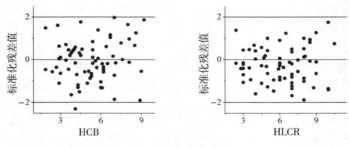

图 4-16 HCB 和 HLCR 模型残差图

4.5.6 树冠轮廓展示

在每个地位等级下，选择冠幅为该地位等级下平均值的标准木，将其冠幅、冠长、胸径、树高等数据分别带入所属地位等级下的最优模型，同时根据枝下高模型和冠幅高模型，使用 3D 模拟技术绘制出单株木的整体形状。由于本研究旨在讨论树冠的轮廓的形状，因此未考虑树干干形，将其视为圆柱体。图 4-17 为使用上、下部分轮廓模型计算后拼接在一起的不同地位等级下的单株木形状图，图 4-18 为使用整体轮廓模型绘制的不同地位等级下的单株木形状图。

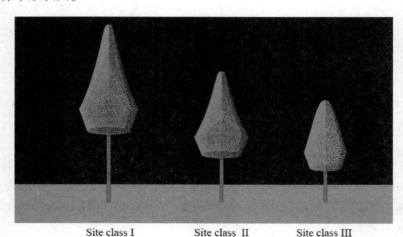

图 4-17 不同地位等级上半部分+下半部分模型下的单株木形状

从图 4-17 中，我们发现地位等级 I 和 II 的上半部分轮廓形状类似，顶端优势明显，近似于 J 型和反 J 型，而地位等级为 III 的树冠上半部分轮廓近似于抛物线形。三类地位等级下的下半部分轮廓均为圆台形。图 4-18 中我们发现，I 地位等级下的林木树冠，上半部

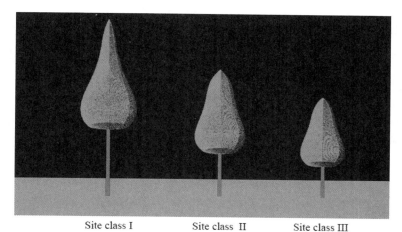

图 4-18 不同地位等级整体轮廓模型下的单株木形状

分呈现细长形状，越靠近冠幅处，枝条生长越旺盛，树冠越突出，而 II 和 III 地位等级下的树冠半径在靠近树梢部分的侧枝生长发达，在冠长中间位置树冠外形略有凹陷，整个树冠形状类似于葫芦状。从上述两幅图中，我们还发现立地条件越好，冠长占据整株数的比例越小，反映出植株自然整枝强度越大，同时侧枝整体生长越发达，说明林木长势良好。

此外，为了反映不同林龄、林分密度和立地条件下的冠幅冠长变化，同时考虑绘制方便，本研究选择模型 4-72，在二维坐标下绘制了一定限制条件下的树冠轮廓变化图，如图 4-19 所示。在图 4-19 中，（a）为在地位指数为 16、林分密度为 2500 株/hm² 的条件下，林龄分别为 9 年、17 年和 25 年的树冠轮廓形状，从中发现，随着林龄的增长，冠幅和冠长同时一起增长，增长速度均匀；（b）为林龄和地位指数一定的条件下，林分密度分别为 800、1950 和 2850 株/hm² 条件下的树冠轮廓形状，其中冠幅随着林分密度的减小而不断增大，但冠长的变化却没有冠幅变化那么显著；（c）为林龄和林分密度不变的条件下，14、17 和 22 地位指数下的树冠轮廓形状，与（b）不同的是，立地条件的改变对冠长的影响远大于对冠幅的影响。

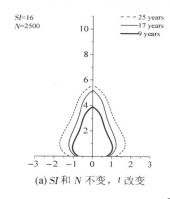
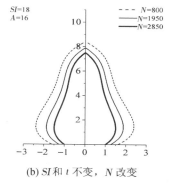
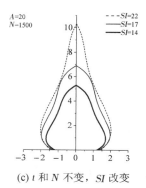

(a) SI 和 N 不变，t 改变 (b) SI 和 t 不变，N 改变 (c) t 和 N 不变，SI 改变

图 4-19 约束条件下的杉木林树冠轮廓

4.5.7　结论与讨论

本研究在 4.4 节的基础上，对树冠形态进行更深入的研究，根据三类地位等级，选择合适的模型，分别构建了杉木人工林树冠上半部分、下半部分和整体的轮廓模型，为了使模型更具有应用价值，与此同时，采用逐步回归法建立了枝下高模型和冠幅高模型，深入研究了形态变量与主干物质的分配关系。研究对树冠轮廓模型中的最优模型、枝下高模型和冠幅高模型进行了检验和残差分析。在今后的应用中，只需要知道林木的胸径、树高、年龄、林分密度和林分平均胸径，就能通过模型模拟杉木人工林的树冠轮廓。

研究分别对不同密度和地位指数下的最大树冠半径和冠长进行方差分析和 LSD 多重比较，发现地位指数下的最大树冠半径和冠长的分类结果类似且分类数较小，仅有三类，而林分密度反映在冠幅冠长上的差异性更明显，相关研究也表明，树冠生长的最大影响因子为林分密度和林龄（郭艳荣等，2015），但其分类数过多以至于每一类的样本数据量不足以用于模型拟合与检验，因此，为了提高模型拟合精度，更好地解释林分因子变化对树冠长势的影响，同时又考虑实际操作的可能性，根据多重比较结果，将数据按照立地条件分为 I（21~24）、II（17~20）、III（12~16）三类进行模型拟合。

在树冠轮廓模型的拟合中，我们发现三类地位等级下的模型拟合结果具有相似的结论，模型 4-66 是均是模拟树冠轮廓上半部分的最佳模型，而所选的下半部分模型在每类地位等级的决定系数均接近 100%，且均方根误差都小于其他模型，说明模型 4-69、4-70 和 4-71 均能较好地模拟不同地位等级下的树冠轮廓，模型 4-72 则最能模拟不同地位等级下的树冠整体轮廓，而模型 4-74 以简单的抛物线来描述杉木整体轮廓，模型参数少，拟合精度很低，因此，模型 4-74 不足以概括树冠轮廓形状。

本研究所得出的树冠轮廓形状，立地条件较好的林分，林木树冠上半部分树冠轮廓呈现出 "J" 形的双曲线形式，立地条件一般的林分下，林木的上半部分呈现抛物线形状，不同立地条件下的树冠下半部的纵剖面均呈现出圆台面的形状。研究还得出，杉木树冠冠长的扩展，主要取决于立地质量，而树冠宽度的扩展则主要取决于林分的密度，这符合杉木林的实际生长规律。

本研究的树冠轮廓模型表达形式清楚明了，只需要知道林分年龄、密度、地位指数、林木的年龄和树高，就能模拟杉木单株木的树冠轮廓，模型具有较大的应用价值，通过所构建的模型，可计算树冠的体积和表面积，从而预测林分的光合作用量，评估林分气候。也能根据模型绘制固定条件下的林分三维视图，通过改变参数来模拟林分在不同条件下的生长状态，为林分抚育间伐、补植等经营活动提供参考，因此模型值得在杉木林区进行推广应用。

4.6　整体形态结构模型研究

在上两节中，从不同的角度出发分别研究了不同龄组和不同立地条件下的树冠轮廓形态，所建立的形态模型从生物学角度较好地诠释了杉木树冠轮廓不同年龄不同密度条件下的变化情况，但从可视化编程的角度来看，该模型在计算机上操作复杂、不易表达，因此，本研究还使用另一种方法进行杉木整体形态结构模型的研究。在林业上，对林分生长可视化研究的目的在于利用可视化手段从林木生长的外在环境因子，包括立地、密度、竞争、年龄等条件，研究林木个体生长空间大小的变化，进而反映到林木的个体生长上。这一节的研究将从生长和可视化这两个角度针对杉木的主要外观形态建立整体形态结构模型，研究建立杉木整体形态结构模型所需要的参数。

4.6.1 整体形态结构模型定义

以往可视化对树木形态的研究，主要从树木的主干、枝干、侧枝、叶片的几何形状、大小、分枝以及树木各器官的拓扑结构等角度进行，以期能形象、真实地再现或虚拟树木的景观。现有的虚拟树木建模模型均不能表现树木实际测量的生长参数，建模方法复杂、每株树木的计算机文件数据量很大，常常由几万个甚至上百万个几何体组成，或者通过上百万次的函数迭代完成一株树木的绘制。林业上，对林分生长可视化研究的目的不在于真实、逼真地对现实树木进行模拟，而在于利用可视化手段从林木生长的外在环境因子，包括立地、密度、竞争、年龄等条件，研究林木个体生长空间大小的变化，进而反映到林木的个体生长上。从而以直观的角度对林分的生长进行预测，对森林的经营管理作出有效的决策方案。因此所建立的模型需要满足以下两个条件：

①能够反映林木的主要生长参数；

②要求几何体个数少，方便用于三维可视化表现。

由于目前尚没有整体结构模型的定义，为研究方便我们将其定义为：能够综合反映林木个体大小、占有空间，能够直观地反映林木的胸径、树高、冠幅、冠长等主要生长参数，能够粗略地表现林木个体的一类几何轮廓模型。利用该模型要求能够达到将胸径、树高、冠幅、冠长等主要林木生长参数以三维可视化的方式快速表现出来。由上面的表述，可将整体形态结构模型以公式表示如下（公式4-77）：

$$\{g_i \mid g_i = f(D, H, CW, CL, \cdots), i = 1, 2, 3, \cdots\} \tag{4-77}$$

公式4-77中，g_i 代表第 i 个简化的几何体；D 为胸径，cm；H 为树高，m；CW 为平均冠幅，m；CL 为冠长，m。根据需要可在函数中添加其他生长参数。

杉木的生长收获在形态上主要受到林木个体大小、占有空间的影响，直观地反映为林木的胸径、树高、冠幅、冠长等，因此以这4个主要参数来简化杉木的几何形态结构。形态结构是从静态角度反映和描述植物的几何形状和状态。设杉木的形态结构任意一点在坐标上用位移矢量表示为 $P = [x, y, z]^T$（唐卫东，2006），随着林木个体生长，该点随着年龄的增长而不断发生改变，由于杉木的生长是个连续的过程，因此其个体的生长过程的形态结构变化可以用位移 P 相对于年龄 t 变化的微分方程表示为公式4-78：

$$dP = M(t) P dt \tag{4-78}$$

用矩阵形式表示如公式4-79：

$$\begin{bmatrix} dx \\ dy \\ dz \end{bmatrix} = \begin{bmatrix} a_{11} & a_{12} & a_{13} & \cdots \\ a_{21} & a_{22} & a_{23} & \cdots \\ a_{31} & a_{32} & a_{33} & \cdots \end{bmatrix} \cdot \begin{bmatrix} x \\ y \\ z \end{bmatrix} dt \qquad (4-79)$$

式中，$M(t)$ 为 P 点处与杉木个体形态结构相关的系数组成的矩阵，x、y、z 为三维坐标，t 为时间，a_{11}、a_{12}、$a_{13}\cdots$ 等变量由林木的胸径、树高、年龄、立地、密度等因子构成。

4.6.2 单木形态拆解

从杉木的形态学角度来看，杉木的东西和南北冠幅大小值不相等，从已有的研究来看，杉木在不同的龄组阶段，其冠幅外形有一定的差异性；杉木的主干通直，同时表现出越靠近根颈的横切面越大，且轮廓越不规则，而往上则越来越近似圆形，且接近树梢部直径变小，林学上用干曲线来表示主干纵断面的轮廓。完全从植物形态学角度来构造一个三维的树木个体难度很大，往往由数万个几何体组成，这样将造成一个树木的三维文件很大，进行林分可视化时将需要非常高的计算机配置和图形加速装置。因此，将杉木个体几何形状简化，但又不丢失与其生长相关的几何参数是重点研究的内容。

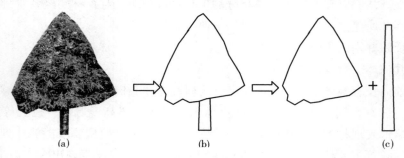

图 4-20 单木形态拆解

图 4-20 是一株成熟龄的杉木外观形态拆解过程。图中（a）为现实中的杉木个体，从图可看出杉木的外形可用二维曲线描述为（b）中所示的形态，按照其外形可以拆解为图中（c）所示的树冠和主干，杉木属针叶型树木，从图中可看出杉木的树冠轮廓呈向上的形态，对于杉木树冠轮廓的曲线外形需要做进一步的研究。

4.6.3 杉木树冠轮廓曲线形状研究

利用贵州省锦屏县和修文县调查的 98 株杉木中的 12 株不同龄组树冠轮廓测量数据对不同龄组杉木的树冠轮廓曲线进行研究。将东、西、南、北四个方向的轮廓位置放在一起做散点图，其中样木号 1 的树冠轮廓曲线散点图如图 4-21 所示。从轮廓曲线来看，其形状走势类似于直线或者抛物线。对每株杉木的轮廓曲线用直线和二次多项式曲线进行回归分析，结果如表 4-28 所示。从表 4-28 中的分析结果来看，12 株杉木轮廓曲线的散点图线性和二次多项式的决定系数均很高，均达到极显著水平（$P<0.0001$）。用线性方程拟合

的直线决定系数平均值为 0.8451，最小值 0.7040，最大值 0.9652；用二次多项式拟合的抛物线决定系数平均值 0.8988，最小值 0.7930，最大值 0.9785。说明用直线或抛物线均能较好地描绘杉木轮廓曲线。相应地，利用直线表示的杉木立体树冠为圆锥体，用抛物线表示的杉木立体树冠为旋转抛物线体。同时，从表 4-28 中也发现各龄组的树冠曲线并不因为龄组的不同有显著的差异性。

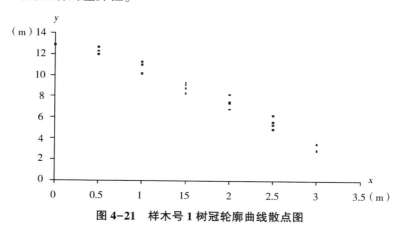

图4-21　样木号1树冠轮廓曲线散点图

表4-28　杉木树冠外轮廓线性和二次多项式回归分析结果

样木号	年龄	龄组	线性		二次多项式	
			决定系数 R^2	显著性水平 P	决定系数 R^2	显著性水平 P
1	30	成熟林	0.9652	<0.0001	0.9785	<0.0001
2	30	成熟林	0.7040	<0.0001	0.7930	<0.0001
3	30	成熟林	0.8596	<0.0001	0.8817	<0.0001
4	25	近熟林	0.9212	<0.0001	0.9644	<0.0001
5	25	近熟林	0.8423	<0.0001	0.9271	<0.0001
6	25	近熟林	0.8494	<0.0001	0.8887	<0.0001
7	18	中龄林	0.8897	<0.0001	0.9078	<0.0001
8	18	中龄林	0.8131	<0.0001	0.8936	<0.0001
9	18	中龄林	0.8341	<0.0001	0.8585	<0.0001
10	8	幼龄林	0.8727	<0.0001	0.9138	<0.0001
11	8	幼龄林	0.8266	<0.0001	0.9370	<0.0001
12	8	幼龄林	0.7629	<0.0001	0.8411	<0.0001

　　针对前面所提到的将树木的主干、枝干、侧枝、叶片的几何形状、大小、角度、分枝等真实地绘制出来所用的方法复杂、文件量特别大、不适合林分水平的可视化问题，根据衡量杉木用材林蓄积大小的主要计算因子及单木形态拆解结果对杉木单木进行几何简化。

　　由上面的研究结果可知，杉木的树冠轮廓可表示为圆锥体或旋转的抛物线体。从可视化编程的角度来看，圆锥体的绘制远易于抛物线旋转体的绘制，因此选择构造简易的圆锥体用于近似地表示杉木的树冠形状。为了进一步使得杉木的绘制更加容易并且能保持杉木的主要生长特征，将杉木简化为图4-22中所示的几何体。将杉木类似抛物线旋转几何体的树冠看成由一个圆锥体和一个倒圆台体组成；杉木的主干则由圆柱体来表示枝下高以下部分，如图中（c）所示。

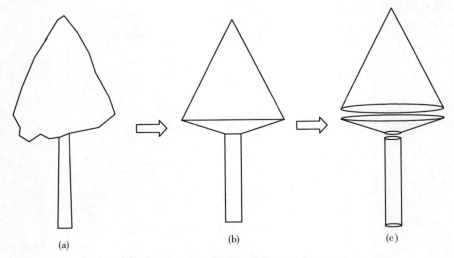

图4-22　杉木三维几何体简化过程

4.6.4　杉木几何三维形态结构模型建立

4.6.4.1　模型建立

　　林分生长可视化的最终目的是通过可视化的手段直观地预测林分的生长状况及实现林分的生长收获预测，包括林分的蓄积收获量和经济价值的预估等。林分的蓄积量并不能直接以三维可视化的形式表现出来，而需要通过经验收获表或者材积公式来计算求得。杉木

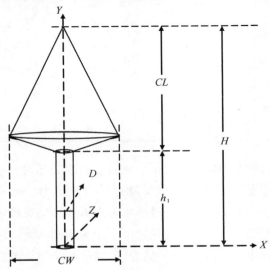

图4-23　杉木三维结构与生长参数对应图

的蓄积与胸径、树高存在固有的联系（孟宪宇，2006），因此通过杉木胸径、树高等林分调查因子则能够直接达到表现杉木林分生长状况的目的。对此，在构建杉木整体形态结构时，有必要建立起杉木形态结构与杉木各生长因子的关系。根据杉木的主要生长因子和简化后的杉木结构将杉木整体形态结构与各生长参数对应起来，如图 4-23 所示。

根据构成的杉木整体形态结构所拆解的三个部分，即圆锥、圆台和圆柱的形状参数，杉木的生长参数与各形状参数的对应关系公式如下：

$$H=h_2+h_3+h_4 \tag{4-80}$$

$$CW=R_2\times2=R_3\times2 \tag{4-81}$$

$$CL=h_2+h_3 \tag{4-82}$$

$$h_1=h_4 \tag{4-83}$$

$$D=R_4\times2=R_5\times2 \tag{4-84}$$

上面各公式中，H 代表树高，m；CW 代表平均冠幅，m；CL 代表冠长，m；D 代表胸径，cm；h_2、h_3、h_4、R_2、R_3、R_4、R_5 各参数所代表含义如图 4-24 所示。

树高 H 为圆锥、圆台、圆柱三个几何体的高度之和，冠幅 CW 为圆锥或圆台的底直径，冠长为圆锥与圆台的高度之和，枝下高 h_1 即为圆柱体的高度，胸径为圆台的上底或圆柱体的底直径。上述 5 个公式中仍需确定圆锥或圆台的高度才能最终确定一个完整的几何体大小，利用图 4-24 中的 θ 角度或者圆锥顶点的斜率来确定，公式表示如下：

$$h_2=R_2/\tan\theta \tag{4-85}$$

由以上 6 个公式，各拆分体的形态模型可表示为：

$$g_{圆锥}=f_1（R_2，h_2）=f_1（CW，\theta） \tag{4-86}$$

$$g_{圆台}=f_2（R_3，R_4，h_3）=f_2（D，CW，CL，\theta） \tag{4-87}$$

$$g_{圆柱}=f_3（R_5，h_4）=f_3（D，h_1） \tag{4-88}$$

因此，杉木单木整体形态结构模型可表示为：

$$g_{杉木}=f（g_{圆锥}，g_{圆台}，g_{圆柱}） \tag{4-89}$$

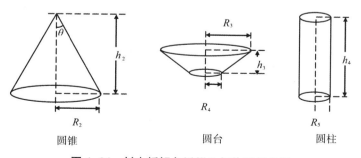

图 4-24　杉木拆解各近似几何体形状参数

杉木整体形态结构中各几何图形的相应参数可表示为林分生长因子的函数，因此 8 个形态参数的函数可表示如下：

$$R_2=R_3=k\times CW/2 \tag{4-90}$$

$$R_4=R_5=k\times D/2 \tag{4-91}$$

$$h_2 = k \times \mathrm{ctan}\theta \times CW/2 \tag{4-92}$$

$$h_3 = k \times （CL - \mathrm{ctan}\theta \times CW/2） \tag{4-93}$$

$$h_4 = k \times （H - CL） \tag{4-94}$$

式中各字母含义同前，其中 k 为形态参数与生长参数的换算比例值。由于 h_2、h_3 需要通过顶角 θ 计算而得，θ 无法直接确定，因此需要建立进一步研究以确定 θ 的预测模型。

4.6.4.2　θ 值的确定

从图 4-23 和图 4-24 可知，杉木近似圆锥体顶角的大小直接决定了圆锥体的高度 h_2，该值的大小在建立杉木三维模型时是一个重要的形态参数。为了确定其值大小，有必要建立该角度大小变化的模型。通过对图 4-23 的分析，利用以下公式计算杉木近似圆锥体顶角。

$$\theta/2 = \arctan \{CW/ [2 （H - h_2）] \} \tag{4-95}$$

式中，CW 为平均冠幅，m；h_2 为东、南、西、北四个方向冠幅外顶点高度的平均值。对于该顶角的计算，利用东、南、西、北四个方向计算出的值取平均得出。

为了研究该角度大小变化模型，对该角度与林分调查因子的相关关系进行分析，分别建立该角度与冠幅、冠长、年龄、胸径、树高、枝下高的相关散点图。从 98 株标准木中选择 62 株实测数据进行分析，经过计算，62 株杉木的近似圆锥体顶角的角度最小值 22.21°，最大值 90.12°，平均大小为 45.08°。圆锥体顶角与各自变量的相关散点图如图4-24 至图 4-30 所示。

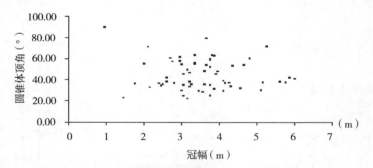

图 4-25　圆锥体顶角大小与冠幅相关散点图

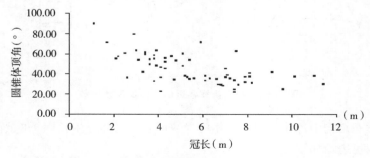

图 4-26　圆锥体顶角大小与冠长相关散点图

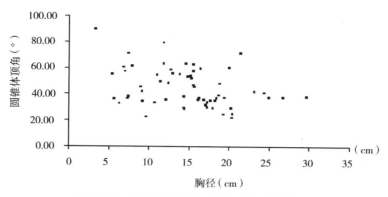

图 4-27　圆锥体顶角大小与胸径相关散点图

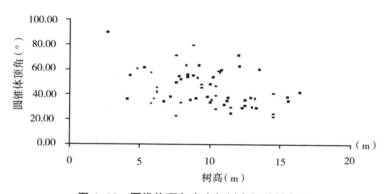

图 4-28　圆锥体顶角大小与树高相关散点图

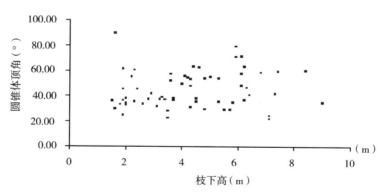

图 4-29　圆锥体顶角大小与枝下高相关散点图

从图 4-25 至图 4-29 可看出，圆锥体顶角与冠幅、胸径、树高、枝下高的散点关系很差，而与冠长表现出了一定的规律，即随着冠长的增大角度变小。对各散点图进行线性回归分析，顶角大小与各自变量的决定系数分别为：顶角与冠幅决定系数 0.0090，顶角与冠长决定系数 0.6253，顶角与胸径决定系数 0.3345，顶角与树高决定系数 0.3869，顶角与枝下高决定系数 0.1403。表明角度与冠幅相关性极低，与胸径、树高、枝下高相关性较低，与冠长的相关性较高。

进一步将冠长与其他四个自变量组合继续对组合变量与顶角大小进行线性相关分析，

通过各种组合与顶角的决定系数大小对比后发现，唯有冠幅冠长比顶角的线性决定系数最大，为 0.8243，表明角度与冠幅冠长比具有较强的相关关系，相关散点图如图 4-30 所示。

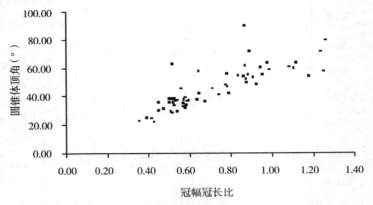

图 4-30   圆锥体顶角大小与冠幅冠长比相关散点图

利用线性、指数、对数、幂函数四种函数关系式对顶角与冠幅冠长比的关系进行拟合，结果发现幂函数形式最好，因此选择以幂函数形式建立顶角的预测模型，模型形式如下所示，决定系数 0.8665，显著性水平小于 0.0001。

$$\theta = f\,(CW,\ CL) = 60.094\,(CW/CL)^{0.8461} \tag{4-96}$$

综合公式 4-90、公式 4-91、公式 4-92、公式 4-93、公式 4-94、公式 4-96 共 6 个公式可绘制出一株杉木的整体形态结构。

4.6.4.3 k 值确定

根据 k 定义为根据林分生长参数转化为图形时的比例值，因此得出 k 值公式如下：

$$k = L_1 /\ (100 \times L_2) \tag{4-97}$$

式中，L_2 为实际样地或标准地的边长或样圆的半径值，单位以 m 表示。L_1 为在计算机窗口中表现的样地或标准地边长值，单位以像素 px 表示。如 20m×20m 标准地在浏览器窗口中以 200px×200px 的长度表示，则 $k=0.1$。同时经过研究认为，为使得在进行林业可视化时使视窗中的林木个体的生长参数便于换算，建议 k 在取值时以便于换算为前提。经过测试发现，在 k 取 0.1 时，在计算机视窗中所看到的标准地情况相当于是同比例缩小后的标准地实际情况，且在生长参数换算时尤其方便。因此，在研究最后做可视化实现时，将 k 值取 0.1。

4.6.5   结论与讨论

本研究从杉木的现实形态个体出发，将单木外围轮廓形态拆解分析，并利用简单的几何结构和杉木的生长参数，将其描述为以圆锥、圆台和圆柱为基础构成的几何体。根据林分生长因子和简化后的杉木外观形态结构，建立了胸径、树高、冠幅、冠长等林分因子用形态结构描述各参数间关系的模型，以此为基础构建杉木整体形态结构模型。

对杉木近似圆锥体顶角与胸径、树高、冠幅、冠长、枝下高的相关关系进行分析，发现顶角大小与冠长的关系密切，采取不同的组合方式后发现，利用冠幅冠长比建立圆锥体顶角的大小变化模型具有较好的拟合效果，并以幂函数形式建立了圆锥体顶角大小变化模型。

研究建立的整体形态结构模型满足之前提出的两个问题：（1）形态模型能够反映林木的主要生长参数，本研究建立的 8 个以胸径、树高、冠幅、冠长等林分因子来表示的形态参数，用以建立杉木的整体形态结构模型，这 4 个林分因子是在林分调查中非常容易获取的林分调查因子；（2）要求几何体个数少，方便用于三维可视化表现，研究建立的整体形态结构模型由三个几何体构成，在林分可视化时，以一个标准地 0.067hm² 的杉木 200 株，则几何体个数为 600 个，远小于用 SpeedTree 软件绘制一株 Douglas Fir 所需要 432618 个几何体，也远小于用 OnyxTREE 软件绘制一株成熟杉木所需的 26830 个几何体。

4.7　杉木竞争指数选择及算法研究

4.6 节研究了整体形态模型，根据形态模型来绘制林分的三维视图，在三维图的绘制中，周围林木的生长是否会对对象木产生影响也是研究需要考虑的问题之一，此外竞争指数也是林分生长模型构建的重要环节。以往的研究中对距离无关的竞争指数研究和应用较多，与距离有关的竞争指数由于计算繁琐，应用较少。本研究将对竞争指数进行选择并对竞争木的选择和竞争指数的计算进行算法研究，为杉木林分三维模拟提供基础。

4.7.1　竞争指数选择

按竞争指数中是否包含距离可将竞争指数分为与距离有关和与距离无关两种类型。本研究选择 5 种竞争指数如公式 4-98 至公式 4-102 所示，5 种竞争指数中（1）、（2）、（5）三种竞争指数不含距离，（3）、（4）两种竞争指数包含距离。为使竞争指数具有可对比性，选择的 5 种竞争指数均与竞争木的数量有关，即各公式中均含有竞争木株数变量 n。

（1）Sum DBH Ratio 竞争指数，以 *CI1* 表示。

$$CI1 = \sum_{j=1}^{n} \frac{D_i}{D_j} \tag{4-98}$$

（2）Sum BA Ratio 竞争指数，以 *CI2* 表示。

$$CI2 = \sum_{j=1}^{n} \frac{BA_i}{BA_j} \tag{4-99}$$

（3）Sum Line Length 竞争指数，以 *CI3* 表示。

$$CI3 = \sum_{j=1}^{n} \left[\frac{D_i}{D_i + D_j} \times Dist_{ij} \right] \tag{4-100}$$

（4）Hegyi 简单竞争指数，以 *CI4* 表示。

$$CI4 = \sum_{j=1}^{n} \frac{D_j}{D_i \times Dist_{ij}} \tag{4-101}$$

（5）Daniels index 竞争指数，以 *CI5* 表示。

$$CI5 = \frac{n \times D_i^2}{\sum\limits_{j=1}^{n} D_j^2} \tag{4-102}$$

各公式中，D_i 代表第 i 株对象木胸径，D_j 代表第 j 株竞争木胸径，$Dist_{ij}$ 代表第 j 株竞争木与第 i 株对象木的距离，n 代表竞争木株数。*CI1* "Sum DBH Ratio" 是由 Lorimer（1983）提出的指数的倒数值，与此相对应的将胸径改为断面积则为公式 *CI2* "Sum BA Ratio"。*CI3* "Sum Line Length" 是对象木与各竞争木大小比值作为权重计算距离之和。*CI4* 为 Hegyi 简单竞争指数。*CI5* "Daniels index" 中高的竞争指数意味着竞争小，而竞争指数越低说明竞争越大（Daniels et al.，1986；De Luis et al.，1998）。

4.7.2 竞争木选择算法及竞争指数计算算法研究

4.7.2.1 对象木周围最近的 8 株木

对象木周围最近的 8 株木作为竞争木的算法表达式如公式 4-103：

$$\{ (x_j, y_j) \,|\, \text{Max} (\{d_{ij} \,|\, 1 \leqslant j \leqslant 8\}) < \text{Min} (\{d_{ij} \,|\, 9 \leqslant j \leqslant N-1\}) \} \tag{4-103}$$

$$d_{ij} = \sqrt{(x_j - x_i)^2 + (y_j - y_i)^2} \tag{4-104}$$

式中 j 代表竞争木；N 为标准地中林木株数，株/hm²；(x_i, y_i) 代表对象木位置坐标，(x_j, y_j) 代表竞争木的位置坐标；d_{ij} 为对象木 i 与竞争木 j 间的距离，m；Max 和 Min 分别代表集合中的最大值和最小值。相应的竞争指数算法流程图如图4-31所示。

算法开始后首先进行对象木的筛选。确定完标准地中的对象木之后，从第 1 株开始，依次计算第 i 株对象木同周围第 j 株竞争木的距离，每次计算完两株树的距离值后将该值同前一次，即第 $j-1$ 株竞争木与对象木的距离作对比，如果距离比前一次的小则将该株选中，遍历完 i 对象木周围的竞争木后，选中其中距离最小的 8 株竞争木参与第 i 株对象木竞争指数的计算并输出竞争指数值，然后接着计算下一株对象木，待所有对象木均遍历完结束算法。

4.7.2.2 对象木周围分象限最近的 8 株木

对象木周围分象限最近的 8 株木，即每个象限选择最近的 2 株作为竞争木，算法表达式如公式 4-105 至公式 4-108 所示。公式 4-105 至公式 4-108 分别代表第一、第二、第三、第四象限的竞争木选择算法。公式中各变量及字母的含义同前。竞争指数算法流程如图4-32所示。

$$\{(x_j, y_j) \,|\, Max (\{d_{ij} \,|\, 1 \leqslant j \leqslant 2\}) < Min (\{d_{ij} \,|\, 3 \leqslant j \leqslant N_1\}), x_j - x_i > 0, y_j - y_i > 0\} \tag{4-105}$$

$$\{(x_j, y_j) \,|\, Max (\{d_{ij} \,|\, 1 \leqslant j \leqslant 2\}) < Min (\{d_{ij} \,|\, 3 \leqslant j \leqslant N_2\}), x_j - x_i > 0, y_j - y_i > 0\} \tag{4-106}$$

$$\{(x_j, y_j) \,|\, Max (\{d_{ij} \,|\, 1 \leqslant j \leqslant 2\}) < Min (\{d_{ij} \,|\, 3 \leqslant j \leqslant N_3\}), x_j - x_i > 0, y_j - y_i > 0\} \tag{4-107}$$

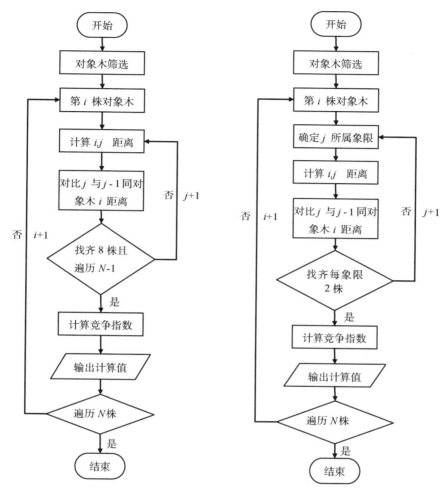

图 4-31　竞争指数算法流程图（最近 8 株木）　图 4-32　竞争指数算法流程图（分象限最近 8 株木）

$$\{(x_j,\ y_j)\ |\ Max\ (\{d_{ij}\ |\ 1 \leqslant j \leqslant 2\})\ <Min\ (\{d_{ij}\ |\ 3 \leqslant j \leqslant N_4\}),\ x_j-x_i>0,\ y_j-y_i>0\}$$

$$(4-108)$$

　　算法开始后首先进行对象木的筛选，对象木的筛选方法同前。确定完标准地中的对象木之后，从第 1 株开始，依次判断第 j 株竞争木相对于对象木所属的象限，计算第 i 株对象木第 j 株竞争木的距离，每次计算完两株树的距离值后将该值同前一次，即第 $j-1$ 株同象限的竞争木与对象木的距离作对比，如果距离比前一次的小则将该株选中，遍历完 i 对象木周围同象限的竞争木后，选中其中距离最小的 2 株竞争木参与第 i 株对象木竞争指数的计算并输出竞争指数值，同理计算完每个象限并选出 2 株竞争木，然后接着计算下一株对象木，待所有对象木均遍历完结束算法。

4.7.2.3　树冠半径 3.5 倍

　　以树冠半径 3.5 倍作为对象木周围竞争木的搜索半径，竞争木选择算法的表达式如公式 4-109 所示。

$$\left\{ (x_j,\ y_j)\ \mid\ \sqrt{(x_j-x_i)^2+(y_j-y_i)^2}\leqslant 3.5\frac{CW}{2},\ 0\leqslant j<N\right\} \tag{4-109}$$

其中，CW 代表树冠宽度，其余变量和字母含义同前。

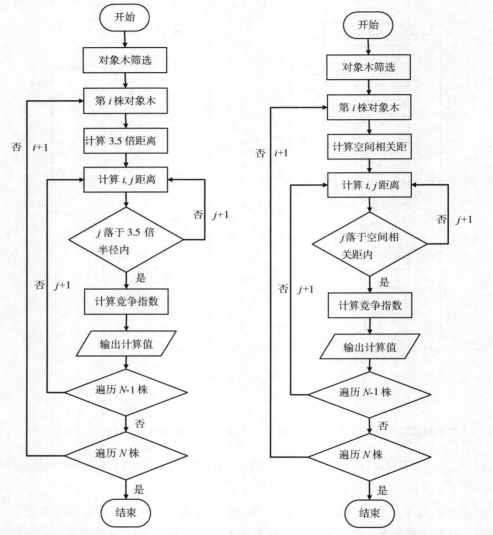

图 4-33 竞争指数算法流程图（3.5 倍树冠半径） **图 4-34 竞争指数算法流程图**（空间相关距）

　　竞争指数计算的算法流程如图 4-33 所示。算法开始后，首先进行对象木的筛选，对象木的筛选方法同前。确定完标准地中的对象木之后，从第 1 株开始，依次计算第 i 株对象木同周围第 j 株竞争木的距离，判断该距离是否落于树冠半径 3.5 倍范围内，如果否则继续计算下一株竞争木，如果是则将该竞争木的胸径等值输入计算竞争指数，然后判断是否遍历完 $N-1$ 株竞争木（排除对象木本身），进而继续下一株对象木的计算过程。待所有对象木均遍历完结束算法。

4.7.2.4 空间相关距

以空间相关距作为对象木周围竞争木的搜索半径，竞争木的选择算法表达式如公式 4-110 所示。式中，d 为空间相关距，其余变量和字母含义同前。竞争指数计算的算法流程如图 4-34 所示。算法开始后首先进行对象木的筛选，对象木的筛选方法同前。然后按照协方差函数和相关函数计算空间相关距。从第 1 株开始，依次计算第 i 株对象木同周围第 j 株竞争木的距离，判断该距离是否落于空间相关距范围内，如果否则继续计算下一株竞争木，如果是则将该竞争木的胸径等值输入计算竞争指数，然后判断是否遍历完 $N-1$ 株竞争木（排除对象木本身），进而继续下一株对象木的计算过程。待所有对象木均遍历完结束算法。

$$\left\{ (x_j, y_j) \mid \sqrt{(x_j-x_i)^2+(y_j-y_i)^2} \leqslant d, \ 0 \leqslant j < N \right\} \tag{4-110}$$

4.7.3 竞争木和对象木选择

在竞争指数的计算中，对于竞争木的搜索半径有选择树冠 3.5 倍半径（Lorimer，1983）、选择周围 8 株木（Chandler Brodie and Debell，2004）、空间相关距（任谊群，2005）等。本研究采用 4 种方法确定竞争木选择搜索半径，因此共有 20 个组合可对比选择。4 种竞争木的选择方式如下。

（1）对象木周围最近的 8 株木

选择与对象木周围距离最近的 8 株木作为竞争木。

（2）对象木周围分象限最近的 8 株木

对象木周围分象限，每个象限选择与对象木最近的 2 株木。若对象木四个象限内总和少于 8 株对象木，对该对象木不计算竞争指数，例如标准地边界附近的林木。这样能够保证对象木的四周均有竞争木，避免选择的竞争木聚集在对象木的同一个方向上。

（3）树冠半径 3.5 倍

选择杉木平均树冠半径 3.5 倍距离作为搜索半径，半径内的树木均作为竞争木。本研究以 98 株杉木树冠半径的平均值作为杉木的平均树冠半径。

（4）空间相关距

以标准地的空间相关距作为竞争木搜索半径。空间相关距是根据生物地理统计学中的相关理论，用协方差函数和相关函数对林木的位置关系进行空间分析，然后确定该杉木标准地对象木与周围竞争木的最大显著相关距和最大极显著相关距，以最大显著相关距和最大极显著相关距的平均值作为空间相关距。本研究按以下公式确定空间相关距值。

①协方差函数。利用协方差函数表示林木间空间相关性的公式为：

$$Cov(d) = \sigma^2 \exp(-a\|d\|^2) \ d \in R^2 \tag{4-111}$$

$Cov(d)$ 为协方差，σ^2 为方差，d 为距离，a 为估计参数。参数 a 的计算方法为：先计算出特征距离，然后利用半方差函数计算得协方差值，进而计算得出估计参数 a（任谊群，2005；宋铁英和王凌，1997）。其中特征距取正方形法和三角形法计算出的平均株距的均值，如公式 4-112 所示。

$$d = \left(\sqrt{\left(\frac{A}{n}\right)} + \sqrt{\left(\frac{2 \cdot A}{\sqrt{3} \cdot n}\right)} \right) / 2 \tag{4-112}$$

式中 d 为特征距，A 为标准地面积，n 为标准地林木株数。

②相关函数。相关函数是指相关系数随特征距 d 变化的函数。在样本数足够大的条件下，其估计式可表示为：

$$P\ (d)\ = \exp\ (-a \| d \|^2)\ \ d \in R^2 \tag{4-113}$$

利用计算得出的相关函数做相关函数图，用相关系数检验法查得在显著性水平 0.05 和 0.01 时的相关函数值，即为最大显著相关距和最大极显著相关距，由这两者均值确定该标准地的空间相关距 d，进而计算容忍距离 0.5d。

本研究以第 22 号标准地为例计算出的空间相关距值为 2.3m，为使各标准地各竞争指数的计算结果具有可对比性，其他标准地也同样以 2.3m 作为竞争木的搜索半径。

对于对象木的选择，从标准地中均匀或随机抽取样木的方法能够减轻计算量，但是却存在人的主观因素使得选择的对象木不具有代表性，而将标准地中所有样木作为对象木，一是工作量大，二是标准地边缘木作为对象木进行研究时，其周围竞争木可能落于标准地界线外，且同时也将受到林缘效应的影响。以空间相关距确定竞争木为例，本研究按照以下的算法步骤选取对象木，并利用 ESRI（Environment System Research Institute）公司的 Arc GIS Desktop 的桌面组件 ArcMap 的 VBA 实现关键代码。

a. 根据协方差函数和相关函数确定最大显著相关距和最大极显著相关距。

b. 将最大显著相关距和最大极显著相关距的均值作为对象木的空间相关距。

c. 按照以下公式（秦昆，2010）对标准地中每木做缓冲区：

$$B_i = \{x: d\ (x,\ O_i)\ \leqslant R\} \tag{4-114}$$

B_i 指缓冲区，x 为点的集合，d 为最小欧氏距离，O_i 为空间目标，R 为缓冲区半径或称邻域半径。

d. 排除掉缓冲区落在标准地界线外的树木。

e. 遍历剩余的树木，排除掉缓冲区内无竞争木的树木。

f. 剩余的树木均选作对象木。

4.7.4 竞争指数选择结果分析

4.7.4.1 模型性能分析

以标准地号 22 为例，对 20 个竞争指数组合选择最佳的函数形式。将 20 个竞争指数组合与胸径的相关关系做成散点图，如图 4-35 至图 4-39 所示。根据图 4-35 至图 4-39 各散点图，利用线性、指数、对数、幂函数 4 种函数对胸径与各竞争指数进行回归分析，结果如表 4-29 至表 4-33 所示。

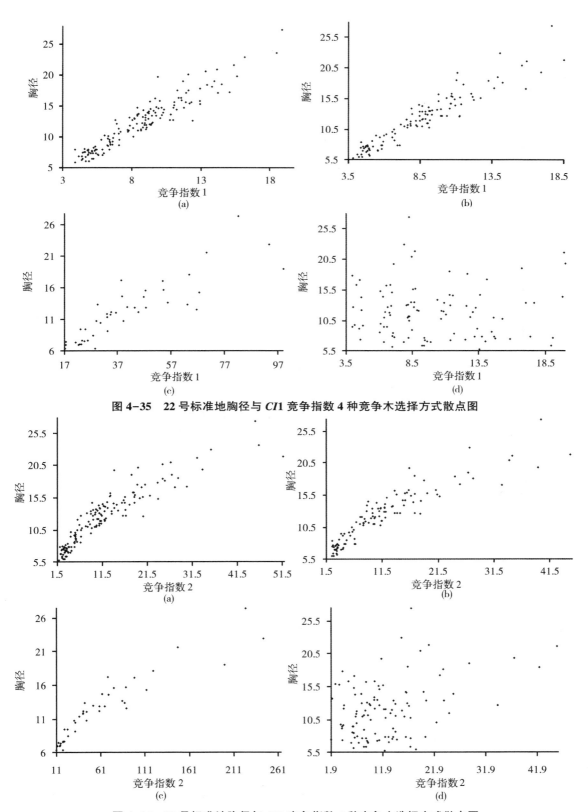

图 4-35　22 号标准地胸径与 *CI*1 竞争指数 4 种竞争木选择方式散点图

图 4-36　22 号标准地胸径与 *CI*2 竞争指数 4 种竞争木选择方式散点图

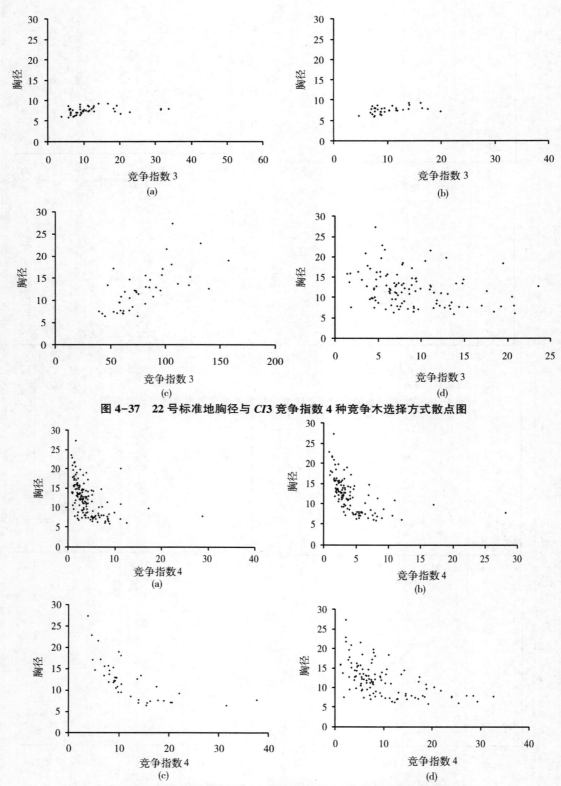

图 4-37　22 号标准地胸径与 *CI3* 竞争指数 4 种竞争木选择方式散点图

图 4-38　22 号标准地胸径与 *CI4* 竞争指数 4 种竞争木选择方式散点图

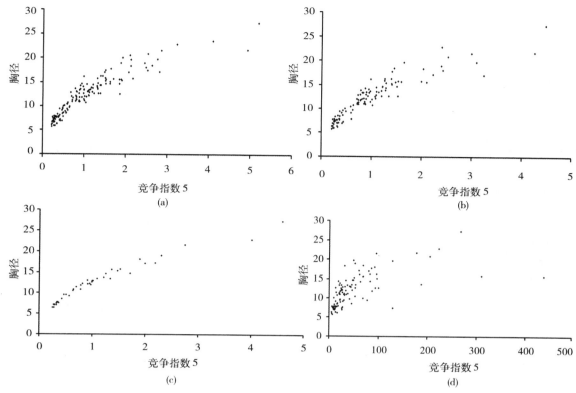

图 4-39　22 号标准地胸径与 **CI5** 竞争指数 4 种竞争木选择方式散点图

表 4-29　**CI1** 竞争指数不同竞争木选择的 4 种函数拟合回归分析结果

函数	(a)			(b)			(c)			(d)		
形式	R^2	P	SSE	R^2	P	SSE	R^2	P	SSE	R^2	P	SSE
线性	0.8925	<0.0001	288.9618	0.8907	<0.0001	220.2364	0.7582	<0.0001	227.4964	0.0007	0.7811	2867.2764
指数	0.8548	<0.0001	2.6091	0.8593	<0.0001	1.9274	0.7307	<0.0001	1.5281	0.0005	0.8181	30.1477
对数	0.8748	<0.0001	336.4910	0.8709	<0.0001	260.0452	0.7677	<0.0001	218.5365	0.0001	0.9351	2869.1963
幂	0.9068	<0.0001	0.3157	0.9098	<0.0001	0.2331	0.8055	<0.0001	0.2082	0.0002	0.8878	5.6880

表 4-30　**CI2** 竞争指数不同竞争木选择的 4 种函数拟合回归分析结果

函数	(a)			(b)			(c)			(d)		
形式	R^2	P	SSE	R^2	P	SSE	R^2	P	SSE	R^2	P	SSE
线性	0.8348	<0.0001	443.9088	0.8321	<0.0001	338.2867	0.8572	<0.0001	134.2934	0.1541	<0.0001	1656.2593
指数	0.7414	<0.0001	4.6463	0.7449	<0.0001	3.4933	0.7545	<0.0001	1.3933	0.1244	0.0002	11.3570
对数	0.8733	<0.0001	340.3679	0.8655	<0.0001	270.9151	0.8817	<0.0001	111.2678	0.0900	0.0016	1781.7157
幂	0.9068	<0.0001	0.3112	0.9068	<0.0001	0.2407	0.9305	<0.0001	0.0744	0.0701	0.0056	2.2751

表 4-31　*CI*3 竞争指数不同竞争木选择的 4 种函数拟合回归分析结果

函数形式	(a)			(b)			(c)			(d)		
	R^2	P	SSE	R^2	P	SSE	R^2	P	SSE	R^2	P	SSE
线性	0.3454	<0.0001	8523.7947	0.2445	<0.0001	1522.2578	0.4342	<0.0001	532.2601	0.0848	0.0022	1791.9385
指数	0.3722	<0.0001	26.1289	0.2665	<0.0001	10.0464	0.4585	<0.0001	3.0731	0.0977	0.0010	11.7042
对数	0.2127	<0.0001	10251.0000	0.2793	<0.0001	1452.2271	0.4368	<0.0001	529.8059	0.0900	0.0016	1781.8372
幂	0.2579	<0.0001	5.8254	0.3173	<0.0001	1.7636	0.4764	<0.0001	0.5605	0.1013	0.0008	2.1987

表 4-32　*CI*4 竞争指数不同竞争木选择的 4 种函数拟合回归分析结果

函数形式	(a)			(b)			(c)			(d)		
	R^2	P	SSE	R^2	P	SSE	R^2	P	SSE	R^2	P	SSE
线性	0.2097	<0.0001	2123.3047	0.2719	<0.0001	1467.1056	0.4440	<0.0001	523.0091	0.3102	<0.0001	1350.6837
指数	0.2408	<0.0001	13.6410	0.3050	<0.0001	9.5183	0.5255	<0.0001	2.6929	0.3535	<0.0001	8.3865
对数	0.3771	<0.0001	1673.7066	0.5288	<0.0001	949.3539	0.6473	<0.0001	331.7759	0.3604	<0.0001	1252.3166
幂	0.3922	<0.0001	2.0598	0.5498	<0.0001	1.1629	0.6928	<0.0001	0.3288	0.3768	<0.0001	1.5247

表 4-33　*CI*5 竞争指数不同竞争木选择的 4 种函数拟合回归分析结果

函数形式	(a)			(b)			(c)			(d)		
	R^2	P	SSE	R^2	P	SSE	R^2	P	SSE	R^2	P	SSE
线性	0.8347	<0.0001	444.1051	0.8168	<0.0001	369.1279	0.9307	<0.0001	65.2129	0.3770	<0.0001	1219.8958
指数	0.7252	<0.0001	4.9372	0.7104	<0.0001	3.9668	0.8009	<0.0001	1.1302	0.3264	<0.0001	8.7378
对数	0.8928	<0.0001	288.0715	0.8773	<0.0001	247.1713	0.9397	<0.0001	56.7098	0.5915	<0.0001	799.7745
幂	0.9207	<0.0001	0.2688	0.9074	<0.0001	0.2391	09847	<0.0001	0.0164	0.6082	<0.0001	0.9584

从图 4-35、图 4-36、图 4-37 中的 *CI*1-（d）、*CI*2-（d）、*CI*3-（a）、*CI*3-（b）、*CI*3-（d）这 5 个散点图可直观看出，胸径与竞争指数散点图分布较为分散，经过回归分析后发现，*CI*1-（d）竞争指数利用四种函数拟合的效果很差，决定系数很小，甚至接近于 0，显著性水平也都大于 0.5，竞争指数与胸径的相关关系均不显著。从表 4-30 和表 4-31 的 *CI*2-（d）、*CI*3-（a）、*CI*3-（b）、*CI*3-（d）四个竞争指数的回归分析结果可看出，四种线性和非线性回归分析的显著性水平均小于 0.01，并且决定系数也都很小，均小于 0.4。

其余的竞争指数组合与胸径回归分析拟合结果按以下方式选择最优：按显著性水平小于 0.01（即可靠性达到 99%），按决定系数最大与误差平方和最小的原则选择各竞争指数最佳的拟合函数，结果发现，指数和幂函数形式拟合 15 个竞争指数与胸径的关系在显著性水平达到 0.01 时误差平方和均小于线性和对数函数形式，因此认为指数和幂函数均能较好地表明 15 个竞争指数组合与胸径的关系，其中幂函数形式回归分析结果最好。

由于竞争指数的计算量大，从 32 个标准地中再选择 20 块用同样的方法进行分析，结果同样发现，20 个竞争指数中指数和幂函数均能较好地拟合胸径与竞争指数的相关关系，其中以幂函数形式回归分析结果最好。

4.7.4.2　竞争指数比较

图 4-35 至图 4-39 中 a、b、c、d 代表每种竞争指数的计算过程中竞争木的不同选择方式，a 代表选择对象木周围最近的 8 株竞争木，b 代表选择对象木四个象限内每个象限最近的 2 株竞争木，c 代表选择对象木周围 6.7m 半径内所有树木为竞争木，d 代表选择对象木周围 2.3m 半径内所有树木为竞争木。

对图 4-35 的散点图进行分析：第一种竞争指数 $CI1$，a 和 b 两个竞争指数周围 8 株竞争木不管是否分象限均具有相似的散点关系，c 和 d 不同的竞争半径不具有相似的散点关系，c 的散点图表明胸径与竞争指数具有较强的相关关系，d 中竞争指数与胸径的相关性很弱。对图 4-36 的散点图进行分析：第二种竞争指数 $CI2$，a、b、c 三种竞争木选取方式具有相似的散点关系，d 散点关系表明竞争指数与胸径的相关性很弱。对图 4-37 的散点图进行分析：第三种竞争指数 $CI3$ 的 a、b、c、d 四种竞争木选择方式具有相似的散点关系，其中 b、c 的散点关系相似，a、d 的散点关系相似，且相关性均很弱。对图 4-38 的散点图进行分析：第四种竞争指数 $CI4$ 的 a、b、c、d 四种竞争木选择方式具有相似的散点关系。对图 4-39 的散点图进行分析：第五种竞争指数 $CI5$ 的 a、b、c、d 四种竞争木选择方式也具有相似的散点关系。

利用表 4-29 至表 4-33 幂函数回归分析的结果，对比各种竞争指数不同的竞争木选择方式，$CI1$ 分象限选择竞争木的决定系数为 0.9098，误差平方和为 0.2331，不分象限对象木选择方式的决定系数为 0.9068，误差平方和为 0.3157，两者各指标值大小相近，c 的决定系数 0.8055，比前两者小，d 的回归分析结果很差，不考虑，竞争木选择方式的顺序为 b>a>c。$CI2$ 中 a 和 b 的决定系数相同，误差平方和也相近，竞争木选择方式的顺序为 c>b>a。$CI3$ 中 b 的误差平方和比 a 小得多，竞争木选择方式的顺序为 c>b>a。$CI4$ 中 c 的决定系数最大而误差平方和最小，d 中决定系数略小于 a，而误差平方和也比 a 小，竞争木选择方式的顺序为 c>b>a>d。$CI5$ 中 a、b、c 的决定系数均达到 0.9，按误差平方和大小进行排序，竞争木选择方式的顺序为 c>a>b>d。

用同样的方法对 20 块标准地进行分析，如表 4-34 和表 4-35，结果发现，4 种竞争指数的最佳竞争木选择方式同 22 号标准地一致，即对前三种竞争指数，分象限选择最近的 8 株木比其他三种方式更好；对后两种竞争指数，选择 3.5 倍树冠半径比其他三种方式更好。

利用 5 种不同竞争指数最佳的竞争木选择方式和幂函数回归分析结果，对 5 种竞争指数拟合效果进行排序。$CI1$ 最佳竞争木选择方式为 b；$CI2$、$CI3$、$CI4$、$CI5$ 最佳竞争木选择方式为 c；对比各回归分析结果为：$CI5>CI2>CI1>CI4>CI3$。

用同样的方法对 20 块标准地进行分析，结果发现同 22 号标准地相似，第 5 种竞争指数的回归分析结果最好，而第三种最差。CI1、CI2、CI4 这三种竞争指数其回归分析的结果在不同标准地中好坏不同。

表 4-34　20 块标准地 5 种竞争指数竞争木选择方式对比

标准地号	CI1	CI2	CI3	CI4	CI5
03	b>a>c	c>b>a>d	c>b>a>d	c>b>a>d	c>a>b>d
05	b>a>c	c>b>a>d	c>b>a>d	c>b>a>d	c>a>b>d
06	b>a>c	c>b>a>d	c>b>a>d	c>b>a>d	c>a>b>d
07	b>a>c>d	c>b>a>d	c>b	c>b>a	c>a>b>d
09	b>a>c	c>b>a>d	c>b>a	c>b>a>d	c>a>b>d
10	b>a>c	c>b>a	c>b>a	c>b>a>d	c>a>b>d
11	b>a>c	c>b>a	c>b>a	c>b>a>d	c>a>b>d
15	b>a>c	c>a>b	c>b>a>d	c>b>a>d	c>a>b>d
17	b>a>c>d	c>b>a	c>b>a>d	c>b>a>d	c>a>b>d
18	b>a>c	c>b>a	c>b>d>a	c>b>a>d	c>a>b>d
20	b>a>c	c>b>a	c>b	c>b>a	c>a>b>d
21	b>a>c	c>b>a	c>b>a	c>b>a>d	c>a>b>d
23	b>a>c	c>b>a	c>b>a>d	c>b>a>d	c>a>b>d
24	b>a>c	c>b>a	—	c>b>a	c>a>b>d
25	b>a>c	c>b>a	c>b	c>b>a>d	c>a>b>d
26	b>a>c	c>b>a	—	c>b>a>d	c>a>d>b
28	b>a>c	c>b>a	c>b>a	c>b>a>d	c>a>b>d
29	b>a>c	c>b>a	c>b>a>d	c>b>a>d	c>a>b>d
30	b>a>c>d	c>b>a	c>b>a>d	c>b>a>d	c>a>b>d
31	b>a>c	c>b>a	c>b>a	c>b>a>d	c>a>b>d

表 4-35　20 块标准地 5 种竞争指数比较结果

标准地号	回归分析对比结果	标准地号	回归分析对比结果
03	CI5>CI4>CI1>CI2>CI3	05	CI5>CI1>CI2>CI4>CI3
06	CI5>CI1>CI2>CI4>CI3	07	CI5>CI2>CI1>CI4>CI3
09	CI5>CI4>CI1>CI2>CI3	10	CI5>CI4>CI1>CI2>CI3
11	CI5>CI1>CI2>CI4>CI3	15	CI5>CI2>CI1>CI4>CI3
17	CI5>CI4>CI2>CI1>CI3	18	CI5>CI1>CI2>CI4>CI3
20	CI1>CI2>CI5>CI4>CI3	21	CI5>CI4>CI1>CI2>CI3
23	CI5>CI1>CI2>CI4>CI3	24	CI5>CI1>CI2>CI4>CI3
25	CI5>CI2>CI1>CI4>CI3	26	CI5>CI4>CI2>CI1>CI3
28	CI5>CI4>CI1>CI2>CI3	29	CI5>CI1>CI2>CI4>CI3
30	CI5>CI1>CI2>CI4>CI3	31	CI5>CI4>CI1>CI2>CI3

4.7.4.3　竞争指数选择结果

经过以上的研究，对 5 种竞争指数的选择结果如下。

①在拟合杉木各竞争指数与胸径的相关关系时，幂函数形式最佳。因此，在研究胸径与竞争指数相关关系时建议使用幂函数形式。

②在杉木竞争指数研究的竞争木选择中，第 1 种竞争指标的竞争木最佳选择方式为分

象限选择周围最近的 8 株木，第 2、3、4、5 种最佳的竞争木选择方式为 3.5 倍树冠半径。研究显示，利用空间相关分析确定杉木竞争木选择半径的方法并不比其他三种竞争木选择方法有优势。

③在杉木竞争指数选择时，从 5 种竞争指数的拟合效果比较，Daniels index 最好，Sum Line Length 最差。

4.7.5 结论与讨论

本研究利用对象木周围最近的 8 株木、对象木周围分象限最近的 8 株木、3.5 倍树冠半径、空间相关距四个竞争木搜索半径对 5 种与距离有关和与距离无关的竞争指数进行选择研究，结论为：（1）拟合杉木各竞争指数与胸径的相关关系时，幂函数形式最佳；（2）在杉木竞争指数研究的竞争木选择中，Sum BA Ratio 竞争指数的竞争木最佳选择方式为分象限选择周围最近的 8 株木，Sum BA Ratio、Sum Line Length、Hegyi、Daniels index 四种竞争指数的最佳竞争木选择方式为 3.5 倍树冠半径，而 3.5 倍树冠半径内的竞争木不受周围株数的限制；（3）利用空间相关分析确定杉木竞争木选择半径的方法并不比其他三种竞争木选择方法有优势。此外，对 4 种竞争木的选择算法进行了研究，给出了竞争木选择算法表达式和竞争指数计算的算法流程图。在计算其他竞争指数时可参照此类算法，方便快捷地计算出与距离有关或与距离无关的竞争指数值。本研究中利用 Daniels index 竞争指标对杉木进行研究也属首次。

4.8 本章小结

本节的研究内容主要分为三类，一类是构建了冠幅、冠长等树冠因子与林分因子之间的逻辑关系模型，二类是构建树冠轮廓形态模型，三类是对杉木竞争指数进行研究。

在树冠因子模型的构建中，研究利用主成分分析法和逐步回归分析法建立了冠幅、冠长生长模型；此外，还构建了冠幅-年龄潜在生长函数，在此基础上，选择地位指数、林分密度、竞争指数和胸径作为修正变量，构建了基于修正模型的单木冠幅生长预测模型。

树冠轮廓形态模型构建中，研究将杉木分成幼龄林、中龄林和近成熟林 3 个龄组来详细分析杉木的树冠形态，采用八大类模型模拟杉木树冠轮廓取得了较好的效果。在此基础上，对树冠形态进行更深入的研究，根据三类地位等级，选择合适的模型，分别构建了杉木人工林树冠上半部分、下半部分和整体的轮廓模型。最后，研究从杉木的现实形态个体出发，将单木外围轮廓形态拆解分析，并利用简单的几何结构和杉木的生长参数，将其描述为以圆锥、圆台和圆柱为基础构成的几何体。根据林分生长因子和简化后的杉木外观形态结构，建立了胸径、树高、冠幅、冠长等林分因子用形态结构描述各参数间关系的模型，以此为基础构建杉木整体形态结构模型。

在杉木竞争指数的研究中，利用对象木周围最近的 8 株木、对象木周围分象限最近的 8 株木、3.5 倍树冠半径、空间相关距四个竞争木搜索半径对 5 种与距离有关和与距离无关的竞争指数进行选择研究，得到最适合研究区域杉木的竞争指数。此外，对竞争木的选择算法进行了研究，给出了竞争木选择算法表达式和竞争指数计算的算法流程图。

5 / 杉木人工林单木形态生长收获模型研究

生长收获模型一直是森林经营领域的研究热点，模型的种类很多，其中单木生长模型是预测林木生长和反映林分生长变化规律的基础。经过几十年的发展，国内外学者在单木生长模型领域做了大量的研究，取得了一系列成果。形态模型也是林分模型的研究热点。本章在前一章的研究基础之上，将形态和收获两类模型进行综合，使用不同的方法构建杉木人工林单木形态收获模型，实现林木树冠形态生长与收获的统一。

5.1 引言

以往的研究表明，单木的生长收获预估的建模方法主要分为三类：第一类为回归估计法（Lemmon and Schumacher，1962），该方法是建立反映变量（胸径、树高、断面积、材积等）与林分因子之间关系的复合型方程，使用回归估计法构建的单木模型以多变量线性方程和独立非线性方程（Fang and Bailey，2001；Calama and Montero，2004；Özçelík et al.，2010；韦雪花等，2013；Gonzalez-Benecke et al.，2014）的形式存在，使用该方法构建的模型直观明了，但因变量和自变量之间经验关系的多变性使得模型的适应性较差。第二类为潜在生长量修正法（Hahn and Leary，1979），该方法是在林木潜在生长函数的基础上，将与单木生长相关的林分因子变量（如地位指数、林分密度、竞争指数等）以函数的形式组合在一起对潜在函数进行修正，从而得到单木的实际生长量，实践证明该方法能准确地预估林木的生长，因此广泛应用在单木胸径、树高和断面积（刘洋等，2012；Murphy and Shelton，1996）的模型构建中，但修正方程的表达式需要靠主观判断，缺少理论依据。第三类为参数预估法（Brickell，1966），也称为生长分析法，是以理论方程作为基础模型，通过分析模型参数与林分因子之间的关系来构造单木生长方程，参数预估法不仅能提高模型模拟的精度，模型参数也能解释树木生长的生物学性质。

形态模型也是林分模型的研究热点。形态模型围绕树干削度、冠幅、冠长、枝下高、树冠轮廓、树冠体表面积和林分因子的关系展开研究，从而分析林分因子对树木形态的变化的影响。在众多的形态变量中，冠幅是被研究最多的形态变量。冠幅是树木光合作用和蒸腾作用的主要场所，在树木的生长过程中起着主导作用，不仅能反映林分密度、立地条件、树木间的竞争水平，还能衡量林分木材质量和生物多样性水平。

目前国内研究杉木形态模型与收获模型较多，形态与收获关系的研究也出现过，但是研究内容仅限于肯定了二者之间的关系，在林木形态方面的研究关注的是林木的形态个体，侧重于从形态学角度建立模型，而忽略或不考虑与胸径、树高和材积生长的关系，而林木形态变化与收获息息相关。同时，目前尚没有能够用于表述林木形态个体和收获关系的模型。本章则从不同的角度对杉木形态与收获之间的关系开展研究。

5.2　利用两水平非线性混合效应模型对杉木形态收获的分析

本研究在前人研究基础上，深入分析了形态模型与收获模型的内在逻辑关系，利用两水平（树冠最大半径与冠长）非线性混合效应模型，科学地构建了不同年龄、不同密度的杉木人工林形态收获模型，结束了形态模型与收获模型的分离状态，实现了形态与收获的有效结合。

5.2.1　数据来源与研究方法

本节研究的数据来源于 2013 年在顺昌县大历林场和岚下林场标准地调研数据，具体的数据说明详见 4.4.1 节。在形态收获模型中，需要对单木材积进行预测，模型用的单木材积数据可通过福建省杉木二元材积公式进行计算（江希钿等，2000），见公式 5-1。

$$V = 0.0000872\, D^{1.7853886} H^{0.931392} \tag{5-1}$$

由于回归模型存在较大的随机误差，造成模型拟合精度低，非线性混合效应模型考虑造成结果偏差的随机效应因子，将随机误差分解为该随机效应因子产生的随机效应与随机误差，从而提高了模型预测精度。非线性混合效应模型分为单水平混合效应模型与两水平混合效应模型，两水平非线性混合效应模型比单水平非线性混合效应模型增加了一个随机效应因子（符利勇等，2012），这就使得随机误差分解为第一水平随机效应因子产生的随机效应、第二水平随机效应因子产生的随机效应、随机误差三个部分，由此随机误差得以减小（Garber and Maguire，2003；Yang et al.，2009），从而模型精度比单水平随机效应模型要高，因此，本研究选择采用两水平的非线性混合效应模型分析杉木树冠形态收获。Lindstrom and Bates（1988）定义的非线性混合效应模型如公式 5-2：

$$y_{ij} = f(\varphi_{ij},\ \nu_{ij}) + \varepsilon_{ij},\ i = 1,\ \cdots,\ M,\ j = 1,\ \cdots,\ n_i \tag{5-2}$$

式中：y_{ij} 和 ν_{ij} 分别为第 i 个研究对象第 j 次重复观测的因变量和自变量值；M 为研究对象的个数；n_i 为第 i 个研究对象重复观测次数；ε_{ij} 为第 i 个研究对象第 j 次重复观测的误差项值；φ_{ij} 是以非线性形式出现在函数 f 中的形式参数向量，见公式 5-3：

$$\varphi_{ij} = A_{ij}\beta + B_{ij}u_i,\ u_i \sim N(0,\ \psi) \tag{5-3}$$

式中：β 为 p 维固定效应参数；u_i 为 q 维随机效应参数，假定服从期望为零、方程为 ψ 的正态分布；A_{ij} 和 B_{ij} 分别为 β 和 u_i 的设计矩阵。假定 ε_{ij} 服从期望为零、方差为 σ^2 的正态分布，同时假定 u_i 之间、u_i 与 ε_{ij} 之间相互独立。

本研究主要利用两水平非线性混合效应模型对杉木形态收获进行研究，两水平的随机因素分别是树冠长度（L）与最大树冠半径（R）。按照随机因素的个数以及逻辑关系有独立、交互作用以及嵌套 3 种形式，依据随机因素的关系考虑具体研究中随机因素属于 3 种形式中的哪一种或哪几种，本文选择的随机因素之间属于具有交互作用的形式，因此，选取基础模型并利用树冠长度和最大树冠半径两个随机因素构造非线性混合模型对杉木形态收获模型进行深入研究。以限制极大似然法作为参数的估计方法，在计算未知参数时，假定随机效应 b_i、b_{ij} 与随机误差 ε_{ij} 都服从期望为 0，方差为 φ_1、φ_2 与 φ_3 的正态分布，三者之间相互独立。所有的计算在 R 软件上实现。

对于两水平的非线性混合效应模型，表达式为公式 5-4：

$$y_{ijk}=f\left(\varphi_{ijk},\ x_{ijk}\right)+\varepsilon_{ijk},\ i=1,\ \cdots,\ N,\ j=1,\ \cdots,\ N_i,\ k=1,\ \cdots,\ n_{ij}$$

$$\varphi_{ijk}=A_{ijk}\beta+B_{ijk}b_i+B_{ijk}b_{ij}\varphi_{it},\ b_i\sim N\left(0,\ \varphi_1\right),\ b_{ij}\sim N\left(0,\ \varphi_2\right),\ \varepsilon_{ijk}\sim N\left(0,\ \varphi_3\right)\ (5\text{-}4)$$

式中：y_{ijk} 代表某一个水平第 i 分组对应的另一个水平第 j 分组对应的第 k 次重复测量因变量观测值；x_{ijk} 代表代表某一个水平第 i 分组对应的另一个水平第 j 分组对应的第 k 次重复测量自变量观测值；N 代表某一个水平的分组数；N_i 代表另一个水平的分组数；n_{ij} 代表某一个水平第 i 分组数对应的另一个水平第 j 分组数的重复观测数。β 代表 p 维固定效应；b_i 代表某一个水平的随机效应，大小为 q_1 维，假定服从期望为零、方差为 φ_1 的正态分布；b_{ij} 代表另一个水平的随机效应，大小为 q_2 维，假定服从期望为零、方差为 φ_2 的正态分布；ε_{ijk} 代表某一个水平第 i 分组另一个水平第 j 分组对应第 k 次观测时的误差项，假定服从期望为零、方差为 φ_3 的正态分布，φ_3 一般取 $\sigma^2 I$。A_{ijk}、B_{ijk} 与 B_{ijk} 代表固定效应 β、随机效应 b_i 与 b_{ij} 设计矩阵。

形式（固定）参数 φ 或者 φ 的某一变量受到多个因素及其相互作用的影响。以本文 2 个因素（树冠长度和树冠最大半径）变量为例，形式参数 φ 的构造为：

$$\varphi_{it}=\beta_t+w_{it}^L+w_{it}^R+w_{it}^{LR} \tag{5-5}$$

其中，w 表示随机效应，L 表示树冠长度，R 表示树冠最大半径，LR 表示树冠长度与树冠最大半径之间的交互作用。

模型选取和比较依据 AIC 值最小、BIC 值最小、logLik 值最大的原则。其中，

$$AIC=-2l+2d \qquad BIC=-2l+d\times\log\left(n\right) \tag{5-6}$$

式中：设 l 为对数极大似然函数，n 为观测总数，d 为模型中固定参数个数。

5.2.2　单木收获生长模型

采用 SPSS17.0 和 Orign8.0 对杉木人工林的直径、树高与材积进行模拟，用于拟合的生长方程（Norusis，2008；邓红兵和王庆礼，1997；孟宪宇，2006；苏姗姗，2006；于成龙等，2010）见表 5-1。

表 5-1　杉木人工林林分生长过程的基础方程

类别	名称	方程式
Polynomial	Linear	$y=a+bt$
	二次抛物线	$y=a+bt+ct^2$
	Cubic	$Y=\beta_0+\beta_1 t+\beta_2 t^2+\beta_3 t^3$
	Poly4	$y=a+bt+ct^2+a_3 t^3+wt^4$

（续）

类别	名称	方程式
Growth	Richard	$y = a(1-be^{-ct})^d$
	SRichards2	$y = a[1+(b-1)e^{-c(x-a_3)}]^{1/(1-b)}$, $b \neq 1$
	Logistic 标准型	$y = a/(1+be^{-ct})$
	Logistic	$y = \dfrac{a-b}{1+(t/c)^{a_3}}+b$
	Sweibull1	$y = a(1-e^{-(b(t-c))^{a_3}})$
	Slogistic1	$y = \dfrac{a}{1+e^{-b(t-c)}}$
Exponential	Exp2P	$y = ab^t$
	Exp2PMod2	$y = e^{a+bt}$
	S 形曲线	$y = e^{a+b/t}$
	Exp2PMod1	$y = ae^{bt}$
	Schumacher	$y = ae^{-b/t}$
	Mitscherlich	$y = a(1-be^{-ct})$
	Exponential	$y = a+be^{ct}$
	Exp3P1	$y = ae^{\frac{b}{t+c}}$
	Exp3P2	$y = e^{a+bt+ct^2}$
	Shah	$y = a+bt+ca_3^t$
	Chapman	$y = a(1-e^{-bt})^c$
	ExpDec1	$y = a+be^{-t/c}$
	Asymptotic1	$y = a-bc^t$
	ExpGro1	$y = a+bc^{t/c}$
Logarithm	Log4P1	$y = a+b\ln t$
	Log3P1	$y = a-b\ln(t+c)$
	Poly4	$y = a+bt+ct^2+a_3t^3+wt^4$
	Bradley	$y = a\ln[-b\ln(t)]$
Power	Allometric1	$y = at^b$
	Allometric2	$y = a+bx^t$
	FreundlichEXT	$y = ax^{bt^{-c}}$
	LangmuirEXT1	$y = \dfrac{abt^{1-c}}{1+bt^{1-c}}$
Rational	Rational4	$y = a-b/(t+c)$
Peak function	Gauss	$y = y_0+\dfrac{A}{w\sqrt{\pi/2}}e^{-2\frac{(t-x_c)^2}{w^2}}$
	Extreme	$y = y_0+Ae^{-e^{-z}-z+1}$
		$z = (t-x_c)/w$
	Lorentz	$y = a+\dfrac{2b}{\pi} \cdot \dfrac{a_3}{4(t-c)^2+a_3^2}$

类别	名称	方程式
Others	LogNormal	$y = a + \dfrac{b}{\sqrt{2\pi}\,tx}e^{-\dfrac{\left[\ln\frac{t}{a^3}\right]^2}{2c^2}}$
	柯列尔	$y = at^b e^{-ct}$
	Hossfeld	$y = a/[1+bt(-c)]$
	莱瓦科威克	$y = a/(1+bt^{-d})^c$
	修正 Weibull	$y = a(1-e^{-btc})$
	吉田正男	$y = a/(1+bt^{-c})+d$
	斯洛波达	$y = a\exp(-be^{-ctd})$
	混合型	$\ln y = a - b/(t+c)$
	β 分布	$f(d) = c(t-a)^\alpha(b-x)^\gamma$
		$\alpha = z(\gamma+1)-1$
		$\gamma = \dfrac{\dfrac{z}{s_r^2(z+1)^2}-1}{z+1}$
		$z = d_r/(1-d_r)$
		$d_r = (d_M-\alpha)/(b-a)$
		$s_r^2 = s^2/(b-a)^2$
	正态分布	$f(\mu) = \dfrac{1}{\sqrt{2\pi}}e^{-\frac{t^2}{2}}$
		$\mu = (d-\bar{d})/s$
	三参数对数正态分布	$y = we^{-0.5\left[\frac{\ln(\frac{t}{x_0})}{p}\right]^2}$
	Weibull 分布	$f(x) = \begin{cases}\dfrac{c}{b}\left(\dfrac{t-a}{b}\right)^{c-1}\cdot e^{-(\frac{t-a}{b})^c}, & t>a,\ b>0,\ c<0,\ t\leqslant a\end{cases}$
	四参数 Weibull 分布	$y = y_0 + \dfrac{r}{p}\left(\dfrac{t-w}{p}\right)^{r-1}e^{-(\frac{t-w}{p})^r}$
	Piosson 分布	$y = y_0 + \dfrac{e^{-r}r^t}{t!}$
	Inverse	$y = \beta_0 + \beta_1/t$
	Logistic	$y = 1/[1/u+\beta_0(\beta_1 t)]$
Hyperbola	HyperbolaGen	$y = a - \dfrac{b}{(1+tx)^{1/a_3}}$

注：式中 y 为林分平均树高、平均直径、林分每公顷林木株数、蓄积或生物量，t 为林分年龄，β_0 为常数项，e 表示自然对数的底，ln 表示以 e 为底的自然对数。a、b、c、a_3、r、w、p、x_c、x_0、y_0、u、A、A_1、A_2、β_1、β_2、β_3 均为参数。

由表 5-1 列出的模型对杉木直径、树高与材积进行模拟，拟合效果较好的模型汇总见表 5-2。

表 5-2　杉木直径、树高和材积的生长过程方程模型及其模型检验

立地等级	模型类别	模型名称	模型表达式	参数				R^2	p
				a	b	c	a_3		
直径	Exponential	Chapman	$y=a(1-e^{-bt})^c$	23.8638	0.11078	2.0625		0.86	0.41
	Growth	Logistic	$y=\dfrac{a-b}{1+(t/c)^{a_3}}+b$	6.57992	21.71299	13.43437	4.30153	0.87	0.38
	polynomial	Parabola	$y=a+bt+ct^2$	-2.49213	1.53155	-0.0235		0.85	0.40
树高	Exponential	Chapman	$y=a(1-e^{-bt})^c$	17.3996	0.15637	3.12569		0.86	0.45
	Growth	Logistic	$y=\dfrac{a-b}{1+(t/c)^{a_3}}+b$	4.19271	16.83189	12.24016	4.1	0.87	0.30
	Logarithm	对数方程	$y=a+b\ln t$	-11.401	8.662			0.84	0.50
材积	Exponential	Exp3P1	$y=ae^{\frac{b}{t+c}}$	0.59025	-17.38238	-3.33803		0.86	0.39
	Growth	Logistic	$y=\dfrac{a-b}{1+(t/c)^{a_3}}+b$	-0.02778	0.41625	19.06351	2.4896	0.86	0.21
	Power	Allometric1	$y=at^b$	0.00195	1.51122			0.82	0.39

注：杉木的直径、树高和材积生长方程自变量的适用范围是 5~35 年。

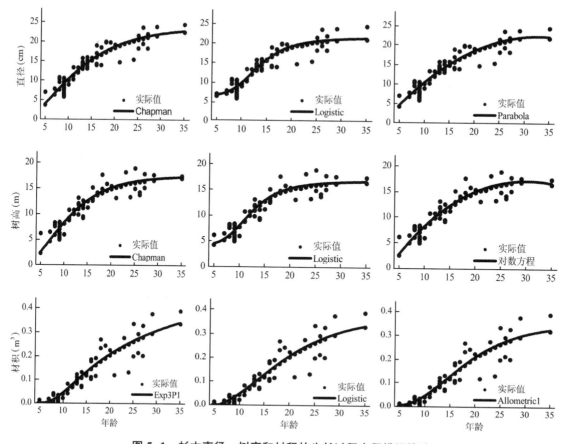

图 5-1　杉木直径、树高和材积的生长过程方程模拟检验

通过决定系数与卡方检验从直径、树高与材积拟合结果中各自选出 3 个拟合效果较好（$R^2 > 0.80$）与检验效果较好（$p > 0.05$）的模型，可以较好地模拟杉木直径生长过程的模型是：Chapman、Logistic 与 Parabola。可以较好地模拟杉木树高生长过程的模型是：Chapman、Logistic 与对数方程。可以较好地模拟杉木材积生长的模型是：Exp3P1、Logistic 与 Allometric1。

分别对直径、树高与材积得出的 9 个适应性较好的模型进行模拟检验（图 5-1），杉木的直径、树高与材积生长为"S"形曲线，符合杉木生长生物学解释，实际值与模型理论值较吻合，模型完全可以准确地反映实际值的变化趋势，特别是对直径与树高的模拟更贴合实际值，各模型均达到检验要求，结果表明选出的最优模型可以较好地模拟实际值，最优模型也均符合杉木的生长规律。

由图 5-1 可知，材积选出的 3 个模型中，Logistic 与 Allometric1 模型拟合相对 Exp3P1 而言，模拟检验效果稍差。

由图 5-2 所示，直径、树高与材积的残差分布均达到模型残差规定范围内，表明选出的每个最优模型假定均成立，且分布在横轴上下两侧残差均匀，表明参数估计无偏，选出的每个最优模型假定均成立，均可以作为杉木生长过程的预估模型。

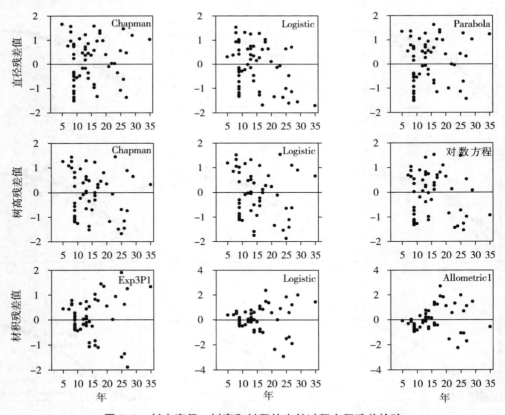

图 5-2　杉木直径、树高和材积的生长过程方程残差检验

直径、树高选出最优模型的标准化残差分布全部位于 ±2 之内。材积模拟中，Exp3P1

模型的标准化残差分布也全部位于±2之内，Logistic 与 Allometric1 模型个别理论值的标准化残差分布在±2之外，不过远远小于统计规定5%。因此本文得出的杉木直径、树高与材积生长的最优模型能够充分模拟杉木生长过程。

5.2.3 非线性基础模型的确定

林分基本调查因子中能够衡量林分密度的因子有株数密度、疏密度与郁闭度。同株数密度与疏密度相比，郁闭度可以反映林木利用生长空间的程度，可以清晰了解林木空间分布，更适合用来评价杉木的形态收获，因为利用树冠投影法可以绘制树冠投影图，利用树冠投影图可了解林分中每株林木的具体分布，而利用树冠投影法的前提需要测量树冠投影面积，树冠投影面积数据来源于树冠最大半径，另外树冠长度也会因林分密度的不同而不同。因此，只有综合考虑密度指标的树冠最大半径与树冠长度才可以构建不同密度、不同年龄的杉木形态收获模型。

通过构建的单木生长过程模型进行综合检验，选出作为构建两水平 NLMEM 的基础模型，直径的基础模型为 Chapman 函数，树高的基础模型为 Chapman 函数，材积的基础模型为 Exp3P1 函数。

直径基础模型（5-7）、树高基础模型（5-8）与材积基础模型（5-9）均含有3个参数。

$$D_{ijk} = a\left[1 - \exp\left(-bage_{ijk}\right)\right]^c + \varepsilon_{ijk} \tag{5-7}$$

$$H_{ijk} = a\left[1 - \exp\left(-bage_{ijk}\right)\right]^c + \varepsilon_{ijk} \tag{5-8}$$

$$V_{ijk} = a\exp\left[b/\left(age_{ijk} + c\right)\right] + \varepsilon_{ijk} \tag{5-9}$$

式中：D_{ijk} 表示某一个水平第 i 分组对应的另一个水平第 j 分组对应的第 k 次重复测量的直径；H_{ijk} 表示某一个水平第 i 分组对应的另一个水平第 j 分组对应的第 k 次重复测量的树高；V_{ijk} 表示某一个水平第 i 分组对应的另一个水平第 j 分组对应的第 k 次重复测量的材积；age_{ijk} 表示某一个水平第 i 分组对应的另一个水平第 j 分组对应的第 k 次重复测量年龄观测值；ε_{ijk} 表示某一个水平第 i 分组另一个水平第 j 分组对应第 k 次观测时的误差项；a、b、c 均为未知参数。

Chapman 函数与 Exp3P1 函数都有3个固定效应参数，这3个固定效应参数会以下面3种形式出现在模型中，即不考虑随机效应、考虑单水平随机效应和考虑两水平随机效应。其中不考虑随机效应为非混合参数，如5.2.2单木收获生长模型中的普通非线性模型；考虑单水平和两水平随机效应，即为混合参数。文中属于考虑单水平随机效应和考虑两水平随机效应的参数，其中随机因素树冠半径与最大树冠半径之间具有交互作用，因此，本文研究的是具有单水平随机效应和交互作用的两水平混合效应模型，随机效应存在的形式有以下6种：R、L、RL、$R+RL$、$L+RL$、$R+L+RL$。

Chapman 基础模型具有3个参数，若随机因素的6种形式全部作用于3个参数，可以衍生出 C_6^6 种，作用于2个参数有 $C_6^2 + C_6^2$ 种，只作用于1个参数有 $C_6^1 + C_6^1 + C_6^1$ 种，共能衍生出 $C_6^6 + C_6^2 + C_6^2 + C_6^2 + C_6^1 + C_6^1 + C_6^1 = 342$ 个混合效应模型；Exp3P1 基础模型也具有3个参

数，也能衍生出 342 个混合效应模型。具体形式见附录 1。

5.2.4 非线性混合效应最优模型的选择与确定

分别对直径、树高与材积基础模型分别衍生出来的 342 种两水平的非线性混合效应模型进行拟合，附录 1 中列出了每种模型拟合的 3 个评价指标 AIC、BIC 与 logLik。其中直径基础模型衍生出来的非线性混合效应模型中有 219 个模型不收敛，树高基础模型衍生出来的非线性混合效应模型中有 217 个模型不收敛，材积基础模型衍生出来的非线性混合效应模型中有 210 个模型不收敛。直径基础模型衍生出来的非线性混合效应模型收敛的 123 个模型中模型 225 的评价指标 AIC 与 BIC 值最小，logLik 值最大（AIC = 1051. 2，BIC = 1068. 9，logLik = -519. 4）。树高基础模型衍生出来的非线性混合效应模型收敛的 125 个模型中模型 326 的评价指标 AIC 与 BIC 值最小，logLik 值最大（AIC = 909. 9，BIC = 927. 4，logLik = -448. 0）。材积基础模型衍生出来的非线性混合效应模型收敛的 132 个模型中模型 329 的评价指标 AIC 与 BIC 值最小，logLik 值最大（AIC = 924. 6，BIC = -907. 1，logLik = 467. 9）。依据 AIC、BIC 值越小越好，logLik 值越大越好的原则，选出直径的最优非线性混合效应模型为模型 225，树高的最优非线性混合效应模型为模型 326，材积的最优非线性混合效应模型为模型 329。直径、树高、材积最优模型的表达式如下。

$$D_{ijk} = (a+w_{aL}) \{1-\exp[-(b+w_{bLR}) \ age_{ijk}]\}^c + \varepsilon_{ijk} \qquad (5-10)$$

$$H_{ijk} = (a+w_{aL}) [1-\exp(-bage_{ijk})]^c + \varepsilon_{ijk} \qquad (5-11)$$

$$V_{ijk} = (a+w_{aL}+w_{aLR}) \exp[b/(age_{ijk}+c)] + \varepsilon_{ijk} \qquad (5-12)$$

式中：w_{aL} 表示随机因素 L 作用于参数 a 产生的随机效应参数值，w_{bLR} 表示随机因素 L 与 R 产生的交互作用作用于参数 b 产生的随机效应参数值，w_{aLR} 表示随机因素 L 与 R 产生的交互作用作用于参数 a 产生的随机效应参数值，其余符号含义与公式 5-7 至公式 5-9 一致。

5.2.5 非线性混合效应模型的参数估计

利用线性化算法分别计算公式（5-10）、（5-11）和（5-12）固定效应参数系数值，拟合时参数初始值定为非线性基础模型的最终值，标准差、t 值以及 p 值具体见表 5-3 至 5-5。直径、树高与材积参数估计值的 $p < 0.001$，说明拟合值与数据测量值差异不显著，表明拟合效果较好。

表 5-3　直径非线性混合效应模型固定参数估计值

系数	系数值	标准差	t 值	p 值
a	24. 37926	0. 922124	26. 438162	<0. 001
b	0. 102489	0. 012358	8. 293192	<0. 001
c	1. 899281	0. 229674	8. 269456	<0. 001

表 5-4　树高非线性混合效应模型固定参数估计值

系数	系数值	标准差	t 值	p 值
a	17.419181	0.58595	29.728091	<0.001
b	0.157856	0.013404	11.776999	<0.001
c	3.169379	0.407248	7.782434	<0.001

表 5-5　材积非线性混合效应模型固定参数估计值

系数	系数值	标准差	t 值	p 值
a	0.545392	0.04685	11.641354	<0.001
b	−15.178417	1.873059	−8.103544	<0.001
c	−4.031659	0.67219	−5.997801	<0.001

直径最优混合效应模型是 225 模型，由附录 1 可知，该模型中，随机因素 L 作用于参数 a，具有交互作用的 LR 作用于参数 b，因此 L 产生的各组随机效应参数值见表 5-6，L 与 R 交互作用 LR 产生的随机效应参数值见表 5-7。冠长所分 5 组中，组 1 和组 2 的冠长产生的随机效应参数值均为负数，组 3~组 5 冠长产生的随机效应参数值均为正数，且组 5 的参数值最大（表 5-6）。由表 5-7 可知，25 组组合中，有 11 组的冠长与最大树冠半径交互作用产生的随机效应参数值为负数，其中冠长为组 1、最大树冠半径为组 2 的交互作用产生的随机效应参数值最小，为 −0.004147；有 14 组的冠长与最大树冠半径交互作用的随机效应参数值为正数，其中冠长为组 3、最大树冠半径为组 2 的交互作用产生的随机效应参数值最大，为 0.0017。

表 5-6　直径混合效应模型中冠长产生的随机效应的参数值

随机效应	冠长 1（组 1）	冠长 2（组 2）	冠长 3（组 3）	冠长 4（组 4）	冠长 5（组 5）
w_{aj}^{L}	−0.573773	−0.288101	0.051055	0.027003	0.783816

注：w_{aj}^{L} 表示随机因素 L 在第 j 分组作用于参数 a 产生的随机效应参数值。$j=1$，2，3，4，5。

表 5-7　直径混合效应模型中冠长与最大树冠半径交互作用产生的随机效应的参数值

L	R	w_{bij}^{LR}	L	R	w_{bij}^{LR}	L	R	w_{bij}^{LR}	L	R	w_{bij}^{LR}	L	R	w_{bij}^{LR}
1	1	0.000334	2	1	−0.000498	3	1	−0.001292	4	1	−0.002911	5	1	0.000195
1	2	−0.004147	2	2	−0.002787	3	2	0.0017	4	2	0.001396	5	2	0.002594
1	3	0.000784	2	3	0.000546	3	3	−0.000062	4	3	0.002106	5	3	−0.003043
1	4	−0.001265	2	4	0.000087	3	4	0.002416	4	4	0.000446	5	4	−0.003598
1	5	−0.000847	2	5	−0.000753	3	5	0.000078	4	5	0.000752	5	5	0.007771

注：L 水平第 i 分组，R 水平第 j 分组时，w_{bij}^{LR} 表示 L 与 R 交互作用于参数 b 产生的随机效应参数值。$i=1$，2，3，4，5；$j=1$，2，3，4，5。

随机因素 L 产生的随机效应方差 $\varphi_{L}=0.4296091$，LR 产生的随机效应方差 $\varphi_{LR}=0.000019$，随机误差产生的随机效应方差 $\varphi_{\varepsilon}=3.63684900303973I$。

树高最优非线性混合效应模型是 326 模型，由附录 1 可知，该模型中，随机因素 L 作用于参数 a，L 产生的各组随机效应参数值见表 5-8。冠长所分 5 组中，组 1、组 2 和组 3 的冠长产生的随机效应参数值均为负数，组 4 和组 5 冠长产生的随机效应参数值均为正数，且组 5 对应的参数值最大（表 5-8）。

表 5-8　树高混合效应模型中冠长产生的随机效应的参数值

随机效应	冠长 1（组 1）	冠长 2（组 2）	冠长 3（组 3）	冠长 4（组 4）	冠长 5（组 5）
w_{aj}^{L}	−1.08169	−0.310183	−0.436141	0.31561	1.512404

注：w_{aj}^{L} 表示随机因素 L 在第 j 分组作用于参数 a 产生的随机效应参数值。j＝1，2，3，4，5。

材积最优混合效应模型是 329 模型，由附录 1 可知，该模型中，随机因素 L 作用于参数 a，具有交互作用的 LR 作用于参数 a，L 产生的各组随机效应参数值见表 5-9，L 与 R 交互作用 LR 产生的随机效应参数值见表 5-10。冠长所分 5 组中，组 1~组 4 的冠长产生的随机效应参数值均为负数，仅组 5 冠长产生的随机效应参数值为正数（表 5-9）。由表 5-10 可知，25 组组合中，有 11 组的冠长与最大树冠半径交互作用产生的随机效应参数值为负数，其中冠长为组 1、最大树冠半径为组 2 的交互作用产生的随机效应参数值最小，为−0.029963；有 14 组的冠长与最大树冠半径交互作用的随机效应参数值为正数，其中冠长为组 3、最大树冠半径为组 2 的交互作用产生的随机效应参数值最大，为 0.020954。随机因素 L 产生的随机效应方差 φ_{L} = 1.0454947，随机误差产生的随机效应方差 φ_{ε} = 2.1021497774323I。

表 5-9　材积混合效应模型中冠长产生的随机效应的参数值

随机效应	冠长 1（组 1）	冠长 2（组 2）	冠长 3（组 3）	冠长 4（组 4）	冠长 5（组 5）
w_{aj}^{L}	−0.050148	−0.017434	−0.013124	−0.000258	0.080965

注：w_{aj}^{L} 表示随机因素 L 在第 j 分组作用于参数 a 产生的随机效应参数值。j＝1，2，3，4，5。

表 5-10　材积混合效应模型中冠长与半径交互作用产生的随机效应的参数值

L	R	w_{aij}^{LR}	L	R	w_{aij}^{LR}	L	R	w_{aij}^{LR}	L	R	w_{aij}^{LR}	L	R	w_{aij}^{LR}
1	1	0.009948	2	1	0.013791	3	1	−0.010116	4	1	−0.003105	5	1	−0.004878
1	2	−0.029963	2	2	0.000145	3	2	0.020954	4	2	−0.004768	5	2	0.006542
1	3	0.009786	2	3	0.002296	3	3	−0.006833	4	3	−0.00575	5	3	0.005062
1	4	0.003252	2	4	−0.023245	3	4	0.007992	4	4	0.000709	5	4	−0.005245
1	5	−0.004154	2	5	0.003143	3	5	−0.014911	4	5	0.012857	5	5	0.01649

注：L 水平第 i 分组，R 水平第 j 分组时，w_{aij}^{LR} 表示 L 与 R 交互作用于参数 a 产生的随机效应参数值。i＝1，2，3，4，5；j＝1，2，3，4，5。

随机因素 L 产生的随机效应方差 φ_{L} = 0.0027853，LR 产生的随机效应方差 φ_{LR} = 0.0006182，随机误差产生的随机效应方差 φ_{ε} = 1.21217468257396E-3I。

5.2.6　杉木形态收获模型检验

依据直径、树高与材积的最优非线性混合效应模型参数值，分别代入公式 5-10、5-

11 与 5-12 对直径、树高与材积进行预测，再利用 R^2、$RMSE$ 与 MAE 3 个指标对非线性基础模型理论值与非线性混合效应模型理论值（公式 5-13、5-14 与 5-15）进行比较，具体结果见表 5-11。

$$\hat{D}_{ijk}=f\left(\hat{w}_{ijk},\ age_{ijk}\right) \qquad (5-13)$$

$$\hat{H}_{ijk}=f\left(\hat{w}_{ijk},\ age_{ijk}\right) \qquad (5-14)$$

$$\hat{V}_{ijk}=f\left(\hat{w}_{ijk},\ age_{ijk}\right) \qquad (5-15)$$

表 5-11 　直径、树高材积的非线性模型和非线性混合效应模型的统计指标值

评价指标	直径模型		树高模型		材积模型	
	非线性	混合效应	非线性	混合效应	非线性	混合效应
R^2	0.86	0.90	0.86	0.91	0.86	0.94
$RMSE$	1.05	0.93	1.66	1.50	0.05	0.04
MAE	1.60	1.43	1.41	1.30	0.06	0.05

由表 5-11 可知，直径混合效应模型、树高混合效应模型与材积混合效应模型的 R^2 值均大于非线性基础模型，$RMSE$ 与 MAE 均小于非线性基础模型；直径 $RMSE$ 下降了 8%，MAE 下降了 10.625%；树高 $RMSE$ 下降了 9%，MAE 下降了 7.8%；材积 $RMSE$ 下降了 20%，MAE 下降了 16.7%。结果表明，考虑受密度影响的树冠长度与最大树冠半径两个树冠因子的混合效应模型可以提高预测精度，特别是对材积的预估。

为进一步检验混合效应模型的预估精度，绘制直径混合效应模型、树高混合效应模型与材积混合效应模型的残差，具体见图 5-3，图中第一行 3 个图表示非线性模型的残差图，第

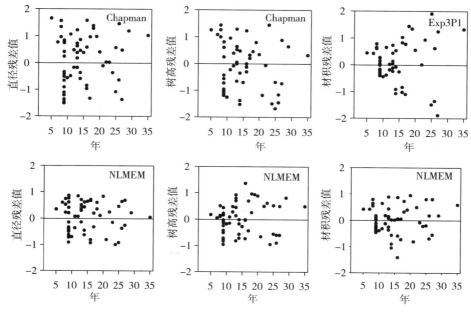

图 5-3 　直径、树高和材积的非线性模型与混合效应模型残差检验

二行 3 个图表示混合效应模型的残差图。由图 5-3 可知，混合效应模型的残差分布不论是直径与树高还是材积均小于非线性模型，大于 99% 的点落在了 ±1 之间，只有不足 1% 点落在 ±1 之外，通过观察残差图，同样可以说明随机因素树冠半径、最大树冠半径影响杉木收获，因此构建的不同密度、不同年龄的杉木形态收获模型可以很好地拟合杉木生长与收获预估。

5.2.7 结论与讨论

由于树冠长度与最大树冠半径受到林分密度的强烈影响，所以加入不同的树冠长度与最大树冠半径这两个随机因素，表明构建的模型就是不同密度的模型，加之树冠长度与最大树冠半径是树冠指标，因此本研究最终构建的是不同年龄、不同密度的杉木形态收获模型。

冠长产生随机效应参数值及其由冠长与最大树冠半径交互作用产生的随机效应的参数值为负数时，说明这组不利于杉木的收获，最小值说明最不利于杉木收获；正值说明有利于杉木的收获，最大值说明最有利于杉木的收获，说明按照所处这组的数据最有利于杉木收获。依据研究结果可知，冠长为组 3、最大树冠半径为组 2 最有利于杉木直径和材积的收获。当不考虑冠长与最大树冠半径交互作用时冠长为组 5 最有利于杉木的直径、树高与材积的收获。当冠长比较大时，表明此时林分的株数比较小，表明这时林分已经接近成熟，成熟林的直径、树高以及材积都是最大的，所以这时的直径收获、树高收获以及材积收获最大，表明考虑树冠长度与最大树冠半径的两水平非线性混合效应模型对杉木收获具有重要研究意义，从树冠角度验证了杉木的收获，表明形态与收获确实是不可分离的，应该有效进行统一，本研究正是实现了这一想法。

利用非线性混合效应模型构建具有交互作用的两水平（树冠长度与最大树冠半径）的不同密度、不同年龄的杉木形态收获模型，实现了杉木形态模型与收获模型的有效统一，通过拟合与检验表明构建的具有交互作用的两水平的不同密度、不同年龄的杉木形态收获模型对杉木直径、树高与材积的收获预估精度更高。非线性模型虽然只需知道林木年龄就可以算出材积，但是却无法得知该林木的形态结构，现在虽然要测量树冠长度与最大树冠半径，测量时工作增加了，但是却可以在得知材积的同时了解到林木的形态结构，利用不同密度、不同年龄的非线性混合效应模型可以由形态推出收获，真正实现了结构与功能的统一，因此形态收获模型实际也是结构功能模型。

由于重复观测数据之间存在自相关性，非线性混合效应模型降低了自相关性，解释了传统非线性模型难以解释的问题，传统非线性模型误差较大，但是却无法减小也无法解释误差的来源，误差是由哪些因素引起的，应该怎么解决，这些问题非线性混合效应模型却可以合理解释，通过考虑不同水平的影响，将传统非线性模型拟合中存在的误差分解为树冠长度产生的随机效应，最大树冠半径产生的随机效应以及随机误差，误差的分解使得比原来传统非线性模型拟合中的误差要小，相应的拟合精度就会提高，检验精度也会提高，这是传统非线性模型无法比拟的优势。本研究不仅考虑两水平因素产生的随机效应，而且还考虑了两水平之间产生交互作用这个随机变量产生的随机效应，通过表 5-7 和表 5-10 可知，两水平的交互作用这个随机变量在直径与材积研究中产生的随机效应也发生了作用，可见，只要是考虑两水平的非线性混合效应模型，就需要严格考虑两水平之间的作用，具体来分析是属于交互还是嵌套，只要产生了这样的关系就要考虑到它们产生随机效应的影响，这很关键，忽视了这部分的作用对结果的模拟往往会受到影响，精度也会相应下降。

利用两水平非线性混合效应模型分析杉木形态收获时，杉木形态收获模型较传统非线性模型精度要高，可以解释为树冠长度和最大树冠半径对杉木的直径、树高和材积收获有影响，并且对这种影响还可以进行量化分析。带有树冠长度和最大树冠半径效应的混合效应模型能够反映每个组的变化状况，这为采用抽样技术推断总体提供了强有力的理论基础。随着计算机技术的发展，非线性混合效应模型拟合一定会有其他的方法，这样便可以比较两种拟合方法的精度，从而更好地为拟合模型服务。

通常意义的非线性模型在预测林木生长过程中，由于自变量只有年龄，因此相同年龄的林木往往得出的材积也相同，其实模拟的是林木生长的平均状态，而在林木生长实际过程中，材积不仅仅只受到年龄的影响，如果形态不同，相同年龄的林木材积也不会相同，因此加入树冠形态的混合效应模型就体现出了它的优越性，因为混合效应模型即使自变量不变，由于具有交互作用的随机因素随着所处分组的不同材积也自然不同，模拟生长过程中十分灵活，所以效果较非线性模型要好。

5.3　基于冠幅的杉木人工形态收获模型

在 5.2 节中，将冠幅和冠长两个变量作为两个表征形态，构建了利用两水平的非线性混合效应形态收获模型，将形态变量和收获相结合，模型提高了预估精度，但模型构建过程复杂，模型表达式也不易于实际应用。在理论模型参数化的研究中，一般是将代表立地条件和林分密度的变量作为因变量来构造参数化函数，未见利用冠幅的大小与林龄作为自变量来估测林木胸径、树高和材积生长收获的研究。本研究从林木的生物学角度分析杉木胸径、树高、材积生长和冠幅生长之间的关系，杉木生长收获和杉木形态之间的关系。以理论方程为基础，选择冠幅（CW）、林龄（t）作为自变量，采用理论方程参数预估法来构建杉木人工林胸径、树高和材积的生长收获模型。

本节的数据来源详见 4.4.1 节和 4.5.1 节，其中单木材积计算公式见 5.2.1 节数据来源与研究方法中的杉木单木材积公式。

5.3.1　理论方程与参数表达式确定

（1）理论方程选择

理论生长方程具有深厚的理论根基，其表达式的灵活性和可移植性使得模型广泛应用于林分生长收获的模拟（张建国和段爱国，2004），与经验方程相比，理论方程的模型参数具有明确的生物学意义。研究选择最常用的 Compertz、Logistic、Mitscherlich、Korf 和 Richards 这五个理论生长方程作为基础模型来进行杉木胸径、树高和材积模型的拟合。以 Richards 生长方程（公式 5-16）为例来进行具体说明。

$$y = a\left(1 - \mathrm{e}^{-ct}\right)^{b} \tag{5-16}$$

式中：y 为因变量，代表杉木胸径、树高和材积；t 代表年龄；a、b、c 为参数。

在模型参数生物学意义表达中，a 代表了林木的最大生长值，b 是与林木同化作用有关的参数，c 代表生长速率。由于拟合的方程只有固定的 a、b、c 值，代表的只是林分整体平均最大生长数值、同化作用及生长速率。但是在实际林分中，每株树木的生长受到不同条件的约束，具有不同的生长状态，其模型参数也是不同的。本研究的目的是探讨形态变量和林木生长的关系，同时冠幅与林木的生长息息相关，因此将理论方程中的参数扩展成冠幅的函数，以理论生长方程为基础，建立含有冠幅的动态生长模型。

（2）参数表达式确定

为了研究理论模型中的参数与 CW 的关系，每个年龄段中随机选取了 20 组数据，30个年龄段共 600 株林木数据。将每个年龄段中的 20 组数据按照 CW 进行升序排序，并按照从小到大的顺序平均分成 10 组并给予编号，如 1、2 组数据为 1 号，3、4 组数据为 2 号。将不同年龄段相同组号的数据组合成一起，根据等距抽样原理，分别得到年龄跨度为 30年的 10 类数据，每类中共 60 组数据，则在同一年龄下，第一类数据的 CW 值小于第二类数据，第二类数据的 CW 值则小于第三类数据，以此类推第十类数据的 CW 值最大。使用原始的理论生长方程，分别对每类数据进行胸径、树高和材积方程的拟合。分别得到 10个胸径方程、10 个树高方程和 10 个材积方程。

将 10 个胸径方程中的 a、b、c 系数分别与相应的每类数据中 CW 平均值做散点图，观察两者之间的关系，从 OriginPro 8.0 统计软件的模型库中选择拟合效果最佳、最能代表"参数-CW 关系"的函数表达式 1~2 个，并使用带有 CW 的函数来代替参数，以 Richards方程为例，重新表达胸径生长模型，如公式 5-17 所示。树高和材积的建模方法与胸径模型构建方法一致。

$$y = f_1(CW)(1 - e^{-f_3(CW)t})^{f_2(CW)} \tag{5-17}$$

式中：参数 a 使用 $f_1(CW)$ 代替；参数 b 使用 $f_2(CW)$ 代替；参数 c 使用 $f_3(CW)$ 代替。

5.3.2 模型参数估计与检验

采用 SPSS18.0 对 600 株树木测量数据进行五个理论生长方程和参数化方程的拟合，由于参数化模型较原理论模型多了一个自变量，为了科学地衡量模型的拟合精度，使用调整决定系数 R_{adj}^2 与残差平方和 RSS 作为模型拟合精度的判断。模型的拟合数据和检验数据相互独立，将剩余的 70 株树木测量数据用于检验，使用均方根误差 $RMSE$ 和平均绝对误差 MAE 来检验模型的适用性。

（1）杉木胸径模拟

表 5-12 是杉木单木胸径理论方程的拟合结果，从拟合指标看，Richards 方程的决定系数 R^2 为 0.756，高于其他四个方程，RSS 值在五个方程中最小，为 5014.729。模型的检验中，$RMSE$ 和 MAE 的值均小于其他四个方程。因此，研究采用 Richards 方程来进行参数化的扩充。

表 5-12　胸径理论方程参数与拟合检验指标统计

模型名称	参数拟合值			拟合指标		检验指标	
	a	b	c	R^2	RSS	$RMSE$	MAE
Compertz	24.784	2.331	0.124	0.708	5296.105	2.885	2.356
Logistic	23.684	5.349	0.178	0.744	5378.422	2.894	2.368
Mitscherlich	27.236	1.082	0.072	0.736	5325.229	2.897	2.378
Korf	42.861	5.535	0.664	0.724	5257.754	2.906	2.382
Richards	26.221	1.308	0.086	0.756	5014.729	2.817	2.348

图 5-4 展示了 10 个 Richards 胸径生长方程中各个参数与 CW 的关系。从中可以看出，方程中的各个参数都与 CW 关系密切，其中参数 a 随着 CW 的增加呈现出整体上升的趋势；参数 b 则反之，与 CW 呈现出负相关的关系；参数 c 则呈现先上升后下降的趋势。10 个点有呈现出以平均冠幅为峰值的正态分布的状态。根据散点趋势曲线和模型拟合结果，选择 Line 函数和 Logistic 函数来描述参数 a 与 CW 的关系，选择 Line 函数和 DoseResp 函数来描述参数 b 与 CW 的关系，选择 Gauss 方程来反映参数 c 与 CW 的关系，各类参数化函数的表达式汇总与表 5-13。

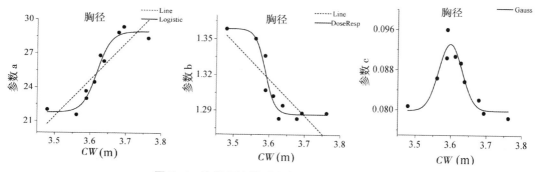

图 5-4　胸径理论模型中参数与 CW 的关系

表 5-13　参数与 CW 的关系模型

模型编号	参数	模型类别	模型表达式
5-18		Line	$a=a_0+a_1 CW$
5-19	a	Logistic	$a=\dfrac{a_0-a_1}{1+(CW/a_2)^{a_3}}+a_1$
5-20		Line	$b=b_0+b_1 CW$
5-21	b	DoseResp	$b=\dfrac{b_0-b_1}{1+10^{(b_2-CW/2)b_3}}+b_1$
5-22		Boltzmann	$b=\dfrac{b_0-b_1}{1+\exp\left[\left(\dfrac{CW}{2}-b_2\right)/b_3\right]}+b_1$
5-23	c	Gauss	$c=c_0+\dfrac{c_1}{c_2\sqrt{\pi/2}}\exp\left[-2\left(\dfrac{\dfrac{CW}{2}-c_3}{c_2}\right)^2\right]$

表 5-14 展示的是胸径参数化模型系数值及拟合结果，从中可知，参数化模型在拟合精度上优于一般的胸径理论模型。在四项模型组合中，当参数 a 使用 Logistic 函数表示、参数 b 使用 DoseResp 函数表示、参数 c 使用 Gauss 函数表示时，参数化模型获得最高的调整决定系数 0.831，比原 Richards 方程的拟合精度（R_{adj}^2）高出 9.90%，同时残差平方和也在四项值中处于较小的值。

表 5-14 胸径参数化模型系数与拟合指标统计

模型组合	系数 a				系数 b				系数 c				R_{adj}^2	RSS
	a_0	a_1	a_2	a_3	b_0	b_1	b_2	b_3	c_0	c_1	c_2	c_3		
a-5-18，b-5-20，c-5-23	18.779	1.711	—	—	1.507	−0.0645	—	—	0.0621	0.0798	2.142	2.001	0.805	2683.935
a-5-18，b-5-21，c-5-23	18.233	1.788	—	—	1.359	0.644	1.794	−63.253	0.0625	0.0642	1.964	1.896	0.815	2443.394
a-5-19，b-5-20，c-5-23	22.172	28.922	3.614	3.879	1.489	−0.115	—	—	0.0599	0.0905	2.999	1.849	0.809	2401.670
a-5-19，b-5-21，c-5-23	24.008	27.969	3.642	2.140	1.354	1.244	1.829	−4.784	0.0595	0.0740	2.160	1.733	0.830	2414.422

注：模型组合中的 a-5-18 表示系数 a 用模型 5-18 来表示，其他组合与 a-5-18 所表达的意思一致，下同。

（2）杉木树高模拟

表 5-15 是杉木单木树高理论方程的拟合结果，从拟合指标看，Richards 方程的调整决定系数 R_{adj}^2 为 0.666，在其他四个理论方程的决定系数值中处于最高值，RSS 为 2781.245，略高于 Compertz 方程的 RSS 值，模型的检验中，Richards 方程的检验效果最佳。综合四项指标，采用 Richards 方程来进行树高生长函数的进一步研究。

表 5-15 树高理论方程参数与拟合检验指标统计

模型名称	参数拟合值			拟合指标		检验指标	
	a	b	c	R_{adj}^2	RSS	RMSE（m）	MAE（m）
Compertz	18.235	2.045	0.118	0.664	2778.662	2.177	1.671
Logistic	17.504	4.293	0.165	0.662	2812.335	2.190	1.673
Mitscherlich	19.777	1.023	0.071	0.662	2801.953	2.191	1.672
Korf	32.382	4.708	0.599	0.659	2809.738	2.199	1.674
Richards	19.337	1.117	0.079	0.666	2781.245	2.119	1.670

图 5-5 展示了 10 个 Richards 树高生长方程中各个参数与 CW 的关系。

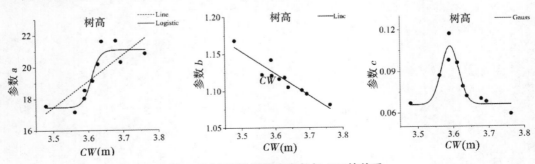

图 5-5 树高理论模型中参数与 CW 的关系

其结果和胸径生长方程参数与 CW 的关系类似，参数 a 随着 CW 的长势呈现出整体上升的趋势，但走向更趋向于 S 型曲线。参数 b 与 CW 呈现出负增长的关系，其散点走向与线性递减函数最贴切。参数 c 散点图则呈现出正态分布的状态走向。根据散点关系及曲线拟合效果，分别选择 Line 函数和 Logistic 函数来描述参数 a 与 CW 的关系，选择 Line 函数来描述参数 b 与 CW 的关系，选择 Gauss 函数来反映参数 c 与 CW 的关系，各类参数化函数的表达式汇总与表 5-13。

树高参数化模拟的参数及拟合统计指标见于表 5-16，两类模型的拟合决定系数均高于一般的理论方程，而残差平方和均低于原理论方程。在两类模型组合中，根据调整决定系数和残差平方和，发现第二类组合的拟合效果更加精确，调整决定系数达到 0.786，比原树高理论方程的 R_{adj}^2 高出 18.0%，同时，参数 a 采用 Logistic 函数来表达的方程的拟合精度高于参数 a 采用 Line 函数所表达的方程。

表 5-16　树高参数化模型系数与拟合指标统计

模型组合	系数 a				系数 b		系数 c				R_{adj}^2	RSS
	a_0	a_1	a_2	a_3	b_0	b_1	c_0	c_1	c_2	c_3		
a-5-18, b-5-20, c-5-23	17.126	0.617	—	—	1.281	-0.0345	0.0588	0.0544	1.944	1.843	0.763	1799.894
a-5-19, b-5-20, c-5-23	18.869	22.141	5.812	3.800	1.299	-0.0261	0.0554	0.0618	1.806	2.040	0.786	1689.410

(3) 杉木材积模拟

表 5-17 是杉木单木材积理论方程的拟合结果，由于 Richards 方程在拟合指标和检验指标计算结果上均优于其他四个理论方程。因此，研究采用 Richards 方程来进行材积方程参数化的扩充。

表 5-17　材积理论方程参数与拟合检验指标统计

模型名称	参数拟合值			拟合指标		检验指标	
	a	b	c	R^2	RSS	$RMSE$	MAE
Compertz	0.372	8.013	0.150	0.681	1.115	0.0420	0.0476
Logistic	0.327	76.988	0.286	0.680	1.074	0.0421	0.0480
Mitscherlich	1.331	1.082	0.014	0.670	1.084	0.0427	0.0500
Korf	0.633	41.483	1.260	0.677	1.074	0.0423	0.0483
Richards	0.386	5.763	0.131	0.684	1.063	0.0418	0.0471

图 5-6 为 10 个 Richards 材积生长方程中各个参数与 CW 的关系图。从图中可知，方程中的各个参数都与 CW 有着密切的关系。其中，参数 a 与 CW 为递增关系，散点的走向呈 "S" 形，选用 Line 函数和 Logistic 函数来表达参数 a 与 CW 的关系。参数 b 与 CW 呈现单调递减的关系，根据散点走向以及拟合结果，选择 Line 函数和 Boltzmann 函数来表达两者之间的关系。参数 c 则与 CW 呈现先递增后递减的关系，选择 Gauss 函数来描述两者关系，与直径函数和树高函数相比，此正态分布函数更加陡峭。材积参数化模型系数与拟合指标统计见表 5-18。

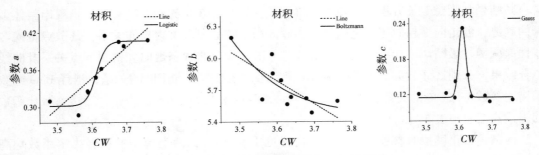

图 5-6　材积理论模型中参数与 CW 的关系

表 5-18　材积参数化模型系数与拟合指标统计

模型组合	系数 a				系数 b				系数 c				R^2	RSS
	a_0	a_1	a_2	a_3	b_0	b_1	b_2	b_3	c_0	c_1	c_2	c_3		
a-5-18, b-5-20, c-5-23	0.323	0.0309	—	—	6.682	-0.485	—	—	0.124	0.00811	0.665	2.010	0.828	0.573
a-5-18, b-5-22, c-5-23	0.305	0.0497	—	—	6.723	5.065	1.689	0.383	0.124	0.00562	0.411	1.906	0.842	0.526
a-5-19, b-5-20, c-5-23	0.302	0.466	1.806	3.979	6.305	-0.194	—	—	0.123	0.00895	0.639	2.005	0.853	0.487
a-5-19, b-5-22, c-5-23	0.344	0.428	1.900	6.146	6.956	4.079	1.835	0.589	0.125	0.00762	0.787	1.954	0.889	0.369

5.3.3　模型对比检验

在胸径、树高和材积的各个参数化模型中，分别选择拟合精度最高的模型进行检验，并分别和原 Richards 方程的检验结果进行对比，数据汇总于表 5-19。

表 5-19　原理论方程与参数化方程模型检验比较

评价指标	胸径模型		树高模型		材积模型	
	原理论方程	参数化方程	原理论方程	参数化方程	原理论方程	参数化方程
$RMSE$	2.824	1.983	2.119	1.858	0.0418	0.0242
MAE	2.348	1.567	1.670	1.405	0.0471	0.0229

由表 5-19 可知，参数化方程在杉木胸径、树高和材积的模拟中，其检验精度较原理论方程有了进一步提高。与原理论方程相比，胸径模拟中，参数化模型的 $RMSE$ 下降了 29.8%，MAE 下降了 33.3%；树高模拟中，参数化模型的 $RMSE$ 下降了 12.3%，MAE 下降了 15.9%；材积模拟中，参数化模型的 $RMSE$ 下降了 42.1%，MAE 下降了 51.4%。由此可见，参数化模型提高了预估精度。

为了进一步验证参数化模型的准确性，将原 Richards 方程与参数化后的 Richards 方程做残差分析。分析结果如图 5-7、5-8、5-9 所示。图中左侧的小图为原理论模型的标准化残差分布，右侧小图为参数化模型的标准化残差分析，从图中可以看出，参数化模型的残差大部分都介于-1~1 之间，残差更加遵从正态分布原则，进而说明使用冠幅来进行参数化表达能更加准确地反映树木的生长情况。

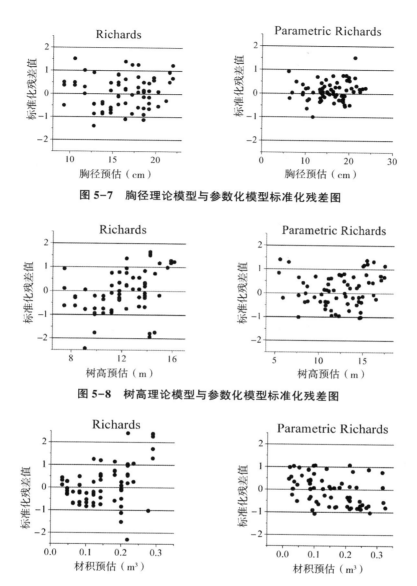

图 5-7 胸径理论模型与参数化模型标准化残差图

图 5-8 树高理论模型与参数化模型标准化残差图

图 5-9 材积理论模型与参数化模型标准化残差图

5.3.4 结论与讨论

理论方程能在一定程度上描述生物生长规律，传统的理论方程用于林木生长模拟时，仅以时间作为自变量来预估林木未来的生长状态，而林木生长受到诸多条件的制约。冠幅不仅能体现出树冠形态，还能反映林龄、林木竞争、更新等林分状态，本研究通过分析冠幅和模型参数的关系，明确形态变量对这些参数的贡献。经过模型的构建和检验，在胸径、树高和材积的生长预估模型中，Logistic 函数最能表达参数 a 与 CW 的关系，Gauss 函数最能表达参数 c 与 CW 的关系，而最适合表达参数 b 的分别是 DoseResp 函数和 Line 函数和 Boltzmann 函数。在模型检验中，无论从拟合检验指标还是残差图的角度分析，参数化后的模型对杉木胸径、树高和材积的生长预估精度更高。

本研究得出，无论杉木的胸径、树高还是材积，其 Richards 方程的系数与冠幅之间具有相同的变化趋势。在 Richards 理论方程中，参数 a 代表了林木生长的最大值，上述研究表明，林木的冠幅生长得越大，相应的林木在胸径、树高和材积上的生长潜力就越大，这符合树木生长的生物学原理，众多学者在林分密度指标与树冠竞争因子的研究中，就发现胸径的生长潜力与冠幅呈正比关系（Strub et al., 1975；段劼等，2012）。参数 b 是与林木的同化作用有关的参数，根据 Richards 方程推导，得到 $b=1/(1-m)$，其中，m 为树木同化作用幂指数。研究中发现，参数 b 与冠幅呈反比关系，说明冠幅长势越好，树木的同化作用相关的幂指数越小，相关研究表明，Richards 方程对于描述由活细胞构成的树木生长过程最合适，对于生长较好的林木，心材和边材的分化更加明显，心材的比重相对较大，而心材主要由死细胞构成，无法进行同化作用（张少昂和王冬梅，1992）。参数 c 是指林木的生长速率，通过本研究的结果发现，当一个林分的树冠生长处于一个平均水平时，该林分的胸径和树高增长速率最快，而林分中冠幅长势过小或者过大，其胸径和树高的生长速率均有所下降，这是因为整体树冠生长较小的林分，其土壤质量以及地上的生长环境相对来说均不理想，因此林木的胸径和树高生长速率较慢，从而导致林木材积生长缓慢。整体树冠生长较大的林分，研究结果显示林木胸径、树高和材积的生长速率反而下降，这是因为林木生长较好的林分成熟期来得较早，树木之间的竞争加剧或者受到间伐等活动的影响，从而影响了林木的生长速率，但由于林分存在很多不确定性因素，因此准确判断树冠与植物生长的规律还需要进一步的研究和更多的验证。

与 5.2 节利用两水平非线性混合效应模型对杉木形态收获的分析所研究的形态收获模型相比，本节研究所涉及数据的调查工作开展方便，构建的参数化模型也简单易懂，便于今后推广应用。冠幅能间接反映林分密度、立地条件、光照、水热等对林木生长的影响，通过冠幅来预测林木生长具有一定的理论和现实意义。

5.4　基于可视化角度的杉木胸径树高形态生长模型研究

在 5.2 节和 5.3 节中，研究是从模型精度提高角度来构建单木形态收获模型。从可视化角度，现有的杉木生长模型研究较为分散、并不系统，且很多模型不能满足林分生长可视化的需要。因此，建立林分生长可视化系统实现森林经营的决策支持，首先要解决林分生长预测问题，进行林分生长预测主要通过生长收获表或生长收获模型进行。因此，本节将从杉木生长可视化角度建立适合可视化建模需要的胸径树高形态生长模型。研究的数据来源详见 4.2.1 节数据来源。

5.4.1　杉木胸径生长模型研究

使用杉木林分生长可视化系统指导林业生产实践时，可以从单木水平和林分水平对生长进行可视化展示和收获预测。利用与距离无关的单木生长模型和林分密度、立地质量等因子可在林分生长平均水平上对森林经营进行预测。例如采取一定的间伐强度对林分生长的预测；利用与距离有关的单木生长模型和单木竞争压力、立地质量等因子可在单木生长水平上对森林经营进行预测和管理；研究伐除个别竞争木对对象木的生长影响等。单木生长模型分为与距离有关的单木生模型和与距离无关的单木生长模型，与距离无关的生长模型是其建模过程中所用的竞争指标中不含对象木与竞争木之间的距离，与距离有关的生长模型是其建模过程中所用的竞争指标中含有对象木与竞争木之间的距离。在胸径生长模型建立时将分别从地位级和地位指数两个方面建立模型。生长模型的建模有生长分析法、潜在生长量修正法、变量代换法、经验方程法四种（吕勇，1999），本文研究采用潜在生长量修正法建立杉木的单木生长模型。

5.4.1.1 以地位级建立模型

（1）潜在生长函数

利用潜在生长量修正法建立单木生长模型时，关键在于建立林木的潜在生长方程及对潜在生长量进行修正的修正函数。建立潜在生长方程时，理论上应该由疏开木或自由木的生长过程来确定，即选择不受其他竞争木影响时自由生长的单木或优势木。由于疏开木难以确定，有些研究者建议用优势木的生长过程代替林木的潜在生长过程。直径生长方程的选择可根据需要选择各种树木生长理论方程或经验方程。张惠光（2006）利用考尔夫（Korf）方程建立了福建柏潜在生长函数，吕勇（1999）利用 Von Bertalanffy 生长方程建立了会同杉木的潜在生长函数。本研究建立杉木单木直径生长方程拟选择以 Korf 方程为基础。Korf 方程的公式为：

$$D_0 = A\exp\left(\frac{-a_3}{t^{a_4}}\right) \tag{5-24}$$

式中 D_0 为优势木胸径，t 为年龄，A、a_3、a_4 为大于 0 的方程参数，其中 A 为树木生长的最大值参数。

以贵州省不同杉木地位级建立 Korf 方程，求解树木生长最大值参数 A，进而研究 A 与立地的关系。

地位级是反映林地生产力的一种相对度量的指标，是依据林分条件平均高与林分平均年龄的关系，按相同年龄时林分条件平均高的变动幅度划分成若干个级数（孟宪宇，2006）。使用时需要先测定林分的平均年龄和林分条件平均高，据此在地位级表中查出该林地对应的地位级。利用南京林产工业学院森林学教研组根据贵州、福建、广东、广西的杉木实生林标准地编制的杉木地位级表（南京林产工业学院森林学教研组，1979），研究地位级与 Korf 方程的树木生长最大值参数间的关系。

分别以地位级表中 5 种地位级拟合 Korf 方程，在此将地位级以数字表示，地位级按立地的好坏 I 级立地质量最好，以此类推 V 级立地质量最差，因此以 5 代表地位级 I，4 代表地位级 II，3 代表地位级 III，2 代表地位级 IV，1 代表地位级 V，则数值越大说明立地质量越好。分别 4 种函数形式对参数 A 与地位级进行回归分析，结果如表 5-20 示。

表 5-20　树木生长最大值参数（A）与地位级（SC）5 种函数拟合结果

函数名	函数形式	决定系数 R^2	误差平方和 SSE	显著性水平
线性函数	$A = 15.076SC + 13.361$	0.7455	775.7470	0.0593
指数函数	$A = 14.789e^{0.4SC}$	0.6424	0.8907	0.1029
对数函数	$A = 41.47\ln(SC) + 18.881$	0.9113	270.3252	0.0115
幂函数	$A = 16.534SC^{1.1369}$	0.8382	0.0760	0.0291

表 5-20 中除线性函数和指数函数形式外，其他两个函数形式的置信度均在 95% 以上（显著性水平小于 0.05），综合误差平方和及决定系数大小可得出幂函数形式能较好地反映树木生长最大值参数与地位级的关系。因此树木生长最大值参数与地位级存在幂函数关系，如公式 5-25：

$$A = a_1 SC^{a2} \tag{5-25}$$

代入 Korf 方程得公式 5-26：

$$D_0 = a_1 SC^{a2} \cdot \exp\left(\frac{-a_3}{t^{a4}}\right) \tag{5-26}$$

采用 43 株不同地位级标准地中的优势木进行模型的拟合，参数求解方法使用 SAS 中非线性回归模型的 Gradient 梯度法，经过计算得各参数估计值为：$a_1 = 28.6512$，$a_2 = 0.4196$，$a_3 = 14.9904$，$a_4 = 1.0533$，决定系数 R^2 等于 0.9357，显著性水平 <0.0001。说明模型的拟合效果较为理想，模型能够反映优势木胸径与地位级和年龄间的关系。

以 t_1 表示期初年龄，t_2 表示期末年龄，因此，杉木的胸径潜在生长量（张惠光，2006）公式为：

$$Z_{\max} = dD/dt = 28.6512SC^{0.4196} \cdot \exp\left(\frac{-14.9904}{t_2^{1.0533}}\right) - 28.6512SC^{0.4196} \cdot \exp\left(\frac{-14.9904}{t_1^{1.0533}}\right) \tag{5-27}$$

（2）修正函数

修正函数是否合适取决于林木竞争指标的选择是否合理（孟宪宇，2006），其反映了单木个体在林分中的平均拥挤程度和所受到的竞争压力。本文分别与距离无关的竞争指数和与距离有关的竞争指数建立修正函数。利用第四章中竞争指数的选择结果，与距离无关的竞争指数选择 Daniels index 竞争指数，与距离有关的竞争指数选择 Hegyi 简单竞争指数。因为修正函数的数值范围要求在 ［0，1］ 之间，经过上面的计算发现 Daniels index 和 Hegyi 简单竞争指数值并不一定落在该区间内，因此需要进一步对修正函数的函数形式进行研究。采用 274 株对象木的 K 值与竞争指数进行研究，274 株对象木是按照 4.2 节中对象木的选择算法从 1038 株杉木中选择出来的。

①利用 Daniels index 竞争指数建立修正函数

利用对象木实际胸径除以公式 5-26 计算的优势木胸径作为 K 值，建立与 Daniels index 竞争指数的相关散点图，如图 5-1。左图所示。从图中看出 K 值随 Daniels index 的增大而增大，呈现很强的相关关系，按照散点图走势，综合运用线性、指数、对数、幂函数 4 种函数形式进行拟合，结果发现幂函数形式能够最好地反映 K 值与 Daniels index 竞争指数之间的相关关系，拟合结果为决定系数 $R^2 = 0.8302$。因此建立如下的函数关系式作为修正函数。经过拟合后的参数 $a_5 = 0.7614$，$a_6 = 0.4619$。

$$K = a_5 CI^{a_6} \qquad (5-28)$$

从上面建立的修正函数来看，修正函数中所使用的竞争指数为 Daniels index，该竞争指数能较好地反映林分中单木个体所受到的竞争压力。从 Daniels index 的公式中分析，该竞争指数在计算时选择一定的竞争木搜索范围，反映了对象木周围的竞争木大小以及竞争木株数共同的影响。在同一个标准地林分中，选择不同的对象木，其所计算出的竞争指数值也仅反映了该单木在影响圈范围内的竞争压力和水平，而不是该单木在标准地林分中的平均竞争压力。因此利用 Daniels index 不利于反映在标准地或小班尺度上的林分中单木个体的平均竞争压力。为了在标准地或小班尺度上建立反映单木个体平均水平的修正函数，选择张惠光在建立福建柏生长模型时所用的修正函数（张惠光，2006），见公式 5-29：

$$K = CI^{a_5 N^{a_6}} \qquad (5-29)$$

公式 5-29 反映了立地质量和其他条件一致时，在相同密度的同一林分中，竞争能力越强的单木个体其生长空间越大，生长量也就越大，表现为胸径也越大，修正系数是随竞争指标变化的单调递增函数；相反，在不同密度的林分中，竞争能力越强，单木个体的生长空间随着林分密度的增大而减小，修正系数是随密度变化的单调递减函数。此处的竞争指标选择反映单木个体在标准地或小班林分中的平均竞争压力的相对直径，如式 5-30 所示。

$$CI = \frac{d_i}{D_0} \qquad (5-30)$$

经过模型拟合，$a_5 = 0.0039$，$a_6 = 0.9993$，显著性水平 < 0.0001，误差平方和为 4.7065，决定系数为 0.4808。

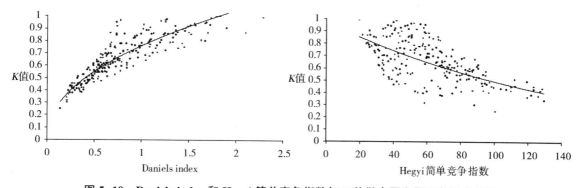

图 5-10 Daniels index 和 Hegyi 简单竞争指数与 K 值散点图和幂函数拟合结果

②利用 Hegyi 简单竞争指数建立修正函数

同样以对象木实际胸径除以公式 5-26 计算的优势木胸径作为 K 值，建立与 Hegyi 简单竞争指数的相关散点图，如图 5-10 右图所示。从图中看出 K 值与 Hegyi 简单竞争指数的相关散点图，K 值随简单竞争指数的增大而减小，按照散点图走势，综合运用线性、指数、对数、幂函数 4 种函数形式对这种相关关系进行拟合，结果发现幂函数形式能够最好地反映 K 值与简单竞争指数之间的相关关系，拟合结果为决定系数 $R^2 = 0.4964$，参数 $a_5 = 0.9776$，$a_6 = -0.007$。

5.4.1.2 以地位指数建立模型

（1）潜在生长函数

根据 Korf 方程，树木生长的最大值参数 A 与地位指数的适宜表达式（张惠光，2006）见公式 5-31：

$$A = a_7 SI^{a_8} \tag{5-31}$$

式中，SI 为地位指数，a_7、a_8 为方程参数，将该式代入 Korf 方程得公式 5-32：

$$D_0 = a_7 SI^{a_8} \cdot \exp\left(\frac{-a_9}{t^{a_{10}}}\right) \tag{5-32}$$

同样采用 43 株优势木解析木进行模型的拟合，经过计算得各参数估计值为：$a_7 = 19.9879$，$a_8 = 0.3134$，$a_9 = 9.9686$，$a_{10} = 0.8689$，决定系数 R^2 等于 0.8276，显著性水平 < 0.0001。说明模型的拟合效果较为理想，模型能够较好地反映优势木胸径与地位指数和年龄间的关系。

以 t_1 表示期初年龄，t_2 表示期末年龄，因此，杉木的胸径潜在生长量（张惠光，2006）见公式 5-33：

$$Z_{\max} = dD/dt = 19.9879 SI^{0.3134} \cdot \exp\left(\frac{-9.9686}{t_2^{0.8689}}\right) - 19.9879 SI^{0.3134} \cdot \exp\left(\frac{-9.9686}{t_1^{0.8689}}\right) \tag{5-33}$$

（2）修正函数

①利用 Daniels index 竞争指数建立修正函数

同前面方法一样，利用对象木实际胸径除以公式 5-32 计算的优势木胸径作为 K 值，建立与 Daniels index 竞争指数的相关散点图，如图 5-11 左图所示。从图中看出 K 值随 Daniels index 的增大而增大，呈现很强的相关关系，按照散点图走势，综合运用线性、指数、对数、幂函数 4 种函数形式对这种相关关系进行拟合，结果发现幂函数形式能够最好地反映 K 值与 Daniels index 竞争指数之间的相关关系，拟合结果为决定系数 $R^2 = 0.8169$。因此公式 5-29 同样能够反映 K 值与竞争指数间的函数关系式。经过拟合后的参数 $a_5 = 0.6281$，$a_6 = 0.4278$。

②利用 Hegyi 简单竞争指数建立修正函数

同样以对象木实际胸径除以优势木胸径作为 K 值，建立与简单竞争指数的相关散点图，如图 5-11 右图所示。从图中看出 K 值与简单竞争指数的相关散点图，K 值随简单竞争指数的增大而减小，按照散点图走势，综合运用线性、指数、对数、幂函数 4 种函数形

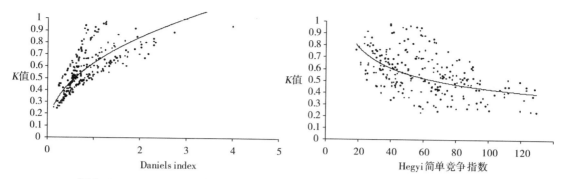

图5-11　**Daniels index** 和 **Hegyi** 简单竞争指数与 **K** 值散点图和幂函数拟合结果

式对这种相关关系进行拟合，结果发现幂函数形式能够最好地反映 K 值与简单竞争指数之间的相关关系，拟合结果为决定系数 $R^2 = 0.4061$。按照公式，经过拟合后的参数 $a_5 = 2.3922$，$a_6 = -0.371$。

通过前面分别以地位级和地位指数作为立地评价自变量同年龄建立潜在生长量函数与修正函数方程的拟合结果来看，以地位级为自变量的方程决定系数均大于以地位指数为自变量的方程，因此综合考虑，本文的研究以地位级作为自变量来反映立地质量。

5.4.1.3　杉木与距离无关的胸径生长模型

由潜在生长量公式、潜在生长函数公式和修正函数公式得胸径生长模型公式为：

$$D_i = a_1 SC^{a_2} \cdot \exp\left(\frac{-a_3}{t^{a_4}}\right) \cdot a_5 CI^{a_6} \tag{5-34}$$

公式中各符号和参数的意义同前。

由公式5-27、5-28、5-34得以 Daniels index 竞争指标表示修正函数的与距离无关的杉木单木胸径生长量 Z_d 公式为：

$$Z_d = \left[28.6512 SC^{0.4196} \exp\left(\frac{-14.9904}{t_2^{1.0533}}\right) - 28.6512 SC^{0.4196} \exp\left(\frac{-14.9904}{t_1^{1.0533}}\right)\right] 0.7614 CI^{0.4619} \tag{5-35}$$

由公式5-27、5-29、5-34得以相对直径比表示修正函数的与距离无关的杉木单木胸径生长量 Z_d 公式为：

$$Z_d = \left[28.6512 SC^{0.4196} \exp\left(\frac{-14.9904}{t_2^{1.0533}}\right) - 28.6512 SC^{0.4196} \exp\left(\frac{-14.9904}{t_1^{1.0533}}\right)\right] CI^{0.0039 N^{0.9993}} \tag{5-36}$$

公式5-35和5-36的区别在于前者以地位级、年龄、竞争指数作为自变量预测胸径的生长，后者以地位级、年龄、竞争指数、密度作为自变量预测胸径的生长。前者的竞争指数为对象木在小范围内的竞争压力，在计算竞争指数时本身已包含了对象木所处范围内的密度水平，适用于单木生长的预测；后者的竞争指数为对象木在林分或标准地水平范围内的平均竞争压力，因此在公式中加入了密度变量，适用于林分水平上对平均胸径生长的预测。

5.4.1.4 杉木与距离有关的胸径生长模型

与距离有关的生长模型同与距离无关的生长模型区别在于前者中的竞争指数带有距离因子。由公式 5-27、5-28、5-34 得杉木与距离有关的单木胸径生长模型（公式 5-37）：

$$Z_d = \left[28.6512SC^{0.4196}\exp\left(\frac{-14.9904}{t_2^{1.0533}}\right) - 28.6512SC^{0.4196}\exp\left(\frac{-14.9904}{t_1^{1.0533}}\right) \right] 0.9776CI^{-0.007}$$

$$(5-37)$$

单木胸径生长模型（公式 5-37）以地位级、年龄、竞争指数作为自变量用于预测杉木胸径的生长，该竞争指数是与距离有关的竞争指数，适用于预测单木平均胸径的生长。

5.4.2 杉木树高生长模型研究

根据文献可知，杉木的树高生长曲线与林分的年龄、立地质量有着较为密切的关系，而与林分密度则无明显的规律性（丁贵杰，1996），因此本文建立树高-胸径曲线以及利用林龄、地位级为自变量的树高生长曲线。

（1）树高-胸径曲线

利用 71 株杉木解析木数据用 4 种函数拟合树高曲线的结果如表 5-21 所示。从决定系数、误差平方和、显著性水平以及方程的实际情况分析，4 种函数在拟合树高与胸径相关关系时，决定系数均在 0.5 左右，均达到极显著水平；对数形式在胸径较小时出现负值的树高，如胸径值为 2 时计算出的树高为负数；4 种函数的拟合结果除指数和幂函数，其他 2 种函数的误差平方和很大。综合考虑以幂函数形式作为最佳的树高-胸径方程，绘制曲线如图 5-12。

表 5-21　杉木树高-胸径曲线拟合结果

函数名	函数形式	决定系数 R^2	误差平方和 SSE	显著性水平
线性函数	$H = 0.6366D + 1.4904$	0.5431	240.6780	<0.0001
指数函数	$H = 3.891e^{0.0683D}$	0.4971	3.3308	<0.0001
对数函数	$H = 9.0555ln（D）-13.305$	0.5797	221.38092	<0.0001
幂函数	$H = 0.7755D^{0.9814}$	0.5416	0.5726	<0.0001

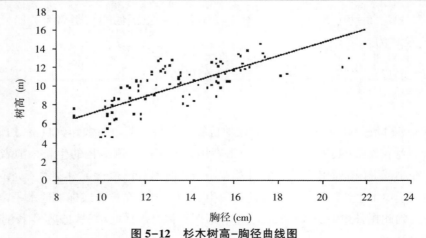

图 5-12　杉木树高-胸径曲线图

（2）树高生长模型

利用 71 株杉木胸径、树高、林龄、立地数据按公式 5-38（丁贵杰，1996）拟合以林龄、地位级为自变量的树高生长模型：

$$H = b_1 SC^{b2} t^{b3} \qquad (5-38)$$

式中，H 为树高，SC 为地位级，t 为林龄。b_1、b_2、b_3 为模型参数

经过模型拟合，得出 $b_1 = 2.3137$，$b_2 = 0.2156$，$b_3 = 0.456$，决定系数 $R^2 = 0.5701$，显著性水平 $p < 0.0001$。代入方程得到有参数的树高生长模型（5-39）：

$$H = 2.3137 SC^{0.2156} t^{0.456} \qquad (5-39)$$

将该树高生长模型以地位级为 x 坐标、年龄为 y 坐标、树高为 z 坐标绘成三维曲面，如图 5-13 所示。

从图 5-13 树高生长模型的三维曲面图可以很直观地看出随年龄增大，树高变大，随地位级变大，树高也变大，说明所拟合的树高生长模型符合树木生长规律。

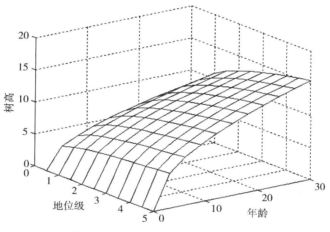

图 5-13　树高生长模型三维曲面图

5.4.3　杉木胸径树高形态生长模型的建立

（1）胸径形态生长模型定义

在杉木等针叶树种的三维空间生长参数中，树冠、树高和胸径这几个参数代表了杉木个体在林分中的占有空间，对树木进行三维可视化时，利用树冠（冠幅和冠长）、树高、胸径几个参数就能将杉木个体在林分中所占有的生长空间描绘出来，也即其个体的大小。本文将胸径形态生长模型定义为：在树木三维可视化中，用于表现胸径的几何体大小随年龄等自变量变化的模型。根据第三章整体形态结构模型的研究，胸径形态生长模型可用公式 5-40 来表示。

$$dR_4 = dR_5 = \begin{bmatrix} dx \\ dy \\ dz \end{bmatrix} = \begin{bmatrix} S_x CI_x N_x \cdots \\ S_y CI_y N_y \cdots \\ S_z CI_z N_Z \cdots \end{bmatrix} \cdot \begin{bmatrix} x \\ y \\ z \end{bmatrix} dt \tag{5-40}$$

式中各符号的含义同前，其中 S_x、S_y、S_z 为立地在三维空间 x、y、z 三个方向中的分量，CI_x、CI_y、CI_z 为竞争指数在三维空间 x、y、z 三个方向中的分量，N_x、N_y、N_z 为株数密度在三维空间 x、y、z 三个方向中的分量。

（2）树高形态生长模型定义

本文将树高形态生长模型定义为：在树木三维可视化中，用于表现树高的几何体大小随年龄等自变量变化的模型。根据第四章整体形态结构模型的研究，胸径形态生长模型可用公式 5-41 来表示。

$$d(h_1 + h_2 + h_3 + h_4) = \begin{bmatrix} dx \\ dy \\ dz \end{bmatrix} = \begin{bmatrix} S_x CI_x N_x \cdots \\ S_y CI_y N_y \cdots \\ S_z CI_z N_Z \cdots \end{bmatrix} \cdot \begin{bmatrix} x \\ y \\ z \end{bmatrix} dt \tag{5-41}$$

式中各符号的含义同前。其中由于如前所述密度同树高的影响不显著，因此变量中不含密度。

（3）模型建立

由公式 5-26、5-27 得胸径形态生长模型公式如下所示：

$$R_4 = R_5 = \frac{k}{2} 28.6512 SC^{0.4196} \exp\left(\frac{-14.9904}{t^{1.0533}}\right) K \tag{5-42}$$

$$\Delta R_4 = \Delta R_5 = \frac{k}{2} \left[28.6512 SC^{0.4196} \exp\left(\frac{-14.9904}{t_2^{1.0533}}\right) - 28.6512 SC^{0.4196} \exp\left(\frac{-14.9904}{t_1^{1.0533}}\right) \right] K$$

$$\tag{5-43}$$

式中各符号含义同前。R_5 为第四章整体形态结构模型中用于绘制胸径的圆柱体半径，该值可看作期初值为 0，经过时间 t 的大小变化量，其增量 ΔR_5 可表示为 t_1 至 t_2 时间段的胸径生长量。胸径形态生长模型中的修正函数 K 根据竞争指数的不同形式取值，如公式5-44所示。

$$K = \begin{cases} 0.7614 CI^{0.4619} & \text{以 Daniels index 竞争指标表示修正函数} \\ CI^{0.0039N^{0.9993}} & \text{以相对直径比表示修正函数} \\ 0.9776 CI^{-0.007} & \text{以 Hegyi 简单竞争指数表示修正函数} \end{cases} \tag{5-44}$$

由公式 4-92、4-93、4-94 及公式 5-28 得树高形态生长模型公式如下所示：

$$h_2 + h_3 + h_4 = 2.3137 SC^{0.2156} t^{0.456} k \tag{5-45}$$

式中各符号含义同前。

5.4.4 结论与讨论

利用潜在生长量修正法通过建立杉木潜在生长量函数和修正函数,从而建立杉木与距离有关的胸径生长模型和与距离无关的胸径生长模型。在建立潜在生长量函数和修正函数时,分别地位级和地位指数建立 Korf 方程模型,对树木生长最大值参数与地位级进行回归分析,结果发现 Korf 方程的树木生长最大值参数与立地用幂函数形式表示最佳。在建立修正函数时,分别以 Daniels index、相对直径比与距离无关的竞争指标、Hegyi 与距离有关的竞争指数建立了相应的函数模型。在建立树高生长模型时利用 71 株杉木的胸径树高值建立了杉木的树高-胸径曲线,以年龄和地位级为自变量建立了树高生长模型。从可视化的角度定义了胸径、树高形态生长模型,在胸径、树高生长模型建立的基础上,建立了胸径、树高形态生长模型公式。

5.5　本章小结

为了能够将形态模型与收获模型进行有效统一,从而利用树冠形态因子推导林木收获。本章使用三种方法分别构建了杉木单木形态收获模型,一是利用非线性回归方法分别建立直径、树高与材积的最优基础模型,在此基础上,利用两水平(树冠长度与最大树冠半径)非线性混合效应模型对杉木形态收获进行研究。二是使用 Richards 理论方程构建了杉木直径和树高模型,在此基础上,以树冠半径(CR)作为形态变量,分析理论方程中系数与 CR 的关系,建立两者间的关系函数,使用生长分析法构造直径和树高的参数化收获预估模型,并对原模型和参数化模型进行模型检验、残差分析。讨论了形态变量与林木生长之间的关系。三是从可视化的角度定义了胸径、树高形态生长模型,在胸径、树高生长模型建立的基础上,建立了胸径、树高形态生长模型公式。本章的研究结果为杉木人工林形态与收获的统一提供了新的研究方法和思路。

6 ╱ 杉木人工林全林分模型

全林分模型一般以林分或样地为单位，预测各项常见林分因子，如平均胸径（D_g）、平均树高（H）、总断面积（G）、蓄积（M）等随着林龄、林分密度等的变化情况。本章围绕林分年龄、密度和立地质量三要素，利用福建省杉木样地数据（3.2.1节）开展对全林分模型的研究，从而预测不同林分条件下的杉木人工林分生长状况。

6.1 全林分模型构建

6.1.1 全林分模型概述

众多的文献表明林分生长与年龄、密度和立地条件（SI）密切相关（唐守正，1991；李希菲和王明亮，2001），因此在构建全林分模型时，为了使模型达到良好的拟合效果，因变量应该尽量考虑林分密度指标和立地质量指标。在林分的生长过程中，林木之间存在自然稀疏现象，同时部分林分会受到人为因素（如抚育、补植、盗伐）和自然灾害的干扰，因此林分密度在整个经营过程中并非一成不变。而立地质量一般在杉木林分生长的几十年内不会发生变化，在建模的过程中可视为常数。近十几年来，国内外对杉木人工林的林分生长研究取得一定的进展，但多数限于某一方面或某几方面的研究，对杉木人工林全林分模型的综合性系统研究不多见。

6.1.2 林分平均胸径模型

除了林木本身的生理特性以外，林木胸径生长还与林分年龄、林分密度、立地质量、树种组成等林分因子相关，对于林分的平均胸径而言亦如此。其中，年龄、密度和立地条件与林分胸径生长的关系最为显著。杉木人工林胸径随年龄的生长一般呈现出先快后慢的趋势。通常情况下，在密度方面，密度小的林分，林木具备充足的生长空间，林分的平均胸径生长情况较好，胸径较大；而密度大的林分，林木间竞争激烈，胸径生长则较为缓慢。胸径生长与立地条件的关系则表现在林分立地条件越好，林分胸径平均生长状态就越佳；反之，则胸径越小。本研究选择年龄、地位指数和密度作为自变量来构建胸径模型。

在模型的选择上，综合前几章的研究成果，采用 Richards 方程作为基础模型，在 Richards 方程中，参数 a 代表因变量最大潜在生长量，相关研究表明，a 值与立地条件有关，则 a 用代表立地条件的表达式 $f(SI)$ 表示，参数 c 代表生长速率，与密度有关，则 c 用每公顷林分株数的表达式 $f(N)$ 来表示。林分平均胸径模型的具体表达式如公式 6-1

所示。

$$D_g = a_0 SI^{a_1} \left[1 - \exp \left(-c_0 N^{c_1} t \right) \right]^b \tag{6-1}$$

其中 D_g 代表林分断面积平均直径，SI 为地位指数，N 为林分公顷株数，t 为年龄。

选择 154 块样地数据，使用 SPSS18.0 对模型 6-1 进行拟合，根据决定系数和残差平方和对拟合结果进行判定，同时对各项参数进行 t 检验，单侧检验概率为 0.05，并已知 $t_{0.05(150)} = 1.66$，模型的拟合结果如表 6-1 所示。

表 6-1　杉木林分胸径模型参数及拟合检验指标统计

	a_0	a_1	b	c_0	c_1	n	df	R^2	RSS
预测值	7.697	0.547	1.078	0.213	-0.221	154	150	0.812	202.264
标准误	1.294	0.153	0.067	0.0111	0.0121				
t 值	5.948	3.576	16.090	19.189	-18.264				

胸径模型的决定系数为 0.812，残差平方和为 202.264，模型拟合结果良好，各项参数的 t 检验结果均显著，符合模型拟合原假设。因此，该模型能够较好地模拟林分胸径的生长，也反映了胸径生长与林分密度和立地密切相关。

6.1.3　林分断面积模型

在所采集的一类清查数据中，不存在样地总断面积值，但每块样地都记录了林木株数和单木直径，因此可以采用公式 6-2 计算样地总断面积。

$$G = \frac{\pi}{40000} N D_g^{\ 2} \tag{6-2}$$

其中，G 为林分总断面积，N 为林分株数，D_g 为断面积平均胸径。

在密度指标的选择上，每公顷株数 N 由于统计方便，且能直接反映单株木所占的平均林地面积，因而成为最常用的密度指标之一，除此之外，Reineke 于 1933 年提出林分密度指数（SDI）的概念，它是指现实林分的株数换算到标准平均直径时所具有的单位面积林木株数（孟宪宇，2006），是直径与株数的综合尺度。林分密度指数稳定性强，受林分年龄和立地质量的影响很小（Daniel，1976），不仅能表示单位面积株数的多少，而且也能反映林木的大小，因此成了研究中争议最少且最受欢迎的密度指标（陈东升，2010）。林分密度指标的表达式如公式 6-3 所示。

$$SDI = N \left(D_g / D_0 \right)^{\beta} \tag{6-3}$$

式中，N 为现实林分每公顷株数，D_g 为林分平均胸径，D_0 为基准胸径。

在杉木密度指数的研究中，一般取 20cm 作为基准直径。β 为最大密度线 $Sf = \alpha D^{-\beta}$ 的幂函数指数，一般与密度、年龄和立地无关。在 β 值的求解中，可采用 N 度剔除不足立木度的样地方法（N 通常取 2）来估计 β 值（李希菲等，1988）。在本研究中，首先由全部样本观测值建立回归方程（公式 6-4）：

$$\ln N = \mu_1 - v_1 \ln D \tag{6-4}$$

由于每公顷样地株数和样地的平均直径呈反比关系，因此 $v_1>0$；在拟合公式6-4，得出 μ_1 和 v_1 的值后，再将其带入公式6-4，估计出每块样地的 $\ln N$，再与测量值进行比较，若测量值<估计值，则剔除该样地的数据，将剩余的数据再建立回归方程，重复上述步骤，用最后剩余的比较样本建立回归方程（公式6-5）：

$$\ln D = \alpha - \beta \ln N \tag{6-5}$$

该方程线性方程截距的绝对值 β 即为最大密度线的函数幂指数。本研究采用了二度剔除法，构建的 β 值为1.323。

根据 SDI 公式可知，在林分造林初期，株数变化小，林分平均直径逐年增大，因此 SDI 也逐渐增大，当林分生长到一定阶段，林木间产生竞争，林分开始自然稀疏，林分密度下降，林分平均直径的生长速率变缓，SDI 的增长也逐渐减缓直至平缓，当林分生长后期，株数的下降速度大于平均直径的生长速度，则 SDI 值呈现下降的趋势（江希钿和温素平，2000）。

在断面积生长方程的选择上，综合前人研究成果（李希菲和王明亮，2001；陈东升，2010）和前面的研究结果，发现 Richards 和 Schumacher 方程适应性较强，在模拟各个林分因子的生长中均有较好地拟合精度。因此选用这两类方程作为模拟林分断面积生长的基础模型。在 Richards 方程中，参数 a 用代表立地条件的表达式 $f(SI)$ 表示，参数 c 代表生长速率，与密度有关，用代表密度的表达式表示，本研究中分别选取了每公顷株数密度（N）和林分密度指数（SDI）来代表密度指标。Schumacher 方程式的系数可以参数化为密度和优势木高的函数（李春明等，2004），由于地位指数是根据优势木高计算而来的，两者之间具有显著相关性，同时，本研究目的也是为了体现断面积生长与地位指数的关系，因而使用 SI 代替优势木高作为自变量。Richards 方程和 Schumacher 方程式的断面积参数预估模型如公式6-6至公式6-9所示。

G-Richards-SDI：

$$G = a_0 SI^{a_1}\{1-\exp[-c_0(SDI/10000)^{c_1}(t-t_0)]\}^b \tag{6-6}$$

G-Richards-N：

$$G = a_0 SI^{a_1}\{1-\exp[-c_0(N/10000)^{c_1}(t-t_0)]\}^b \tag{6-7}$$

G-Schumacher-SDI：

$$G = \exp(a_0+a_1/t)(SDI/1000)^{b_0+b_1/t}SI^{c_0+c_1/t} \tag{6-8}$$

G-Schumacher-N：

$$G = \exp(a_0+a_1/t)(N/1000)^{b_0+b_1/t}SI^{c_0+c_1/t} \tag{6-9}$$

上述公式中，G 代表林分断面积，SI 为地位指数，SDI 为林分密度指数；N 为林分公顷株数，t 为年龄；t_0 表示林木树高长到胸高1.3m时的年龄，杉木取2.0年（杜纪山和唐守正，1998），a_0、a_1、b、c_0、c_1 分别为模型参数。公式中，Richards 方程的 a、c 参数均采用幂函数形式表达，Schumacher 方程中参数则表示为密度、立地与时间的函数。采用 SPSS18.0 对上述方程进行拟合，根据决定系数和残差平方和对拟合结果进行判定，同时对各项参数进行 t 检验，单侧检验概率为0.05，并已知 $t_{0.05(150)}=1.66$，上述四项方程的参数值及拟合检验指标如表 6-2 至表 6-5 所示。

表 6-2　G-Richards-SDI 模型参数及拟合检验统计量

G-Richards-SD	a_0	a_1	b	c_0	c_1	n	df	R^2	RSS
预测值	8.051	0.673	0.644	10.510	2.502	154	150	0.855	2930.684
标准误	2.342	0.113	0.057	3.452	0.546				
t 值	3.438	5.956	11.298	3.045	4.582				

表 6-3　G-Richards-N 模型参数及拟合检验统计量

G-Richards-N	a_0	a_1	b	c_0	c_1	n	df	R^2	RSS
预测值	55.383	1.393	0.673	0.001	0.673	154	150	0.592	5180.224
标准误	24131.720	0.130	0.315	0.204	0.118				
t 值	0.002	10.715	2.137	0.005	5.703				

表 6-4　G-Schumacher-SDI 模型参数及拟合检验统计量

G-Schumacher-SDI	a_0	a_1	b_0	b_1	c_0	c_1	n	df	R^2	RSS
预测值	4.697	-40.614	0.943	-2.333	-0.432	13.342	154	150	0.840	3252.638
标准误	0.905	15.258	0.130	1.906	0.340	5.656				
t 值	5.190	-2.662	7.254	-1.224	-1.271	2.358				

表 6-5　G-Schumacher-N 模型参数及拟合检验统计量

G-Schumacher-N	a_0	a_1	b_0	b_1	c_0	c_1	n	df	R^2	RSS
预测值	4.402	-82.341	-0.378	12.999	-0.006	22.589	154	150	0.617	4867.294
标准误	1.095	17.928	0.188	3.133	0.400	6.403				
t 值	4.020	-4.593	-2.011	4.149	-0.015	3.528				

上述四个表分别是四类断面积模型的拟合结果，从决定系数和残差平方和指标看，Richards-SDI 模型的拟合精度最高，R^2 为 0.855，残差平方和最小，为 2930.684；其次为 Schumacher-SDI 模型；Richards-N 拟合精度最低，R^2 为 0.592。结果表明使用林分密度指数的模型拟合精度高于使用公顷株数的模型，说明林分密度指数更适合作为密度指标来预估林分断面积生长。在各项参数 t 检验结果中发现，Richards-SDI 方程所有参数的 t 值都在检验分布的拒绝域内，说明参数值具有存在意义，Richards-N 方程中的 a_0 和 c_0、Schumacher-SDI 中的 b_1 和 c_0、Schumacher-N 中的 c_0 参数预测值的标准误过大，导致 t 检验结果不显著。综合各项因素，研究选择 Richards-SDI 模型（公式 6-6）作为预测林分蓄积生长的模型。

6.1.4　林分蓄积模型

林分蓄积要想获得良好的预估效果，亦需要考虑林分密度和立地条件，综合前人的研究结果（李希菲和王明亮，2001；高东启等，2014），与林分断面积模型一致，选用 Richards 方程和 Schumacher 方程作为蓄积预测的模型，将方程原型的参数表达为立地质量和林分密度的函数，密度指标分别采用公顷株数和林分密度指数。模型表达式如公式 6-10 至公式 6-13 所示。

M-Richards-SDI：

$$M = a_0 SI^{a_1} \left\{ 1-\exp \left[-c_0 (SDI/1000)^{c_1} (t-t_0) \right] \right\}^b \tag{6-10}$$

M-Richards-N：

$$M = a_0 SI^{a_1} \left\{ 1-\exp \left[-c_0 (N/1000)^{c_1} (t-t_0) \right] \right\}^b \tag{6-11}$$

M-Schumacher-SDI：

$$M = a_0 SI^{a_1} \exp \left[-a_2 \left(\frac{SDI}{1000} \right)^{a_3} / t \right] \tag{6-12}$$

M-Schumacher-N：

$$M = a_0 SI^{a_1} \exp \left[-a_2 \left(\frac{N}{1000} \right)^{a_3} / t \right] \tag{6-13}$$

上述式子中，M 代表林分蓄积，SI 为林分地位指数，SDI 为林分密度指数；N 为林分公顷株数，t 为林分年龄；t_0 为林木树高长到胸高 1.3m 时的年龄。

非线性方程也可通过傅里叶变换转化为线性方程来预估林分蓄积（魏占才，2006）。以蓄积的对数形式作为因变量，构建关于年龄、地位指数和断面积的函数。具体表达如公式 6-14 所示。

$$\ln M = b_0 + b_1 SI + b_2 t^{-1} + b_3 \ln G \tag{6-14}$$

式中，b_0、b_1、b_2 和 b_3 分别为模型参数。

模型 6-14 包含的自变量为年龄、地位指数和断面积，尽管没有密度指数，但断面积包含了林分密度信息。在拟合方程 6-14 时，由于断面积 G 是公式 6-6 中的因变量，因此方程 6-14 中的 G 作为自变量包含了一定的度量误差，所以该线性方程的拟合无法使用普通最小二乘法进行，本研究采用二步最小二乘法来拟合方程 6-14。各类蓄积模型的参数以及拟合检验统计值如表 6-6 至表 6-10 所示。

表 6-6　M-Richards-SDI 模型参数及拟合检验统计量

M-Richards-SDI	a_0	a_1	b	c_0	c_1	n	df	R^2	RSS
预测值	49.260	0.708	0.847	0.028	2.173	154	150	0.819	92105.839
标准误	20.701	0.147	0.166	0.015	0.346				
t 值	2.380	4.816	5.102	1.867	6.280				

表 6-7　M-Richards-N 模型参数及拟合检验统计量

M-Richards-N	a_0	a_1	b	c_0	c_1	n	df	R^2	RSS
预测值	5807.509	1.504	1.040	3.84E-5	0.287	154	150	0.612	197601.231
标准误	7.74E6	0.214	0.434	0.05	0.148				
t 值	0.000750	7.028	2.396	768 E-4					

表 6-8　*M-Schumacher-SDI* 模型参数及拟合检验统计量

M-Schumacher-SDI	a_0	a_1	a_2	a_3	n	df	R^2	RSS
预测值	4.317	0.993	-0.044	1.144	154	150	0.743	130721.321
标准误	2.146	0.175	0.005	0.189				
t 值	2.012	5.674	-8.80	6.053				

表 6-9　*M-Schumacher-N* 模型参数及拟合检验统计量

M-Schumacher-N	a_0	a_1	a_2	a_3	n	df	R^2	RSS
预测值	0.560	1.619	-0.062	0.328	154	150	0.611	197829.245
标准误	0.358	0.215	0.005	0.107				
t 值	1.564	7.530	-12.40	3.065				

表 6-10　ln*M*-线性模型参数及拟合检验统计量

ln M-线性	b_0	b_1	b_2	b_3	n	df	R^2	RSS
预测值	1.147	0.016	-5.033	1.196	154	150	0.857	72784.483
标准误	0.311	0.009	1.074	0.092				
t 值	3.688	1.778	-4.686	13.000				

表 6-6 至表 6-10 分别对五个蓄积预估模型进行参数估计和拟合精度计算，同时对各项参数的预估值进行 t 检验，单侧检验概率为 0.05，$t_{0.05(150)} = 1.66$ 结果表明，Richards-*SDI* 模型、Schumacher-*SDI* 和多元线性模型的参数 t 检验显著，参数值具有现实意义，而以林分株数为密度指标的模型参数却存在 t 检验不显著的情况（Richards-*N* 中 a_0 和 c_0，Schumacher-*N* 的 a_0 参数不显著），且拟合精度也低于以 *SDI* 作为密度指标的模型，说明 *SDI* 更适合作为密度指标用于林分蓄积的模拟预测。在参数显著的三类模型中，多元线性回归模型的拟合精度最高，R^2 为 0.857，同时 RSS 值在五项模型中最小。因此选择模型 6-14 进行杉木人工林林分蓄积的预估并作为进一步研究的基础模型。

6.1.5　林分树高模型

林分树高生长与立地质量密切相关，将地位指数作为因变量引入模型，同时，树高生长通常伴随着胸径的生长，因此将林分平均胸径也作为因变量引入模型，树高模型的表达式如公式 6-15 所示。

$$H = 1.3 + a_0 SI^{a_1} \exp\left(-a_2/D_g\right) \tag{6-15}$$

式中，H 为林分平均高，SI 为林分地位指数，D_g 为林分平均直径，a_0、a_1、a_2 分别为模型参数。使用一类清查数据对树高模型进行参数预估及拟合与检验指标统计，结果如表 6-11 所示。

表 6-11 中显示模型 6-15 具有较高的决定系数，R^2 为 0.832，其中模型参数的 t 检验值都大于概率为 0.05 的临界值，参数值有效，检验结果显著，模型能够较好地模拟林分平均树高的生长。

表 6-11　林分平均树高模型参数及拟合检验统计量

H	a_0	a_1	a_2	n	df	R^2	RSS
预测值	3.295	0.766	13.212	154	151	0.832	220.916
标准误	0.840	0.087	0.678				
t 值	3.923	8.805	19.487				

6.1.6　株数模型

林分在生长过程中，在未受人为因素或自然灾害干扰的情况下，林分密度会发生一系列规律性的变化。在林分生长初期，林木具有充分的生长空间，林木之间不存在竞争，同时林木处于造林后恢复与发展根系阶段，对此，林分株数的减少相对缓慢，甚至可以忽略不计。但随着年龄的增长，林木生长加快，树冠迅速扩展，林木之间互相干扰加剧，同时伴随林木分化，林分的自然稀疏加剧，林分株数逐渐减少，减少程度先慢后快，减少的过程一直持续到林分成熟进行采伐。

某些研究表明，林分株数变化和地位指数有关（陈永芳，2001；陈东升，2010），同时，林分的密度变化与林分的初植密度有关（韩焱云，2015），株数的变化更多地反映在前一时间序列上的株数的值，基于此，本研究选择了株数动态预估模型。其表达式见公式 6-16。

$$N_2 = N_1 (t_2 - t_1)^a + (b_0 + b_1 SI)(t_2 - t_1)^c \tag{6-16}$$

其中，N_2、N_1 分别代表年龄为 t_2 和 t_1 时林分的公顷株数，其中 $t_2 > t_1$；SI 为地位指数，a、b 分别为模型参数。

研究在 227 个样地中选择了未间伐或者采伐蓄积量占总蓄积量小于 5% 的复测样地数据进行拟合，经整理，共得到 99 组满足上述条件的复测样地数据，根据比例，选取 69 组数据用于拟合，30 组样地用于检验。株数动态预估模型的拟合结果和参数 t 检验结果如表6-12 所示。

表 6-12　林分株数模型参数及拟合检验统计量

N	a	b_0	b_1	c	n	df	R^2	RSS
预测值	−0.163	−0.935	−0.0295	1.803	69	64	0.832	1.357E6
标准误	0.048	0.369	0.0102	0.236				
t 值	3.396	2.534	2.892	7.640				

模型 6-16 的拟合决定系数 R^2 为 0.832，参数在 $t_{0.05}(64) = 1.67$ 的前提下可知 a 和 b 参数检验结果均显著。因此，该株数模型能够较好地模拟杉木林分动态株数的变化。

6.1.7　各类模型检验

为了验证模型的适用性和稳定性，本研究选择平均偏差绝对值 MAE、平均相对偏差绝对值 $MAPE$ 和预估精度 P 作为指标对最佳的胸径模型、断面积模型、蓄积模型、树高模型和株数模型进行统计量计算，同时对五个模型的精度进行总体显著性检验。检验统计量的计算结果见表6-13。

表6-13　杉木全林分模型检验指标统计量

项目	样本个数	MAE	$MAPE$	$F/F_{0.05}$ $(p,\ n-p-1)$	P
胸径模型	73	1.439	10.61%	25.808/2.737	0.943
断面积模型	73	2.182	11.32%	191.457/2.737	0.925
蓄积模型	73	10.845	9.08%	405.011/2.737	0.925
树高模型	73	0.886	9.89%	181.331/3.128	0.969
株数模型	30	153.785	13.47%	61.396/2.975	0.957

表6-13表明，五类模型的预估精度都在90%以上，五类模型的平均偏差绝对值较小，平均相对偏差都在14%以下，说明模型具有较好的适应性，在总体显著性的 F 检验中，五个模型的总体检验值均大大超过检验域 $F_{0.05}$ $(p,\ n-p-1)$ 的临界值，说明因变量和自变量具有显著相关关系。为了进一步说明上述模型的精度，绘制了各类模型的标准化残差图（图6-1）。从标准化残差散点分布可知，五类模型在0轴上下分布均匀，说明参数属于无

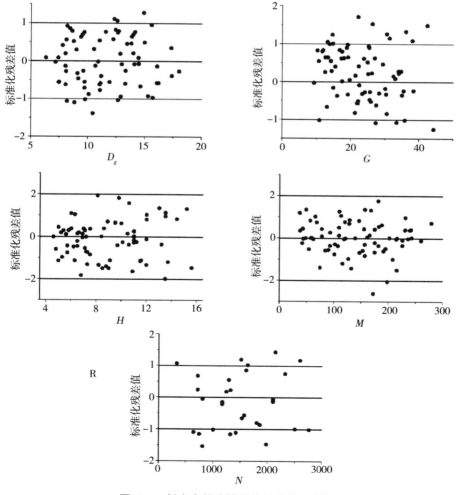

图6-1　杉木全林分模型的标准化残差图

偏估计，其中断面积模型、树高模型和株数模型的残差分布都位于±2 之间，蓄积模型只有少量的值略低于−2，由此进一步说明模型的适用性。

6.2 杉木林分生长过程分析

6.2.1 生长过程表

杉木是我国南方人工栽培的主要用材树种之一。按生物学特征，杉木在生长过程中，可分为幼树、速生、成年和衰老四个阶段（郭艳荣，2014）。杉苗造林到长成幼树这一阶段，需要发展根系，此时根系生长比地上部分快，树高和直径生长缓慢，植株间尚留有充足的空隙，因此地上部分的生长受林分条件的制约影响较小，而杉木林分在速生、成年和衰老阶段会因密度和立地条件的不同而不同，而本研究旨在分析不同林分条件下的杉木生长过程，因此，本节利用上一节构建的全林分模型计算杉木林分的生长量，由于早期杉苗处于恢复和扎根阶段，真正进入林木速生生长则是在 5 年以后，同时，福建省杉木林一般在 20 年以后便进入成熟阶段（姜志林等，1982），因此研究计算 6~30 年生杉木人工林生长量并假设第六年的林分密度与初植密度一致。

在林分初植密度的选择上，根据福建省造林类型规程，集约杉木人工纯林的造林规格一般有几种选择：167 株/亩（2500 株/hm²），株行距为 6×6（单位：尺①）；200 株/亩（3000 株/hm²），株行距为 5×6（单位：尺）；240 株/亩（3600 株/hm²），株行距为 5×5（单位：尺）；270 株/亩（4050 株/hm²），株行距为 4.5×5.0（单位：尺）。为了选择不同密度对林分收获的影响，本研究选取了公顷株数 2500 和 3600 作为初植密度，对模型进行模拟。

在立地指数的分类上，郭艳荣（2014）将福建省立地指数分为三级，分别为 16~22 级为 I 级，12~14 为 II 级，8~10 为 III 级。因此在本研究的模拟中，分别取地位指数为 18、14 和 10 来代表优、中、劣的林地质量。根据所构建的全林分模型，将 18、14 和 10 的地位指数和 2500、3600 的林分初植密度数分别带入全林分模型，得到杉木的生长过程统计表，包括 6~30 年的林分株数、胸径、树高、断面积、蓄积以及蓄积的平均生长量和连年生长量，详见表 6-14 至表 6-19。

表 6-14　杉木人工林林分收获模拟（$SI=18$；$N=2500$）

年龄	株数 （株/hm²）	胸径 （cm）	树高 （m）	断面积 （m²/hm²）	蓄积 （m³/hm²）	平均生长量 （m³/hm²）	连年生长量 （m³/hm²）
6	2500	6.7	5.5	6.4	16.8	2.6	8.9
7	2228	7.9	7.0	8.8	27.7	3.7	10.2
8	2079	9.1	8.4	11.8	42.8	5.0	14.2
9	1977	10.3	9.6	15.2	62.0	6.5	18.0

---

① 1 尺＝1/3m，下同。

（续）

年龄	株数 （株/hm²）	胸径 （cm）	树高 （m）	断面积 （m²/hm²）	蓄积 （m³/hm²）	平均生长量 （m³/hm²）	连年生长量 （m³/hm²）
10	1896	11.4	10.7	18.8	85.0	8.0	21.5
11	1830	12.4	11.7	22.7	111.0	9.5	24.4
12	1772	13.4	12.6	26.5	139.1	10.9	26.4
13	1719	14.4	13.4	30.3	168.4	12.2	27.5
14	1670	15.4	14.1	33.9	197.9	13.3	27.6
15	1625	16.3	14.7	37.2	226.6	14.2	26.9
16	1581	17.3	15.3	40.1	253.7	14.9	25.4
17	1538	18.1	15.9	42.7	278.7	15.4	23.5
18	1496	19.0	16.3	45.0	301.3	15.7	21.2
19	1455	19.8	16.8	46.9	321.2	15.9	18.7
20	1414	20.6	17.2	48.5	338.6	15.9	16.3
21	1374	21.4	17.6	49.8	353.6	15.8	14.0
22	1333	22.2	17.9	50.8	366.4	15.6	12.0
23	1292	22.9	18.2	51.6	377.2	15.4	10.1
24	1251	23.6	18.5	52.2	386.3	15.1	8.5
25	1209	24.3	18.8	52.7	393.9	14.8	7.2
26	1167	25.0	19.1	53.1	400.3	14.4	6.0
27	1125	25.6	19.3	53.4	405.5	14.1	4.9
28	1081	26.3	19.5	53.5	409.7	13.7	4.0
29	1038	26.9	19.7	53.6	413.0	13.4	3.1
30	993	27.5	19.9	53.6	415.4	13.0	2.2

表 6-15　杉木人工林林分收获模拟（$SI=18$；$N=3600$）

年龄	株数 （株/hm²）	胸径 （cm）	树高 （m）	断面积 （m²/hm²）	蓄积 （m³/hm²）	平均生长量 （m³/hm²）	连年生长量 （m³/hm²）
6	3600	6.2	4.9	9.7	27.5	4.0	13.7
7	3210	7.4	6.3	13.3	45.1	5.7	15.5
8	2999	8.5	7.6	17.6	69.3	7.6	21.3
9	2854	9.5	8.8	22.5	99.3	9.7	26.4
10	2743	10.6	9.9	27.5	133.9	11.8	30.4
11	2651	11.6	10.9	32.6	171.3	13.7	32.9
12	2573	12.5	11.8	37.3	209.4	15.4	33.6
13	2503	13.5	12.6	41.6	246.3	16.7	32.4
14	2439	14.4	13.4	45.3	280.2	17.6	29.9
15	2380	15.3	14.0	48.3	310.1	18.2	26.3

（续）

年龄	株数 （株/hm²）	胸径 （cm）	树高 （m）	断面积 （m²/hm²）	蓄积 （m³/hm²）	平均生长量 （m³/hm²）	连年生长量 （m³/hm²）
16	2325	16.2	14.6	50.7	335.3	18.4	22.2
17	2272	17.0	15.2	52.5	356.0	18.4	18.2
18	2220	17.8	15.7	53.7	372.6	18.2	14.6
19	2171	18.6	16.1	54.6	385.7	17.9	11.5
20	2122	19.4	16.6	55.2	396.0	17.4	9.1
21	2074	20.1	16.9	55.6	404.2	16.9	7.2
22	2026	20.9	17.3	55.9	410.8	16.4	5.8
23	1979	21.6	17.6	56.0	416.4	15.9	4.9
24	1931	22.2	17.9	56.1	421.1	15.4	4.1
25	1884	22.9	18.2	56.2	425.2	15.0	3.6
26	1837	23.5	18.5	56.2	428.8	14.5	3.2
27	1789	24.2	18.8	56.3	432.1	14.1	2.9
28	1741	24.8	19.0	56.3	435.1	13.7	2.7
29	1693	25.4	19.2	56.3	437.9	13.3	2.5
30	1644	25.9	19.4	56.3	440.5	12.9	2.3

表 6-16　杉木人工林林分收获模拟（$SI=14$；$N=2500$）

年龄	株数 （株/hm²）	胸径 （cm）	树高 （m）	断面积 （m²/hm²）	蓄积 （m³/hm²）	平均生长量 （m³/hm²）	连年生长量 （m³/hm²）
6	2500	5.8	3.9	4.1	9.1	1.5	5.2
7	2228	6.9	5.0	5.6	15.1	2.2	5.9
8	2080	8.0	6.0	7.5	23.4	2.9	8.4
9	1978	8.9	7.0	9.7	34.2	3.8	10.8
10	1899	9.9	7.8	12.2	47.2	4.7	13.1
11	1833	10.8	8.6	14.8	62.3	5.7	15.1
12	1775	11.7	9.4	17.4	79.1	6.6	16.8
13	1724	12.6	10.0	20.2	97.2	7.5	18.1
14	1677	13.4	10.6	22.8	116.0	8.3	18.8
15	1632	14.2	11.1	25.4	135.1	9.0	19.1
16	1589	15.0	11.6	27.9	153.9	9.6	18.8
17	1548	15.8	12.1	30.1	172.1	10.1	18.2
18	1508	16.5	12.5	32.2	189.3	10.5	17.2
19	1469	17.3	12.9	34.0	205.3	10.8	16.0
20	1430	17.9	13.2	35.6	219.9	11.0	14.6
21	1391	18.6	13.5	37.0	233.0	11.1	13.1

（续）

年龄	株数 （株/hm²）	胸径 （cm）	树高 （m）	断面积 （m²/hm²）	蓄积 （m³/hm²）	平均生长量 （m³/hm²）	连年生长量 （m³/hm²）
22	1352	19.3	13.8	38.2	244.7	11.1	11.7
23	1314	19.9	14.1	39.2	255.0	11.1	10.3
24	1275	20.5	14.4	40.1	263.9	11.0	8.9
25	1235	21.1	14.6	40.8	271.5	10.9	7.6
26	1196	21.7	14.8	41.3	278.0	10.7	6.5
27	1156	22.3	15.0	41.7	283.4	10.5	5.4
28	1115	22.8	15.2	42.0	287.7	10.3	4.4
29	1074	23.3	15.4	42.2	291.1	10.0	3.4
30	1033	23.8	15.6	42.3	293.6	9.8	2.5

表 6-17　杉木人工林林分收获模拟（$SI=14$；$N=3600$）

年龄	株数 （株/hm²）	胸径 （cm）	树高 （m）	断面积 （m²/hm²）	蓄积 （m³/hm²）	平均生长量 （m³/hm²）	连年生长量 （m³/hm²）
6	3600	5.4	3.5	6.2	15.0	2.5	8.5
7	3211	6.4	4.5	8.5	24.7	3.5	9.7
8	3000	7.4	5.5	11.3	38.4	4.8	13.6
9	2855	8.3	6.4	14.6	55.7	6.2	17.3
10	2745	9.2	7.2	18.2	76.3	7.6	20.6
11	2654	10.1	8.0	21.8	99.5	9.0	23.2
12	2576	10.9	8.7	25.5	124.5	10.4	25.0
13	2508	11.7	9.4	29.0	150.2	11.6	25.7
14	2445	12.5	10.0	32.3	175.5	12.5	25.3
15	2388	13.3	10.5	35.3	199.6	13.3	24.1
16	2334	14.1	11.0	37.8	221.7	13.9	22.2
17	2282	14.8	11.5	40.0	241.5	14.2	19.8
18	2232	15.5	11.9	41.8	258.7	14.4	17.2
19	2184	16.2	12.3	43.2	273.4	14.4	14.6
20	2137	16.9	12.7	44.3	285.4	14.3	12.2
21	2091	17.5	13.0	45.2	295.5	14.1	10.1
22	2046	18.1	13.3	45.8	303.8	13.8	8.3
23	2000	18.8	13.6	46.3	310.6	13.5	6.8
24	1955	19.3	13.9	46.6	316.2	13.2	5.6
25	1910	19.9	14.1	46.9	320.8	12.8	4.7
26	1865	20.5	14.3	47.0	324.8	12.5	3.9
27	1820	21.0	14.6	47.2	328.2	12.2	3.4

（续）

年龄	株数 （株/hm²）	胸径 （cm）	树高 （m）	断面积 （m²/hm²）	蓄积 （m³/hm²）	平均生长量 （m³/hm²）	连年生长量 （m³/hm²）
28	1775	21.5	14.8	47.3	331.1	11.8	2.9
29	1729	22.0	15.0	47.3	333.7	11.5	2.6
30	1683	22.5	15.1	47.4	336.0	11.2	2.3

表 6-18　杉木人工林林分收获模拟（$SI=10$；$N=2500$）

年龄	株数 （株/hm²）	胸径 （cm）	树高 （m）	断面积 （m²/hm²）	蓄积 （m³/hm²）	平均生长量 （m³/hm²）	连年生长量 （m³/hm²）
6	2500	4.9	2.6	2.2	4.1	0.7	2.3
7	2229	5.8	3.2	3.0	6.8	1.0	2.7
8	2081	6.6	3.9	4.1	10.6	1.3	3.8
9	1979	7.4	4.6	5.3	15.5	1.7	5.0
10	1901	8.2	5.2	6.7	21.6	2.2	6.1
11	1836	9.0	5.7	8.2	28.8	2.6	7.2
12	1779	9.7	6.3	9.7	37.0	3.1	8.2
13	1729	10.5	6.7	11.4	46.0	3.5	9.0
14	1683	11.2	7.2	13.0	55.6	4.0	9.7
15	1640	11.8	7.6	14.7	65.8	4.4	10.1
16	1598	12.5	8.0	16.3	76.1	4.8	10.4
17	1559	13.1	8.3	17.9	86.6	5.1	10.4
18	1520	13.7	8.6	19.4	96.9	5.4	10.3
19	1483	14.3	8.9	20.8	106.9	5.6	10.0
20	1445	14.9	9.2	22.1	116.4	5.8	9.5
21	1409	15.5	9.5	23.3	125.4	6.0	9.0
22	1372	16.0	9.7	24.3	133.8	6.1	8.4
23	1335	16.5	9.9	25.3	141.4	6.1	7.7
24	1298	17.0	10.2	26.1	148.3	6.2	6.9
25	1261	17.5	10.3	26.8	154.5	6.2	6.2
26	1224	18.0	10.5	27.4	159.9	6.1	5.4
27	1187	18.5	10.7	27.9	164.5	6.1	4.6
28	1149	18.9	10.9	28.3	168.4	6.0	3.9
29	1110	19.3	11.0	28.6	171.5	5.9	3.1
30	1072	19.8	11.1	28.8	173.9	5.8	2.4

表 6-19 杉木人工林林分收获模拟（$SI=10$；$N=3600$）

年龄	株数 （株/hm²）	胸径 （cm）	树高 （m）	断面积 （m²/hm²）	蓄积 （m³/hm²）	平均生长量 （m³/hm²）	连年生长量 （m³/hm²）
6	3599	4.5	2.3	3.3	6.8	1.1	3.8
7	3211	5.3	2.9	4.6	11.2	1.6	4.4
8	3001	6.1	3.5	6.2	17.5	2.2	6.3
9	2857	6.9	4.1	8.1	25.7	2.9	8.2
10	2747	7.7	4.7	10.1	35.7	3.6	10.0
11	2657	8.4	5.3	12.4	47.3	4.3	11.7
12	2580	9.1	5.8	14.7	60.4	5.0	13.1
13	2513	9.8	6.3	17.0	74.5	5.7	14.1
14	2452	10.4	6.7	19.4	89.3	6.4	14.8
15	2395	11.1	7.1	21.6	104.3	7.0	15.0
16	2343	11.7	7.5	23.8	119.2	7.5	14.9
17	2292	12.3	7.9	25.7	133.6	7.9	14.4
18	2244	12.9	8.2	27.5	147.2	8.2	13.6
19	2198	13.5	8.5	29.1	159.9	8.4	12.6
20	2153	14.0	8.8	30.5	171.4	8.6	11.5
21	2109	14.6	9.1	31.7	181.7	8.7	10.3
22	2065	15.1	9.3	32.8	190.8	8.7	9.1
23	2022	15.6	9.5	33.6	198.8	8.6	8.0
24	1979	16.1	9.7	34.3	205.7	8.6	6.9
25	1937	16.5	9.9	34.9	211.7	8.5	6.0
26	1894	17.0	10.1	35.4	216.9	8.3	5.2
27	1851	17.4	10.3	35.8	221.3	8.2	4.4
28	1809	17.9	10.5	36.1	225.1	8.0	3.8
29	1766	18.3	10.6	36.3	228.3	7.9	3.3
30	1723	18.7	10.8	36.5	231.1	7.7	2.8

6.2.2 生长过程分析

从表 6-14 至表 6-19 可知，杉木林分的株数、胸径、树高、断面积和蓄积的生长都随着年龄的增长呈现出规律性的变化。胸径和树高在第六年便进入速生期，其生长速率由快到慢，过了速生期后则以更慢的速度增长，这与姜志林等（1982）所持的"杉木栽植后2~6年即进入树高、胸径生长的速生阶段"观点一致。与胸径相比，树高生长的速率变化幅度相对较大，同时速生期持续的时间较短。断面积和蓄积的生长则呈"S"形曲线的走向，即一开始生长较缓慢，随后生长速率增加，到了成熟期，增长逐渐下降，甚至不再增长，蓄积连年生长量的最大值出现的年份早于蓄积的平均生长量。而株数的变化则呈现出

一个反 "S" 形的状态，在林分速生期，株数下降较快，之后逐渐趋于缓慢，到了林分近熟至成熟期间，株数下降速度又略有提升。

不同的林分条件，林木的生长状况也存在一系列差异，在林分密度相同的情况下，立地条件越好，林分直径和树高在速生期的增长速度越快。如 SI 为 18 立地条件下，林分在速生期的直径和树高生长速度分别达到 1.0~1.2cm/年和 0.5~1.5m/年；SI 为 14 立地条件下，直径和树高的生长速度分别为 0.7~1.1cm/年和 0.3~1.1m/年；SI 为 10 立地条件下，林分直径和树高在速生期的年生长速率仅分别为 0.5 ~0.8cm 和 0.6~0.1m。按照地位指数从低到高，同一年份的胸径、树高涨幅来看，立地条件对树高生长的影响大于对直径生长的影响。立地条件越好的林分，断面积和蓄积的收益速生期来得更早，收获量更大，进入收益稳定期的时间也越早，例如林分初植密度为 2500 株/hm² 的林分，SI 为 18、14 和 10 立地条件下的断面积生长稳定期分别为 23~24 年、25~26 年和 28~30 年。在株数变化上，立地质量越好的林分，株数减少得越快；而林地质量较差的林分，林木生长活力弱，更新慢，株数减少力度小。不同的林分密度对林木的生长也存在重要的影响，主要体现在树高和胸径的影响上。同时，在相同的立地条件下，密度越大的林分，相同年龄的胸径和树高的生长速率相对减少，反之，密度较小的林分，林木生长空间大，胸径和树高的生长速率快。按照同一立地条件下，同一年龄不同密度胸径和树高变化幅度来看，密度对树高生长的影响程度低于对直径生长的影响程度。

6.3 本章小结

本研究以四期福建省杉木一类清查固定样地复测数据作为基础数据，围绕林龄、林分密度以及地位指数，建立了一整套包括预测林分胸径、树高、断面积、蓄积和株数的全林分模型系统，在各类模型中选出最佳模型进行检验和残差分析，检验结果正确可靠，模型能够较好地模拟杉木林分的生长。根据模型编制了不同林分条件下的杉木人工林生长收获表，结合实际，分析了杉木的生长过程。

在构建全林分收获模型时，胸径预测模型和断面积预测模型采用了 Richards 理论方程参数化的方法，结果表明，以林分密度指数作为密度指标时，模型取得更好的拟合效果，这与李春明（2003）、高东启等（2014）的研究结果一致，与林分株数密度相比，林分密度指数不仅能够表示林分中林木数量的多少，还能通过直径来反映林木的大小，且不受立地条件的影响，测算容易（方怀龙，1995）。在蓄积收获预估中，以断面积作为密度指标的多元回归方程的拟合精度优于 Richards 参数化方程。应用所建立的全林分模型，可以估计任意年龄的林分基本调查因子具体值，直接编制林分生长过程表、计算林分的多目标效益、绘制密度图、计算生长量，还能推导出各种生长及经营模型，对杉木人工林的生产经营具有重要意义。

7 / 杉木人工林森林成熟研究

本章对杉木林森林成熟的研究包括数量成熟、工艺成熟和经济成熟。对森林成熟进行研究，能够辅助林农对林分轮伐期的判定，亦能分析不同林分条件对林分收益的影响，同时为后面章节中根据不同条件林分制定蓄积收益最大和经济收益最大的间伐参数研究提供基础。

7.1 引言

森林成熟指森林在生长发育过程中达到最符合经营目的和任务的状态，森林成熟周期也称为经营周期或轮伐期。判断森林成熟是制定森林轮伐期的依据，是森林经营决策的关键。

对于森林成熟的研究，最初仅考虑经济效益和木材生产为经营目标，发展到后来考虑生态效益、社会效益和生物多样性保护等方面，不同的林种有不同的成熟指标，商品林根据经营目的，其森林成熟依据主要有数量成熟、工艺成熟、更新成熟和经济成熟，生态公益林以维护生态环境为目标，其森林成熟包含防护成熟、自然成熟、碳储量成熟、特点树种的自然保护区成熟。对于人工用材林而言，经营目的紧紧围绕着木材的数量和质量及经济价值收获而展开，因此学者们对人工用材林的森林成熟研究主要集中于数量成熟、工艺成熟和经济成熟三个方面。

关于用材林数量成熟的研究起步较早，20世纪五六十年代，许多学者对数量成熟进行了深入的研究。论证和分析森林成熟龄是确定合理森林采伐年龄和轮伐期的基础。经研究，数量成熟主要与树种的生理特性、林分密度、立地条件及经营措施相关。数量成熟只考虑了木材的数量，并未考虑质量。在实践中，经营者通常在考虑数量成熟的同时更多地将木材的削度、造材规格等因素顾及在内，因此出现了工艺成熟龄的研究。森林经济成熟概念的诞生是林业商品化的必然结果，经济成熟是反应林木或者林分给经营者带来的最高经济效益，其收获最高经济效益的年份即为经济成熟龄。经济成熟是确定人工林采伐收获最为重要的依据，从经济成熟角度探讨林分最佳轮伐期逐渐成为森林经营领域的研究热点。

7.2　数量成熟

7.2.1　数量成熟龄

杉木是南方主要的用材树种，在林分正常发育的情况下，其蓄积生长有着一定的规律性：一开始较小，后逐渐增大，到达一个峰值后又逐渐减少，该峰值所对应的年龄就是林分的数量成熟龄，其表达式如公式 7-1 所示：

$$\max Z_t = M_t / t \tag{7-1}$$

其中 t 代表林分年龄，Z_t 表示林分蓄积平均生长量，M_t 表示 t 时间林分收获的蓄积量。当林分平均生长量达到最大值时，林分达到数量成熟。

根据林分生长过程表和数量成熟龄计算公式，计算整理得到不同立地条件和林分密度下的杉木人工林数量成熟龄，详见表 7-1。

表 7-1　不同林分条件下的杉木数量成熟龄

地位指数	密度（株/hm²）	数量成熟龄（年）
18	2500	19～20
	3600	15～17
14	2500	22～23
	3600	19～20
10	2500	24～25
	3600	22～23

从表 7-1 中可知，杉木数量成熟龄随着密度和立地条件的不同而发生变化，不同条件下的杉木人工林数量成熟龄分布于 16～26 年，在地位指数为 18，林分密度为 3600 株/hm² 的条件下，杉木在 15 年便达到数量成熟，而地位指数为 10，密度为 2500 株/hm² 的条件下，杉木人工林则到了 26 年才能达到数量成熟龄。在同一立地条件下，密度越大，数量成熟龄来得越早，密度越小，林分数量成熟得越晚，这是因为密度大的林分郁闭较早，自然整枝和林木分化现象出现得更早，所以成熟得更早。在相同的密度条件下，立地条件越好，数量成熟龄来得越早，反之，则数量成熟龄来得晚，这是因为好的立地条件，林木生长快，更新也快，因而成熟得快。从表 7-1 中还可以发现，随着立地条件的下降，密度对数量成熟龄的影响逐渐减弱，18 级地位指数不同密度的数量成熟龄相差 4 年左右，14 级的相差 3 年左右，10 级的相差 2 年左右，这是因为地位指数越高，杉木生长更新变化快，密度对林分生长的作用就体现得越明显。

7.2.2　数量成熟曲线

为了进一步分析不同密度和立地条件对林分蓄积连年生长量和平均生长量的影响，分别绘制了不同条件下杉木人工林的连年生长和平均生长量的生长散点走向图。汇总于图 7-1。由于图 7-1 中的散点图是连续的，因此可视为曲线，结合生长过程表，我们发现，

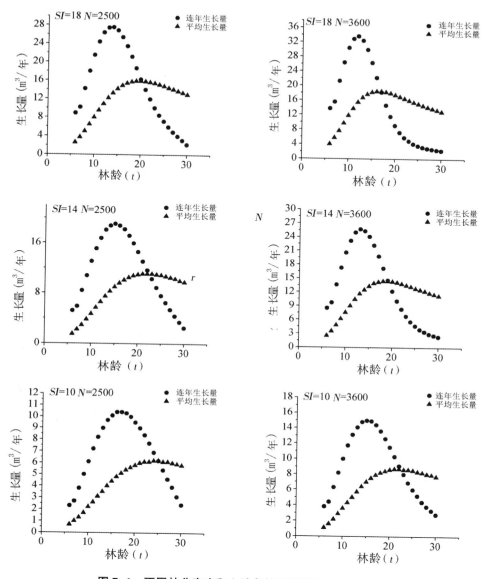

图7-1　不同林分密度和立地条件下的蓄积生长量曲线

图中进一步说明立地条件越好、密度越大的林分，连年增长量曲线和平均增长量曲线的交汇点就越提前。

　　从连年生长量曲线的角度分析，在相同的立地条件下，密度越大的杉木蓄积连年生长量曲线越陡，速生期来得越早，且在较长的时间内，林分衰退的速度比密度小的林分来得慢；在相同的密度条件下，立地条件越好的林分，其蓄积的连年生长量曲线越陡峭，杉木速生期来得越早。如 $SI=18$ 的条件下，密度为 2500 株/hm² 和 3600 株/hm² 的最大连年生长量分别为 14 年和 12 年；$SI=14$ 的条件下，密度为 2500 株/hm² 和 3600 株/hm² 的最大连年生长量分别为 15 年和 13 年；$SI=10$ 的条件下，密度为 2500 株/hm² 和 3600 株/hm²

的最大连年生长量分别为 17 年和 15 年，这一点与平均生长量的变化趋势一致。但在 30 年左右的连年生长量值相差不大，说明立地条件越好的林分，林分平均生长量下降速度慢，从而说明林分衰退的速度越慢。

7.3 工艺成熟

7.3.1 林分直径分布模型

数量成熟只考虑了木材的数量，并未考虑质量（董晨等，2014）。在实践中，杉木成熟后采伐的木材主要用于规格造材，而判断工艺成熟的关键则是估计可用材的材积，其大小与林分材种结构密切相关，材种结构则又由林分结构所决定。林分中各种特征因子（直径、树高、断面积等）都有各自特定的结构分布规律，各类因子之间的分布规律又存在一定的联系，其中林分直径分布是其他因子结构的基础（王素萍，2002）。林分直径分布对林分材种收获起着决定性作用，如两个林分的平均胸径、平均树高甚至林分密度及蓄积量完全相同，若两者的直径分布不同，其材种出材量就不一定会相同，林分的工艺成熟龄也存在差异。借助林分直径分布可以预测某一林分各径级的株数，估算林分蓄积量，在林分产量预估和材种测算方面都起着十分重要的作用（周国模等，1992）。为了研究福建省杉木林分的工艺成熟，本研究采用一类清查数据构建杉木人工林的直径分布模型。

林分直径的分布状态随着时间推移而动态变化。随着年龄的增长，林木个体逐渐加大，林木生长空间受限制，林分出现自然稀疏和立木分化现象，从而出现径级差异，径级常态分布曲线的峰度及离散度也随着林龄而发生改变，一般情况下，人工林幼龄林阶段直径离散度较小，无明显偏态，随着林龄的增大，林木分化明显，直径离散度增大，峰度出现偏态（王素萍，2002）。研究林分直径分布的方法很多，目前大多数借助于各种概率密度函数来描述人工林的直径分布，选择一个合适的概率密度函数，对模拟杉木人工林的直径分布起到关键性的作用。根据国内外大量的实践表明，三参数的 Weibull 分布函数可以很好地描述同龄林和异龄林的直径分布（Bailey and Dell，1973；Cao，2004；江希钿等，1997；孟宪宇，2006；Burkhart and Tomé，2012）。其概率密度函数为公式（7-2）：

$$f(x) = \begin{cases} 0 \\ \dfrac{b}{c}\left(\dfrac{x-a}{b}\right)^{c-1} \exp\left[-\left(\dfrac{x-a}{b}\right)^{c}\right] \end{cases} \tag{7-2}$$

式中，a 为位置参数，指的是直径分布最小径阶的下限；b 为尺度参数，是累计频数为 63% 处的直径与最小直径之差，$b>0$；c 为形状参数，$c>0$。

在 Weibull 分布概率密度函数中，参数 c 对曲线形状的确定起到关键性作用，c 取不同范围的值，可以得到不同形状的分布曲线。参数 c 具体的取值范围和该范围所代表的曲线类型如下所示（王素萍，2002）。

当 $c \leqslant 1$ 时，$f(x)$ 为负指数分布类型函数，在二维图中显示的是反"J"形曲线，可以模拟异龄林和同龄幼龄林的直径分布。

当 $c = 2$ 时，$f(x)$ 为 x^2 分布的特殊情况，又可称为 Rayleigh 分布。

当 $1<c<3.6$ 时，$f(x)$ 为具有正偏的山状曲线。常用于模拟同龄幼、中龄林的直径分布。

当 $c\approx3.6$ 时，$f(x)$ 接近于正态分布。是同龄林林分直径分布的一种理想化形式。

当 $c>3.6$ 时，$f(x)$ 为负偏山状曲线。一般用于模拟同龄成、过熟林的直径分布。

上述文字表明，多种分布都是 Weibull 分布的一种特殊形式。Weibull 概率分布函数不仅能拟合负指数函数，还能较好地模拟不同偏度、峰度的单峰山状曲线，能模拟不同性质林分任一阶段的直径分布，呈现了较大的灵活性和适应性。因此，本研究选择 Weibull 分布函数来模拟杉木人工林的直径分布。

对公式 7-2 进行积分，得到概率分布函数为公式（7-3）：

$$F(x) = 1-\exp\left[-(\frac{x-a}{b})^c\right] \tag{7-3}$$

通过概率分布函数，可以推导出林分中不同径阶的林木株数公式：

$$n_i = N\left\{\exp\left[-(\frac{L_i-a}{b})^c\right]-\exp\left[-(\frac{U_i-a}{b})^c\right]\right\} \tag{7-4}$$

式中，n_i 为林分内第 i 径阶内的林木株数；N 为林分单位面积的株数；U_i、L_i 为第 i 径阶的上下限值。

Weibull 分布参数估计可通过多种数学方法进行求解，包括最大似然法、百分位法、回归法、矩法等（方子兴，1993）。综合各类文献中的研究方式，本研究选择参数预估法和参数回收法进行参数求解，同时比较两类方法的模型模拟精确度，选择能最佳模拟杉木林分直径分布的参数用于下一步的研究。

（1）参数预估模型（PPM）

参数预估模型（Parameters Prediction Model，PPM）是通过 Weibull 概率分布函数对现实林分的直径分布进行模拟，得到每个林分的参数值，通过建立参数与林分因子之间的多元回归方程来预估林分的直径分布。在本研究中，选择 52 块未间伐的样地，根据其样木数据统计各个径阶的林木株数，对概率分布函数进行拟合，获得 75 组 a、b、c 参数。将三个参数分别与林龄（t）、算数平均直径（$\overline{D}$）、平均树高（H）、林分密度（N）和地位指数（SI）做 Pearson 和 Spearman 的相关系数分析。李子敬（2011）研究表明，衡量两个变量的线性相关性时，Pearson 系数更具有说服力，而 Spearman 系数通常用于变量间非线性相关的衡量。因此，在本研究中，若变量的 Pearson 系数大于 Spearman 系数，则自变量以线性变量的形式来表达，反之，则用非线性变量的形式来表达。三参数与林分因子的相关系数如表 7-2、表 7-3 和表 7-4 所示。

表 7-2　参数 *a* 与林分因子的 Pearson 相关系数和 Spearman 相关系数

林分因子	t	$\overline{D}$	H	N	SI
Pearson 相关系数	0.713 **	0.897 **	0.675 **	−0.309	0.501
Spearman 相关系数	0.683	0.871	0.649	−0.264	0.567 **

注：** 代表在显著相关的条件下，两类相关分析下更显著的一个，下同。

表 7-3　参数 b 与林分因子的 Pearson 相关系数和 Spearman 相关系数

林分因子	t	$\overline{D}$	H	N	SI
Pearson 相关系数	0.738**	0.982	0.837	−0.408	0.201
Spearman 相关系数	0.724	0.988**	0.858**	−0.411*	0.255

表 7-4　参数 c 与林分因子的 Pearson 相关系数和 Spearman 相关系数

林分因子	t	$\overline{D}$	H	N	SI
Pearson 相关系数	0.362	0.677	0.585**	−0.259	0.375
Spearman 相关系数	0.352	0.705**	0.566	−0.184	0.377

从表 7-2 中可以看出，a 与年龄、算数平均直径、树高和地位指数呈现显著的相关性，而与密度的相关性则不显著，根据 Pearson 和 Spearman 相关系数表明，a 与年龄、算数平均直径和树高的线性关系大于非线性关系，而地位指数与 a 的关系较多地呈现出非线性关系；表 7-3 表明，参数 b 与年龄、算数平均直径、平均树高和林分密度呈显著相关关系，在各类显著相关变量中，与年龄的线性相关系数大于非线性相关系数，而其他三个变量的非线性相关系数则大于线性相关系数；表 7-4 表明参数 c 与算数平均直径与平均高呈显著相关关系，其中与算数平均直径多为非线性关系，与平均高则多为线性关系。在非线性关系的处理中，分别通过多种非线性关系的组合形式进行模型拟合，发现以对数形式表达地位指数和林分密度、以幂函数形式来表达树高和算数平均直径，所得到的模型最能够表达林分因子和 Weibull 方程中系数的关系。公式 7-5 至公式 7-7 分别是参数 a、b、c 与林分因子的最佳方程。

$$a = -2.370 + 0.115\overline{D} + 0.192H + 1.625\ln SI \qquad (R^2 = 0.983) \qquad (7-5)$$

$$b = -0.08A + 10.709\overline{D}^{0.450} - 25.583H^{0.029} + 0.297\ln N \qquad (R^2 = 0.884) \qquad (7-6)$$

$$c = 0.298 + 0.123\overline{D}^{1.030} - 0.022H \qquad (R^2 = 0.503) \qquad (7-7)$$

上述三个式子中，$\overline{D}$ 表示林分算数平均胸径，H 为林分平均高，N 为林分株数密度，SI 为林分地位指数。

（2）参数回收模型（PRM）

参数回收模型（Parameter Recovery Model，PRM）是通过矩解法求得 Weibull 分布函数中的参数值，从而得到的直径分布模型。由常识可知，Weibull 分布函数中的一阶原点矩为林分的算数平均直径 $\overline{D}$，二阶原点矩为林分的断面积平均直径的平方 D_g^2，因此，就有公式 7-8 和公式 7-9 的表达方式：

$$\overline{D} = \int_a^\infty xf(x, \theta)\,\mathrm{d}x = a + b\Gamma(1 + 1/c) \qquad (7-8)$$

$$D_g^2 = \int_a^\infty x^2f(x, \theta)\,\mathrm{d}x = b^2\Gamma(1 + 2/c) + 2ab\Gamma(1 + 1/c) + a^2 \qquad (7-9)$$

式中，a 为林分的直径下限值，与参数预估模型中的 a 表达式一致。在参数的求解上，可以根据公式 7-8、7-9 以及算数平均直径和断面积平均直径的关系式求得。通过本研究的数据，得到算数平均直径 $\overline{D}$ 和林分断面积平均直径 D_g 存在以下关系：

$$\overline{D} = 0.200 + 0.943 D_g \qquad (R^2 = 0.998) \tag{7-10}$$

由于公式中含有 Γ 函数，手动计算过程复杂繁琐，因此研究采用 Matlab2011a 软件进行迭代运算，得到不同 $\overline{D}$ 和 D_g^2 条件下的 b、c 值。

（3）PPM 和 PRM 模型的比较

为了评价林分直径分布的参数预估模型和参数回收模型对杉木人工林直径分布的模拟效果，将参与构建 PPM 和 PRM 的 52 组拟合数据以及未参与建模的 52 组检验数据同时进行 x^2 检验，统计出通过检验的样地个数和未通过的样地个数，并计算模型接受率，统计结果汇总于表 7-5。

表 7-5　PPM 与 PRM 模型

x^2	PPM				PRM			
	总数	通过	未通过	通过率	总数	通过	未通过	通过率
拟合	52	37	15	71.2%	52	46	6	88.5%
检验	22	15	7	68.2%	22	19	3	86.4%

从表 7-5 可知，参数预估模型中拟合数据和检验数据通过 x^2 检验的概率分别为 71.2% 和 68.2%，两类数据通过回收法建立的直径分布模型通过 x^2 检验的概率分别 88.5% 和 86.4%，由此可见，Weibull 分布模型的两种形式都能较好地模拟林分的直径分布。但无论是参与拟合的 52 块样地数据还是检验的 22 块样地数据，参数回收模型的预测效果更好，更适合模拟杉木林分的直径分布。

参数预测法的预测过程相对简单，但对林分因子的依赖性过强，用调查林分因子来估计概率密度函数中的参数而所得的模型精度较低。而参数回收模型中，只需要建立林分的直径生长方程就能得到林分的直径分布，同时参数回收模型更能精确地表达杉木人工林的林分直径分布状态。因此，研究选择已经构建的参数回收模型进行下一步的林分材种出材率研究。

7.3.2　林分材种出材率

材种出材率是衡量林分工艺成熟的基础，目前已有杉木单木材种出材率表。但林分生长过程代表的是林分中平均木的生长过程，已有的出材率表所代表的又是单木的出材率，若将林分生长过程表与单木的出材率进行计算求得林分某一林种的出材量，其结果是不准确的，因为某一林分中的林木直径大小存在差异。因此，需要考虑林分的直径分布情况，计算林分的出材率，具体的计算步骤如下。

（1）根据林分算数平均胸径、林分平均高以及地位指数，通过公式 7-5 计算出 Weibull 分布模型中的参数 a 值作为某一林分的最小直径值，结合 6.1.2 节的林分断面积平均胸径 D_g 公式和公式 7-10 求得该林分下的断面积平均胸径和算数平均胸径，通过参数回收法（公式 7-8 和公式 7-9）计算得到该林分下的 b 和 c 的值。

（2）按照 2cm 径阶距将样木胸径进行整化，绘制胸径-树高的散点图，根据散点走向选择合适的模型构建单木胸径-树高模型，如公式 7-11 所示。

$$H=52.508-\frac{2241.257}{D+40.234} \qquad (R^2=0.769) \qquad (7-11)$$

其中，D 为径阶，H 为 D 径阶下的平均高。

（3）根据 a、b、c 的值以及该林分的株数密度，根据林分生长过程表，通过公式 7-4 求得每种林分条件下，每个林龄下的不同径阶的株数 n_i。

（4）根据福建省杉木二元出材率表，结合径阶及树高曲线（公式 7-11）查得相应的单木出材率 q_{ij}，同时根据福建省杉木二元材积公式计算得到该径阶和树高条件下单木的材积 v_i，通过上述变量，可以计算得到在某一径阶下某一材种的出材量：

$$M_{ij}=v_i n_i q_{ij} \qquad (7-12)$$

其中，M_{ij} 为第 i 径阶第 j 材种的出材量，v_i 为 i 径阶的单木平均材积，n_i 为第 i 径阶的林分株数，q_{ij} 为第 i 径阶第 j 材种的单木出材率。

（5）计算该林分的林木材积之和 M：

$$M=\sum_{i=Dmin}^{Dmax} v_i n_i \qquad (7-13)$$

（6）计算 j 材种的各径阶出材量之和 M_j：

$$M_j=\sum_{i=Dmin}^{Dmax} v_i n_i q_{ij} \qquad (7-14)$$

（7）计算 j 材种的林分出材率 Q_j：

$$Q_j=M_j/M \qquad (7-15)$$

根据上述方法，结合林分生长收获表，分别求得不同立地条件、不同密度林分下，每一年的林分出材率表（详见附录 2）。

7.3.3 杉木林分工艺成熟龄

数量成熟的前提是某一林地种植同一树种并实现永续利用，这样就能在未来 N 个轮伐期内获得最大的林木蓄积，数量成熟龄是确定轮伐期的基础，与数量成熟不同的是，工艺成熟则是以木材的供求为基础，再进一步筛选出的具有使用价值的木材作为材种，是生产一定规格木材前提下的数量成熟，来判断林分材种的平均生长量达到最大时的年龄，该年龄即为工艺成熟龄，它则是确定轮伐期的依据之一。我国杉木用材规程以商品经济材为主，包括了大径材、中径材、小径材、小材、短小材和薪材，其中大径材、中径材和小径材又属于规格材。

本研究结合构建的全林分模型，根据上一节林分出材率的计算方法，以平均材种生长量最大时的年龄作为工艺成熟龄，计算得到不同密度和立地条件下的杉木大原木、中原木和小原木以及规格材和经济材的工艺成熟龄，如表 7-6 所示。

表 7-6　各个材种在不同密度和立地指数下的工艺成熟龄（单位：年）

地位指数	密度（株/hm²）	大原木	中原木	小原木	规格材	经济材
18	2500	31	26	17	22	22
	3600	37	30	18	25	25
14	2500	37	29	19	24	24
	3600	38	33	21	27	26
10	2500	>40	35	23	28	27
	3600	>40	39	25	29	28

　　由表 7-6 可知，在相同密度的条件下，立地条件越好，各个材种的工艺成熟龄越早，在同一立地条件下，密度越大，各个材种的工艺成熟龄来得越晚，这与数量成熟龄的变化规律一致。18 地位指数条件下，大原木在公顷株数为 2500 和 3600 条件下的工艺成熟龄分别为 31 年和 37 年，不同密度下 14 级地位指数的大原木工艺成熟龄为 37 年和 38 年，而 10 地位指数下不同密度的大原木工艺成熟龄均在 40 年以上；在中原木的工艺成熟龄中，10 地位指数的公顷株数为 2500 和 3600 条件下的中原木工艺成熟龄为 35 年和 39 年，但在实际条件中，杉木人工林的经营轮伐期一般在 35 年以前，因此，地位指数 18 或以上的人工林才适合培育大径材，地位指数 14 级及以上的杉木人工林林分适合培育中径材，而 14 级以下地位指数级的林分不适合培育大、中径材，但适合培育小径材。

7.4　经济成熟

　　经济成熟研究是在数量成熟和工艺成熟研究的基础上，以上一章所构建的林分生长收获模型以及上一节建立的林分材种出材率表为基础，采用顺昌县杉木人工林生产经营相关技术经济指标以及合适的经济成熟评价指标，找到不同密度不同立地条件下林分适宜的经济成熟龄，这在商品经济日益发展的当今社会具有重要的意义。

7.4.1　经济指标

7.4.1.1　经营技术指标

　　福建省杉木人工林生产经营相关技术经济指标名称、具体说明以及总计值汇总于表7-7，为了规范统一，表中的部分总计值已由原来的单位元/亩换算成了元/hm²。若杉木人工林在轮伐期内有间伐活动，其设计费、检尺费与主伐时一样，而采运成本比主伐时增加 30 元，为 180 元/m³，间伐木的定价根据林木胸径生长状况而定，平均价格为 1100 元/m³。

表 7-7　福建省杉木人工林生产经营相关技术经济指标

指标 1	指标 2	说明	总计值
木材价格	规格材	大径材	1520 元/m³
		中径材	1400 元/m³
		小径材	1100 元/m³
	非规格材	小材、薪材	1080 元/m³

（续）

指标1	指标2	说明	总计值
营林成本	新造杉木林营林成本	第一年（投入费用为清山费、挖明穴费、苗木费、栽植费、肥料费及两次抚育等费用）	9000 元/ hm²
		第二年（抚育两次的费用）	2400 元/hm²
		第三年（抚育两次的费用）	2400 元/hm²
	年均管护费	护林人每年对林分进行管护的费用，包括护林防火、病虫害防治及管理费	90 元/hm²
	森林保险费	建设的商品材基地，参加森林综合险，每亩保费为500 元的3‰，其中45%由公司支付，55%由当地政府支付。按年支付	10.13 元/hm²
	购买林营林成本	按年计算	90 元/hm²
木材生产成本	伐区设计费	即为林木有序、有效采伐开展调查设计所收取的费用	9 元/m³
	检尺费	每木检尺的人工费	13 元/m³
	采集运成本	含采伐、打枝、剥皮、集材、集材道维修、短途运输费	150 元/m³
	销售费用	在销售产品过程中发生的各项费用	销售收入的1%
	管理费	木材生产过程中对各个环节进行管理的费用	销售收入的5%
	不可预见费	考虑木材生产期间可能发生的风险因素，如火灾、盗伐等而导致的生产成本增加的费用	销售收入的3%
育林费		从木材等林产品的销售收入中，征收一定数额的资金，用来进行下一轮的造林投资	按销售收入的10%征收
企业所得税			免征
地租		根据合同、协议按年支付	300 元/ hm²
投资收益率			6.55%

7.4.1.2　经济成熟评价指标

经济成熟的评价指标很多，按照是否考虑货币的投资收益率大致可以分为两大类，不计投资收益率的评价指标没有考虑资本的时间价值，不符合实际的林业生产规律，最后所得的经济成熟龄不具备说服力。因此，在经济成熟龄的计算中，必须考虑货币的投资收益率，常用的指标有净现值（NPV）、年均净现值（MNPV）、内部收益率（IRR）和林地期望价（LEV）。

（1）净现值

净现值（Net Present Value，NPV）从造林开始到林分皆伐一个生产周期中对林木价值进行估算的方法。将不同时期收入和支出分别换算到经营期初的货币价值，根据两者的差值来判定林分经营盈亏。其最常用的表达式如下所示：

$$NPV = \sum_{t=0}^{T} \frac{B_t - C_t}{(1+i)^t} \qquad (7-16)$$

其中，NPV 代表净现值；B_t 表示林分在 t 年的收益，该收益既包括了主伐时的林木收益，也包括了在林分生长期间的间伐收益；C_t 表示林分在 t 年的成本支出；i 为投资收益率。

为了让公式 7-16 更加清晰地表述林分经营中货币发生的过程，结合本研究的杉木人工林经营技术指标，净现值的计算公式亦能表达成如下形式：

$$NPV = B（T）(1+i)^{-T} - \sum_{k=1}^{T} W(1+i)^{-k} - C \qquad (7-17)$$

其中，$B（T）$ 为在轮伐期 T 年木材的纯收入，是木材买卖价格和木材生产成本（包括育林费）之差，W 为每年的固定费用，包括地租、森林保险费、购买林营林成本和年均管护费，C 为造林成本，这里包含前三年的造林抚育成本。

当 $NPV>0$ 时，表示林分是盈利的；$NPV<0$ 时，表示林分经营出现亏损，净现值达到最大时，说明该林分采伐投资的总收益最大，该时刻的林分年龄即为经济成熟龄。

（2）年均净现值

通过 NPV_{max} 能够得到一个轮伐周期内的林地的采伐投资收益最大的年份，但不能保证林地上每年货币纯收入最多，而林地的生产周期长，经营者希望在持续经营的条件下获得最多的总收益（亢新刚，2011）。年均净现值（Mean Net Present Value，MNPV）能说明这一问题，它是将计算得到的总净现值除以年份，得到每年平均的净现值。计算方法如公式 7-18：

$$MNPV = NPV/t \qquad (7-18)$$

$MNPV$ 达到最大值的年龄即为林分的经济成熟龄。

（3）内部收益率

内部收益率（Internal Rate of Return，IRR）是投资在某个项目中资本的投资回报率（刘俊昌，2011），该投资回报率使得林分经营过程中收入和支出的净现值为零，其常用的表达式为公式 7-19：

$$\sum_{t=0}^{T} \frac{B_t - C_t}{(1+IRR)^t} = 0 \qquad (7-19)$$

式中，t 表示林分年龄，T 表示轮伐期，B_t 表示林分在 t 年的收益，C_t 表示林分在 t 年的成本支出，IRR 表示内部收益率。

结合本研究的经济技术指标，公式 7-19 还能转换成公式 7-20：

$$B（T）(1+IRR)^{-T} = \sum_{k=1}^{T} W(1+IRR)^{-k} - C \qquad (7-20)$$

式中，左侧表示在轮伐期 T 年的木材纯收益按照投资回报率折现到造林起初的净现值，右侧表示固定年金以及造林成本按照投资回报率折现到造林起初的净现值，公式 7-20 说明投资的价值增长率与贴现率相等的状况，是盈亏的平衡点。内部收益率越大，说明项目能够承受银行贷款利率能力越大，即盈利能力越强（盛炜彤等，1991），*IRR* 最大的年份即为林分的经济成熟龄。

IRR 的值不能直接通过公式计算得出，本研究借助 Matlab2011a 统计软件，使用迭代法计算杉木林分每一年的投资回报率。

（4）林地期望价

林地期望值（Land Expectation Value，LEV）是德国林务官 Faustmann 于 1849 年提出的计算从无林地开始连续投资经营无限多个轮伐期的效益净现值总和（Martin，2007），该公式的计算是围绕地租与林地收益的关系而展开的。

假设无限多个轮伐期中林地上的木材收获是一致的，所以在轮伐期 T 年年末，主伐时获得的纯收益为 A_u，间伐时间为 a 年的收益为 D_a，间伐时间为 b 年的收益为 D_b，各项造林费用为 C_t，将上述费用都折算到 T 年时的收益公式 7-21：

$$A_{\mu}+D_a(1+i)^{T-a}+D_b(1+i)^{T-b}+\cdots-\sum_{t=1}^{n}C_t(i+i)^{T-t} \tag{7-21}$$

假设每年的林地租金为 r，将每年的租金收益总计到 T 年年末所得的资本价值公式 7-22：

$$R=\frac{r\left[(1+i)^T-1\right]}{i} \tag{7-22}$$

理论表明，林地租赁市场供需平衡的地租为林地期望值与投资收益率的乘积（刘俊昌，2011）。扣除林地的年管理费用（V），每年地租的计算公式 7-23：

$$r=i\times\frac{A_{\mu}+D_a(1+i)^{T-a}+D_b(1+i)^{T-b}+\cdots-\sum_{t=1}^{n}C_t(1+i)^{T-t}}{(1+i)^T-1}-V \tag{7-23}$$

根据马克思地租理论，将地租除以利率得到林地期望价的计算公式 7-24：

$$LEV=\frac{A_{\mu}+D_a(1+i)^{T-a}+D_b(1+i)^{T-b}+\cdots-\sum_{t=1}^{n}C_t(1+i)^{T-t}}{(1+i)^T-1}-\frac{V}{i} \tag{7-24}$$

经济成熟中，林地期望价考虑了林木生长规律、林分条件、造林营林成本、市场价格以及资本的时间价值等，其计算公式特定情况下相当于计算永续收获或年均纯收入或内部收益率或单周净现值最大化（刘俊昌，2011），因此，林地期望价是目前林业经济领域公认的最具说服力的经营决策指标之一，在森林资源资产评估中获得广泛的应用。Samuelson 早在 1976 年就证明了 Faustmann 轮伐期是完善的市场经济体制下的最优轮伐期（Samuelson，1976）。在实际应用中，当某一林分的 *LEV* 达到最大时的年龄，即为经济成熟龄。

7.4.2 杉木林分经济成熟龄

7.4.2.1 指标计算与经济规律分析

为了分析测算方便，假设用材林在轮伐期期末实行皆伐作业以及每年涉及的所有费用都在当年年末进行支付，结合前文构建的林分生长收获模型以及林分出材率，根据经济评价指标，得到不同立地条件、不同密度下的杉木林分每年的经济收益情况，如表7-8至表7-11所示。

表7-8是不同林分条件下的 NPV 值，无论何种林分条件，NPV 都随着林龄的增长呈现出先升高后下降的趋势，除了地位指数为10、株数密度为2500株/hm² 的林分之外，其他林分在初始阶段，NPV 为负值，说明林分初期不适宜采伐，随着时间的推移，收益逐渐增加，林地开始盈利，到达最大值后，又逐渐减少甚至出现亏损。

同时，立地条件好、密度大的林分，NPV 值越大，说明总木材的收获量更多，因而能获得更高的经济收益。在当前的市场经济条件下，当林分密度为2500株/hm² 时，地位指数为18、14、10的最大 NPV 分别为39319.73元、17548.42元和−9.69元；当林分密度为3600株/hm² 时，地位指数为18、14、10的最大 NPV 分别为50625.25元、27427.35元和7601.49元。同时，林分的立地质量越好，NPV 的增长速度越快，说明立地质量对林分收入存在较大的影响，同时在地位指数为10的每公顷林地上栽种低于或等于2500株杉木林的造林方案是不合理的，因为该条件下无论何时采伐，林农都不会从中得到收益。

表7-8 不同条件的杉木人工林净现值（NPV）计算结果

年龄	$SI = 18$ $N = 2500$	$SI = 18$ $N = 3600$	$SI = 14$ $N = 2500$	$SI = 14$ $N = 3600$	$SI = 10$ $N = 2500$	$SI = 10$ $N = 3600$
6	−10191.88	−8257.53	−12635.06	−11258.67	−14164.25	−14031.55
7	−7354.14	−2613.40	−11225.11	−8938.79	−13696.26	−13088.99
8	−3365.88	3761.91	−9133.47	−5452.82	−13005.70	−11695.08
9	1624.92	11453.65	−6760.45	−1425.35	−12013.15	−9856.71
10	6829.44	19441.53	−3888.15	3150.06	−10851.16	−7610.90
11	12127.78	27118.89	−881.72	7927.22	−9531.13	−5441.17
12	17452.90	34076.85	2262.16	12437.54	−8201.23	−3152.28
13	22576.96	40091.71	5290.71	16666.96	−6768.50	−881.64
14	27398.70	44617.40	8020.77	20207.39	−5441.97	1130.10
15	31217.00	48047.57	10477.65	23107.65	−4260.61	3056.00
16	34966.89	50204.51	12676.83	25376.72	−3129.26	4586.07
17	36908.14	50625.25	14611.57	26593.67	−2199.33	5794.03
18	38665.51	50315.93	15849.69	27280.37	−1447.63	6704.03
19	39257.59	49307.66	17067.39	27427.35	−838.72	7320.77
20	39319.73	47829.57	17287.76	27151.03	−374.62	7471.92

（续）

年龄	SI = 18 N = 2500	SI = 18 N = 3600	SI = 14 N = 2500	SI = 14 N = 3600	SI = 10 N = 2500	SI = 10 N = 3600
21	38858.94	45549.55	17548.42	26074.63	−29.17	7601.49
22	37990.16	43547.13	17499.35	24854.06	−9.69	7307.34
23	36457.46	41112.38	16910.37	23870.18	−109.50	6897.84
24	34785.38	38319.66	16156.89	22049.40	−317.04	6355.42
25	32952.50	35927.64	15217.90	20505.05	−624.20	5451.46
26	30961.54	33289.33	14162.23	18952.28	−1017.27	4569.56
27	28523.44	31027.09	13013.30	17192.63	−1479.55	3789.75
28	26632.29	28574.17	11612.78	15448.70	−2157.18	3023.93
29	24389.95	26221.68	10180.46	13760.86	−2873.24	2062.30
30	22156.61	23808.09	8727.45	12165.53	−3503.16	1098.38

表 7-9 是不同立地和密度条件下的 MNPV 值，呈现出随着林龄先升高后下降的趋势，在公顷株数密度为 2500 时，18、14 和 10 地位指数的 MNPV 最大值分别为 2185.43、898.28 和−0.44；公顷株数密度为 3600 时，18、14 和 10 地位指数的 MNPV 最大值则分别为 3203.17、1586.05 和 385.30。不同的林分条件也对 MNPV 收入产生影响，在相同的密度条件下，立地条件越好的林分会收获越高的经济收益，也具备较高的经济增长率，立地条件差的林分容易出现盈利亏损，由于 MNPV 是 NPV 与林龄的除数，因此不同林分条件下的 MNPV 变化趋势与 NPV 一致。也有文献表明，用年平均净现值确定的经济成熟要比用净现值确定的经济成熟更能表现经济成熟的意义，林地能获得更大的投资回报（黄东等，2004）。

表 7-9　不同条件的杉木人工林年均净现值（MNPV）计算结果

年龄	SI = 18 N = 2500	SI = 18 N = 3600	SI = 14 N = 2500	SI = 14 N = 3600	SI = 10 N = 2500	SI = 10 N = 3600
6	−1698.65	−1376.25	−2105.84	−1876.45	−2360.71	−2338.59
7	−1050.59	−373.34	−1603.59	−1276.97	−1956.61	−1869.86
8	−420.74	470.24	−1141.68	−681.60	−1625.71	−1461.89
9	180.55	1272.63	−751.16	−158.37	−1334.79	−1095.19
10	682.94	1944.15	−388.81	315.01	−1085.12	−761.09
11	1102.53	2465.35	−80.16	720.66	−866.47	−494.65
12	1454.41	2839.74	188.51	1036.46	−683.44	−262.69
13	1736.69	3083.98	406.98	1282.07	−520.65	−67.82
14	1957.05	3186.96	572.91	1443.39	−388.71	80.72
15	2081.13	3203.17	698.51	1540.51	−284.04	203.73
16	2185.43	3137.78	792.30	1586.05	−195.58	286.63

（续）

年龄	$SI = 18$ $N = 2500$	$SI = 18$ $N = 3600$	$SI = 14$ $N = 2500$	$SI = 14$ $N = 3600$	$SI = 10$ $N = 2500$	$SI = 10$ $N = 3600$
17	2171.07	2977.96	859.50	1564.33	−129.37	340.83
18	2148.08	2795.33	880.54	1515.58	−80.42	372.45
19	2066.19	2595.14	898.28	1443.54	−44.14	385.30
20	1965.99	2391.48	864.39	1357.55	−18.73	373.60
21	1850.43	2169.03	835.64	1241.65	−1.39	361.98
22	1726.83	1979.41	795.43	1129.73	−0.44	332.15
23	1585.11	1787.49	735.23	1037.83	−4.76	299.91
24	1449.39	1596.65	673.20	918.73	−13.21	264.81
25	1318.10	1437.11	608.72	820.20	−24.97	218.06
26	1190.83	1280.36	544.70	728.93	−39.13	175.75
27	1056.42	1149.15	481.97	636.76	−54.80	140.36
28	951.15	1020.51	414.74	551.74	−77.04	108.00
29	841.03	904.20	351.05	474.51	−99.08	71.11
30	738.55	793.60	290.92	405.52	−116.77	36.61

表 7-10 为不同林分条件下每年的 IRR 值。从 IRR 指标看，当林分密度为 2500 株/hm²时，地位指数为 18、14、10 的最大 IRR 值分别为 16.15%、11.60% 和 6.97%；当林分密度为 3600 株/hm² 时，地位指数为 18、14、10 的最大 IRR 值分别为 19.79%、14.49% 和 9.29%。说明立地条件越好密度越大的林分，IRR 值越大，从而反映林地能够承受的社会投资风险越高，具备更高的收益能力，这与 NPV、MNPV 指标计算得到的结论是一致的。

表 7-10　不同条件的杉木人工林内部收益率（IRR）计算结果

年龄	$SI = 18$ $N = 2500$	$SI = 18$ $N = 3600$	$SI = 14$ $N = 2500$	$SI = 14$ $N = 3600$	$SI = 10$ $N = 2500$	$SI = 10$ $N = 3600$
6	0.90%	1.22%	0.67%	0.78%	0.58%	0.58%
7	1.56%	5.03%	0.81%	1.14%	0.61%	0.65%
8	4.47%	11.36%	1.17%	2.71%	0.66%	0.78%
9	9.04%	15.78%	2.14%	6.42%	0.77%	1.08%
10	12.13%	18.21%	4.43%	9.81%	0.96%	1.90%
11	14.03%	19.38%	6.84%	12.08%	1.32%	3.46%
12	15.20%	19.79%	8.69%	13.40%	1.97%	5.29%
13	15.84%	19.74%	9.95%	14.15%	3.00%	6.79%
14	16.15%	19.35%	10.73%	14.46%	4.06%	7.80%
15	16.12%	18.81%	11.20%	14.49%	4.93%	8.54%
16	16.02%	18.17%	11.47%	14.35%	5.64%	8.96%
17	15.65%	17.40%	11.60%	14.02%	6.14%	9.19%

（续）

年龄	SI = 18 N = 2500	SI = 18 N = 3600	SI = 14 N = 2500	SI = 14 N = 3600	SI = 10 N = 2500	SI = 10 N = 3600
18	15.28%	16.66%	11.54%	13.65%	6.48%	9.29%
19	14.81%	15.93%	11.47%	13.23%	6.72%	9.29%
20	14.34%	15.24%	11.23%	12.80%	6.87%	9.17%
21	13.86%	14.54%	11.01%	12.31%	6.97%	9.05%
22	13.39%	13.93%	10.77%	11.85%	6.95%	8.86%
23	12.89%	13.34%	10.47%	11.46%	6.91%	8.65%
24	12.43%	12.76%	10.17%	10.99%	6.83%	8.44%
25	11.98%	12.26%	9.87%	10.59%	6.73%	8.17%
26	11.55%	11.77%	9.57%	10.22%	6.62%	7.92%
27	11.11%	11.35%	9.28%	9.85%	6.50%	7.71%
28	10.74%	10.93%	8.97%	9.49%	6.33%	7.51%
29	10.36%	10.54%	8.67%	9.16%	6.15%	7.28%
30	10.00%	10.16%	8.38%	8.86%	6.00%	7.07%

表 7-11 列出了不同立地条件和不同密度下的 LEV 值计算结果。与前三项指标的变化趋势一致，在林分初期，林地价值呈现负值，此时林分还未开始盈利，不适宜采伐，随着林龄的增长，LEV 值由负值转为正值并逐渐增加，表明林分开始盈利并收入逐渐增加，LEV 达到最大值后又逐渐减少，盈利亦开始下滑。表中的数据还表明，在株数密度为 2500 的条件下，地位指数为 18、14 和 10 的 LEV 最大值分别达到 61372.85、28946.84 和 4567.28；株数密度为 3600 的林分中，地位指数为 18、14 和 10 的林分 LEV 最大值达到 83315.50、44878.97 和 15031.84。地位指数越大的林分，其林地期望得到的价值就越大，同时随着林龄的增长速率也越大，经济收益越高。

表 7-11 不同条件的杉木人工林林地期望价 (LEV) 计算结果

年龄	SI = 18 N = 2500	SI = 18 N = 3600	SI = 14 N = 2500	SI = 14 N = 3600	SI = 10 N = 2500	SI = 10 N = 3600
6	−27612.20	−21502.29	−35329.28	−30981.79	−40159.42	−39740.28
7	−15927.50	−2707.54	−26722.02	−20346.42	−33613.05	−31919.61
8	−3876.12	14031.41	−18366.32	−9119.24	−28094.72	−24802.00
9	8315.27	30908.07	−10959.74	1303.77	−23033.85	−18076.95
10	19118.05	45965.49	−3696.58	11285.72	−18518.78	−11621.22
11	28721.59	58562.74	2825.02	20360.00	−14392.40	−6250.98
12	37327.56	68519.58	8824.71	27917.09	−10808.07	−1334.57
13	44776.58	75960.13	13999.82	34254.30	−7470.61	3010.47
14	51128.13	80381.20	18206.74	38910.74	−4665.28	6500.10

（续）

年龄	SI = 18 N = 2500	SI = 18 N = 3600	SI = 14 N = 2500	SI = 14 N = 3600	SI = 10 N = 2500	SI = 10 N = 3600
15	55430.33	82846.09	21647.47	42220.80	−2360.06	9558.16
16	59418.46	83315.50	24461.13	44378.28	−327.43	11772.46
17	60509.03	81295.31	26721.86	44878.97	1247.39	13360.16
18	61372.85	78485.22	27860.51	44650.12	2453.85	14427.18
19	60627.23	74975.46	28946.84	43737.49	3382.74	15031.84
20	59277.91	71115.96	28629.19	42350.01	4059.02	14974.35
21	57367.76	66456.56	28418.66	40001.02	4540.53	14906.33
22	55074.94	62461.00	27839.49	37615.03	4567.28	14292.74
23	52076.68	58141.09	26610.86	35678.06	4437.50	13566.62
24	49070.18	53590.48	25244.60	32781.04	4174.66	12708.65
25	46015.33	49756.33	23715.47	30363.64	3795.27	11434.94
26	42905.37	45786.79	22110.64	28039.91	3320.94	10236.51
27	39378.64	42433.09	20456.34	25555.10	2775.11	9203.63
28	36637.91	38975.37	18558.66	23176.03	1983.52	8220.11
29	33575.65	35753.26	16682.99	20939.47	1164.36	7031.88
30	30618.33	32559.13	14836.55	18876.94	463.28	5870.95

　　为了更加直观地表达杉木林的经济发展规律，以公顷株数 2500 的林分为例，绘制了不同立地条件下的林分累计成本曲线和累计收益曲线。详见图 7-2 和图 7-3。

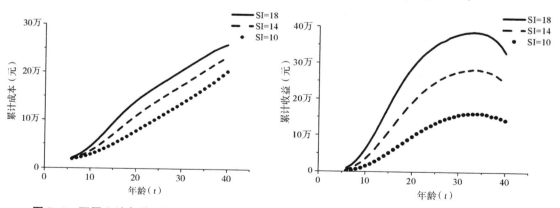

图 7-2　不同立地条件下林分的累计成本　　　　图 7-3　不同立地条件下林分累计收益

　　如图 7-2 和图 7-3 所示，三种立地条件下的林分累计成本与累计收益都随着林龄的变化而呈现稳定的变化。林分的经营成本由营林成本和木材生产成本组成，在营林生产成本中，造林和幼林抚育成本所占比例最大，而每年所支出的管护费和森林保险费相对稳定。

在木材生产成本中，尽管单位面积上的木材产量随年龄的增长而增加，但木材生产成本也只是占了木材收入的小部分，因此，不同立地条件下的木材累计成本的差值不大，由于成本按投资收益率计算时间价值，因此累计成本呈现出持续上升的状态。林分的累计收益的变化趋势则与林分蓄积变化类似，呈现"S"形曲线的变化形式，由于林分的累计收益是按照林分木材蓄积来计算的，而不同立地条件对林分蓄积生长的影响较大，因此不同立地条件下的累计收益差值较大。

根据上述图表，并结合杉木生长发育特点，杉木的经济发展规律可以总结为四个阶段。

（1）投资阶段

林分从造林开始到幼林郁闭前这一段时间，货币的流动主要体现在造林成本的支出，成本费用投资较大，而此时林木生长缓慢，大部分林分尚未成材，此时林分的经济增长多以负值的形式呈现。

（2）增长阶段

该阶段树冠迅速扩展，林木的树高、直径开始快速生长，干材生长迅速，但以中、小径材为主，这一阶段的林分经营成本支出稳定，同时林分累计收益在随着干材的增长而增长，此时林分的边际收益大于边际成本，因此林分纯收益也处于快速增长阶段。

（3）稳定阶段

随着年龄的增长，林分蓄积生长逐渐缓慢，林分内林木分化明显，大、中、小原木分布均匀，林分累计收益增加速度变慢，但累计成本依然持续增长，此时林分的边际收益与边际成本相等，林分经济纯效益达到最大。

（4）亏损阶段

这一阶段林分蓄积生长甚慢直至停止，枯死木增多，累计成本持续增长，累计收益出现下降，边际成本大于边际收益，若此时再不对林分进行采伐措施，将会带来经济的亏损。

这一生长规律与王同新（1991）的研究结果相符合。一般而言，林分随着年龄的增长，其平均胸径、平均树高也在不断增长，这是一个经济收益不断增长的过程，然而林分伴随着自然稀疏以及林木的分化，株数一旦下降到一定程度，经济收益则会出现下滑甚至盈利亏损。

7.4.2.2　经济成熟龄

采用净现值、年均净现值、内部收益率和林地期望价，对林分收获表分别计算不同条件的林分每年的收益，从表7-8至表7-11中得到不同林分状态下的杉木人工用材林经济成熟龄，将其汇总于表7-12。

表 7-12　不同条件下的杉木林分的经济成熟龄

地位指数	密度（株/hm²）	NPV	MNPV	IRR	LEV
18	2500	20	16	14	18
	3600	17	15	12	16
14	2500	21	19	17	19
	3600	19	16	15	17
10	2500	22	22	21	22
	3600	21	19	18	19

由表 7-12 可知，杉木人工林经济成熟龄位于 12~22 年之间，林分条件的差异、经济指标的选择对林分的经济成熟龄的确定都存在一定的影响。对于任何一项经济指标，在立地质量一致的前提下，密度越大的林分，其经济成熟期来得越早，如公顷株数密度为 3600 的林分比公顷株数密度为 2500 的林分经济成熟要提早 1~3 年。在密度一致的前提前下，立地条件越好的林分，经济成熟龄越早，如地位指数每增加 2 级，NPV 下的经济成熟龄就提前 1~2 年，MNPV 下的经济成熟龄提前 1~3 年，IRR 下的经济成熟龄提前 2~4 年，LEV 下的经济成熟龄提前 1~3 年。此规律和杉木的数量成熟龄的变化规律一致。四项指标相比，内部收益率最高的经济成熟龄出现得最早，在投资收益率为 6.55% 的前提下，MNPV 最大值比 NPV 的最大值出现的年份要早 2~4 年，LEV 的经济成熟龄则位于两者之间。

7.4.3　经济因素对经济成熟的影响

在杉木用材林经济成熟的计算中，净现值、内部收益率、林地期望值这几项指标都充分考虑了林木生长规律、营林成本、木材市场价格、资本的时间价值等林分生产经营相关的技术经济指标，但森林经营的生产资金要等到主伐后才能全部收回。众所周知，森林经营周期长，经营期间的各项经营技术指标值并非一成不变，因此，在林业生产实践中，必须考虑经济因素的变动对森林经济成熟的影响。本研究选择敏感性分析来剖析投资收益率、木材价格和经营成本这三项基本的经济因素对经济成熟龄的影响。

敏感性分析也叫灵敏度分析，是分析模型中各个属性在一定变化范围内对目标值的影响程度，该影响程度的大小则为敏感系数，敏感系数越大，说明该属性对模型输出的影响越大（蔡毅等，2008）。敏感系数的具体表达式为：

$$敏感系数 = \frac{目标值变动百分比}{参数值变动百分比} \qquad (7-25)$$

通常当一个参量的敏感系数绝对值大于 1 时，该参量可以作为目标变量的敏感因素。根据敏感性分析的作用范围，可以将其分为局部敏感性分析和全局敏感性分析（蔡毅等，2008）。局部敏感性分析是分析单个属性对模型的影响，全局敏感性分析则需要同时考虑多个属性对模型的影响，同时还要分析属性之间是否具有相互作用。全局敏感性分析较为复杂，在实际中应用较少。

本研究采用操作性强的局部敏感性分析来分别考察不同立地、不同密度的林分中投资收益率、木材价格和经营成本对杉木林分经济效果的影响程度。具体的计算数值见表7-13至表7-18。其中，表7-15中，由于该林分条件下（$SI=10$，$N=2500$）的最大 NPV 和 $MNPV$ 值均小于零，在敏感系数的计算中出现异常值，因此在分析中不考虑这部分内容。

表7-13　经济因素对杉木林分经济成熟的影响（$SI=18$ $N=2500$）

变动因素	变动幅度	NPV			MNPV			IRR			LEV		
		最大值	经济成熟龄	敏感系数	最大值	经济成熟龄	敏感系数	最大值	经济成熟龄	敏感系数	最大值	经济成熟龄	敏感系数
对照	0	39319.73	20	0	2185.43	16	0	16.15%	14	0	61372.85	18	0
投资收益率	+30%	23846.86	18	-1.31	1412.03	16	-1.18	—	—	—	34557.97	17	-1.46
	+15%	30689.61	19	-1.46	1769.45	16	-1.27	—	—	—	45978.68	18	-1.67
	-15%	50401.00	21	-1.88	2683.89	17	-1.52	—	—	—	82894.16	18	-2.34
	-30%	64903.49	22	-2.17	3324.07	18	-1.74	—	—	—	114861.96	19	-2.91
木材价格	+30%	60206.10	20	1.77	3389.03	16	1.84	19.22%	14	0.63	91695.10	18	1.65
	+15%	49762.92	20	1.77	2787.23	16	1.84	17.80%	14	0.68	76533.98	18	1.65
	-15%	28876.55	20	1.77	1583.63	16	1.84	14.34%	16	0.75	46211.73	18	1.65
	-30%	18433.36	20	1.77	1001.20	18	1.81	12.25%	16	0.80	31050.61	18	1.65
经营成本	+30%	25330.01	20	-1.19	1376.60	18	-1.23	12.48%	16	-0.76	42349.84	18	-1.03
	+15%	32324.87	20	-1.19	1770.28	16	-1.27	14.20%	16	-0.80	51861.35	18	-1.03
	-15%	46314.59	20	-1.19	2600.58	16	-1.27	18.46%	14	-0.95	70884.36	18	-1.03
	-30%	53309.45	20	-1.19	3015.72	16	-1.27	21.20%	13	-1.04	80395.87	18	-1.03

表7-14　经济因素对杉木林分经济成熟的影响（$SI=14$ $N=2500$）

变动因素	变动幅度	NPV			MNPV			IRR			LEV		
		最大值	经济成熟龄	敏感系数	最大值	经济成熟龄	敏感系数	最大值	经济成熟龄	敏感系数	最大值	经济成熟龄	敏感系数
对照	0	17548.42	21	0	898.28	19	0	11.60%	17	0	28946.84	19	0
投资收益率	+30%	7862.71	19	-1.84	413.83	19	-1.80	—	—	—	13492.88	19	-1.78
	+15%	12042.41	19	-2.09	633.81	19	-1.96	—	—	—	20077.76	19	-2.04
	-15%	24868.01	22	-2.78	1219.29	19	-2.38	—	—	—	41474.46	21	-2.89
	-30%	34178.10	23	-3.16	1609.11	19	-2.64	—	—	—	60873.84	21	-3.68
木材价格	+30%	30632.93	21	2.49	1574.46	19	2.51	14.04%	16	0.70	47288.80	19	2.11
	+15%	24090.67	21	2.49	1236.37	19	2.51	12.89%	17	0.74	38117.82	19	2.11
	-15%	11006.16	21	2.49	560.19	19	2.51	10.11%	19	0.86	19775.87	19	2.11
	-30%	4463.91	21	2.49	222.10	19	2.51	8.42%	19	0.91	10644.12	21	2.11
经营成本	+30%	6659.23	21	-2.07	332.98	19	-2.10	8.81%	19	-0.80	15000.38	21	-1.61
	+15%	12103.82	21	-2.07	615.63	19	-2.10	10.00%	19	-0.92	21966.68	19	-1.61
	-15%	22993.01	21	-2.07	1180.94	19	-2.10	13.41%	17	-1.04	35927.01	19	-1.61
	-30%	28437.60	21	-2.07	1465.93	18	-2.11	15.62%	15	-1.16	42907.18	19	-1.61

表 7-15　经济因素对杉木林分经济成熟的影响（$SI=10$　$N=2500$）

变动因素	变动幅度	NPV			MNPV			IRR			LEV		
		最大值	经济成熟龄	敏感系数	最大值	经济成熟龄	敏感系数	最大值	经济成熟龄	敏感系数	最大值	经济成熟龄	敏感系数
对照	0	-9.69	22	0	-0.44	22	0	6.97%	21	0	4567.28	22	0
投资收益率	+30%	-4660.94	21	-1600.02	-221.39	22	-1673.86	—	—	—	-2160.15	21	-4.91
	+15%	-2596.22	21	-1779.52	-123.45	22	-1863.79	—	—	—	665.33	21	-5.70
	-15%	3495.29	23	-2411.41	155.10	22	-2356.67	—	—	—	10291.35	23	-8.36
	-30%	8330.32	25	-2868.94	351.82	23	-2668.64	—	—	—	19107.75	24	-10.61
木材价格	+30%	6718.43	22	2314.45	316.68	21	2402.42	8.83%	20	0.89	13614.10	21	6.60
	+15%	3354.37	22	2314.45	157.64	21	2395.16	7.97%	21	0.96	9077.32	21	6.58
	-15%	-3368.87	22	2311.10	-151.02	23	2281.52	5.82%	23	1.10	95.93	22	6.53
	-30%	-6708.57	22	2304.40	-288.07	26	2179.02	4.52%	24	1.17	-4327.66	23	6.49
经营成本	+30%	-8284.09	22	-2846.37	-358.17	25	-2710.08	4.66%	24	-1.10	-5052.43	23	-7.02
	+15%	-4156.63	22	-2853.07	-186.04	23	-2812.12	5.73%	23	-1.19	-267.81	22	-7.06
	-15%	4144.92	22	-2858.35	195.16	21	-2963.64	8.37%	21	-1.34	9460.42	21	-7.14
	-30%	8299.53	22	-2858.35	391.70	21	-2970.76	10.02%	19	-1.46	14380.31	21	-7.16

表 7-16　经济因素对杉木林分经济成熟的影响（$SI=18$　$N=3600$）

变动因素	变动幅度	NPV			MNPV			IRR			LEV		
		最大值	经济成熟龄	敏感系数	最大值	经济成熟龄	敏感系数	最大值	经济成熟龄	敏感系数	最大值	经济成熟龄	敏感系数
对照	0	50625.25	17	0	3203.17	15	0	19.79%	12	0	83315.50	16	0
投资收益率	+30%	33958.72	16	-1.10	2250.54	14	-0.99	—	—	—	50570.96	15	-1.31
	+15%	41472.53	16	-1.21	2687.93	14	-1.07	—	—	—	64467.34	15	-1.51
	-15%	62050.94	18	-1.50	3817.45	15	-1.28	—	—	—	109640.85	16	-2.11
	-30%	76450.82	19	-1.70	4532.80	15	-1.38	—	—	—	148073.48	16	-2.59
木材价格	+30%	75758.81	17	1.65	4819.03	14	1.68	23.55%	12	0.63	122440.00	16	1.57
	+15%	63192.03	17	1.65	4008.03	15	1.68	21.80%	12	0.68	102877.75	16	1.57
	-15%	38058.48	17	1.65	2398.31	15	1.68	17.55%	13	0.75	63753.25	16	1.57
	-30%	25491.70	17	1.65	1593.45	15	1.68	14.85%	14	0.83	44190.99	16	1.57
经营成本	+30%	34783.75	17	-1.04	2176.82	15	-1.07	15.15%	13	-0.78	60008.29	16	-0.93
	+15%	42704.50	17	-1.04	2689.99	15	-1.07	17.38%	13	-0.81	71661.89	16	-0.93
	-15%	58546.00	17	-1.04	3716.36	14	-1.07	22.62%	12	-0.95	94969.10	16	-0.93
	-30%	66466.76	17	-1.04	4245.77	14	-1.08	26.04%	11	-1.05	106622.70	16	-0.93

表 7-17　经济因素对杉木林分经济成熟的影响（ $SI=14$ $N=3600$ ）

变动因素	变动幅度	NPV			MNPV			IRR			LEV		
		最大值	经济成熟龄	敏感系数	最大值	经济成熟龄	敏感系数	最大值	经济成熟龄	敏感系数	最大值	经济成熟龄	敏感系数
对照	0	27427.35	19	0	1586.05	16	0	14.49%	15	0	44878.97	17	0
投资收益率	+30%	15752.08	17	−1.42	964.93	16	−1.31	—	—	—	24678.96	16	−1.50
	+15%	20971.92	18	−1.57	1251.74	16	−1.41	—	—	—	33230.01	17	−1.73
	−15%	35682.51	20	−2.01	1979.62	16	−1.65	—	—	—	61314.71	18	−2.44
	−30%	46120.43	20	−2.27	2461.10	17	−1.84	—	—	—	85809.41	18	−3.04
木材价格	+30%	44154.99	19	2.03	2576.81	16	2.08	17.50%	14	0.70	69664.02	17	1.84
	+15%	35791.17	19	2.03	2081.43	16	2.08	16.09%	14	0.74	57271.50	17	1.84
	−15%	19063.53	19	2.03	1090.67	16	2.08	12.68%	15	0.83	32486.45	17	1.84
	−30%	10699.71	19	2.03	602.22	17	2.07	10.58%	16	0.90	20197.04	18	1.83
经营成本	+30%	15004.15	19	−1.51	845.84	16	−1.56	10.81%	16	−0.85	38305.22	17	−0.49
	+15%	21215.74	19	−1.51	1212.37	16	−1.57	12.53%	15	−0.90	41592.09	17	−0.49
	−15%	33638.94	19	−1.51	1959.72	16	−1.57	16.75%	14	−1.04	48165.85	17	−0.49
	−30%	39850.55	19	−1.51	2333.39	16	−1.57	19.45%	13	−1.14	51452.73	17	−0.49

表 7-18　经济因素对杉木林分经济成熟的影响（ $SI=10$ $N=3600$ ）

变动因素	变动幅度	NPV			MNPV			IRR			LEV		
		最大值	经济成熟龄	敏感系数	最大值	经济成熟龄	敏感系数	最大值	经济成熟龄	敏感系数	最大值	经济成熟龄	敏感系数
对照	0	7601.49	21	0	385.30	19	0	9.29%	18	0	15031.84	19	0
投资收益率	+30%	981.20	19	−2.90	51.64	19	−2.89	—	—	—	4765.51	19	−2.28
	+15%	3851.98	19	−3.29	202.74	19	−3.16	—	—	—	9131.93	19	−2.62
	−15%	12449.83	21	−4.25	607.86	19	−3.85	—	—	—	23704.48	21	−3.85
	−30%	18831.96	23	−4.92	879.70	21	−4.27	—	—	—	36804.75	21	−4.83
木材价格	+30%	17123.45	21	4.18	876.42	19	4.25	11.56%	17	0.81	28353.87	19	2.95
	+15%	12362.47	21	4.18	630.86	19	4.25	10.49%	18	0.86	21692.85	19	2.95
	−15%	2840.50	21	4.18	139.74	19	4.25	7.94%	19	0.97	8438.81	21	2.92
	−30%	−1920.48	21	4.18	−91.45	21	4.12	6.33%	21	1.06	1971.30	21	2.90
经营成本	+30%	−1873.58	21	−4.15	−89.22	21	−4.11	6.50%	21	−1.00	3409.05	21	−2.58
	+15%	2863.95	21	−4.15	139.94	19	−4.25	7.83%	19	−1.05	9157.69	21	−2.61
	−15%	12339.01	21	−4.15	630.67	19	−4.25	10.98%	17	−1.21	21000.54	19	−2.65
	−30%	17076.55	21	−4.15	881.61	18	−4.29	13.01%	16	−1.33	26969.23	19	−2.65

（1）投资收益率的变化

投资收益率是随着国家经济政策的变化而不断发生改变的（王如均，2010）。目前，福建省的林木市场投资收益率以 6.55% 为标准，在此基础上分别降低 30%、15% 和升高 15% 以及升高 30%，来计算四项指标的经济成熟龄。

总体上分析，从表 7-13 至表 7-18 可以看出，投资收益率在 NPV、MNPV 和 LEV 三项指标下的敏感系数绝对值均大于 1，属于敏感因素。在不考虑更新的前提下，投资收益率的增加使得 NPV、MNPV 以及 LEV 三项指标值减少，NPV 经济成熟龄相应地缩短 0~2 年，MNPV 经济成熟龄缩短 0~1 年，LEV 的经济成熟龄相应地缩短 0~1 年；反之，投资收益率的减少使得林分 NPV、MNPV 以及 LEV 的值增加，在经济成熟龄变化上，NPV 延迟 1~3 年，MNPV 延迟 0~2 年，LEV 延迟 0~2 年，且经济成熟龄的延迟时间以及敏感系数的绝对值随着减少程度的增加而增加。同时，投资收益率下降，其敏感系数绝对值大于投资收益率上升的敏感系数，说明投资收益率下降会让林分承受更大的风险。

不同立地质量和密度的林分对投资收益率变化所带来的经济影响程度也不同，分析表明，立地条件越好的林分的敏感系数值比立地条件差的林分小，例如株数密度为3600 株/hm² 的林分，在 18、14、10 立地条件下，投资收益率降低 30% 的净现值的敏感系数分别为 −1.70、−2.27 以及−4.92，这说明立地条件越好的林分对市场环境变化的适应性越强，而经济条件较差的林分，对经济变化所承受的风险更大。密度越大的林分，其敏感系数值比密度小的林分要小，例如当投资收益率升高 30% 时，在 18 立地条件下，株数密度为 2500 株/hm² 和 3600 株/hm² 的净现值的敏感系数分别为 −1.31 和−1.10，在 14 地位指数下的敏感系数分别为−1.84 和−1.42，从而说明植株较稀的林分对环境变化的敏感程度更大，因此所承受的风险也更大。同时，在林分经济因素敏感程度的影响上，立地条件的作用要大于密度。

（2）木材价格的变化

在市场经济条件下，木材的价格受供需影响，既可能上升也可能下降。在本研究的分析中以原确定的市场价格为基础，分别以大径材、中径材、小径材和非规格材等概率降低 30%、15%，升高 15% 和 30% 来分析其变化规律，研究不同价格下的净现值、年均净现值、内部收益率和土地期望价四项指标的最大值和各自的敏感系数。

根据表 7-13 至表 7-18 可知，在其他条件不变的情况下，各个材种的木材价格等比例的增加，其 NPV、MNPV、IRR 以及 LEV 的值也会相应地增加，除了表 7-15 以外，以 NPV、LEV 为指标的经济成熟龄没有变化，以 MNPV 和 IRR 为指标的经济成熟龄则缩短0~1 年，林分经济成熟龄的缩短年份以及敏感系数绝对值也随着木材价格增加程度的增大而增大；当各个材种的木材价格下降时，四项指标的最大值也随之下降，NPV 的经济成熟龄没有变化，MNPV 的经济成熟龄延长 0~2 年，IRR 的经济成熟龄延长 1~3 年，LEV 的经济成熟龄则延长 0~2 年，成熟龄的延长时间以及敏感系数绝对值也随着木材价格减少程度的增大而增大。在四项指标的对比中，除了地位指数为 10 的林分在木材价格下降的过程中 IRR 的敏感系数绝对值略微超出了 1，其他情况下的 IRR 敏感系数的绝对值均小于 1，同时也小于其他四项指标，说明经济因素的变化对 IRR 的影响较小，可将木材价格视为非敏感因素，但 IRR 的经济成熟龄变化大于其他三项指标，此外木材价格的变化在 NPV、MNPV 以及 LEV 指标上的敏感系数均大于 1，若以这三项指标为经济评价指标，则木材价格可视为敏感因素。

在同一林分中，无论木材价格上升还是下降，反映在 *NPV* 指标上的敏感系数值相等，*MNPV* 和 *LEV* 敏感系数只存在微小的差别。但是不同林分条件对木材价格的变化导致的经济影响则呈现出不一样的结果，同一密度条件下，立地条件越好的林分，其四项指标的敏感系数绝对值越小，如在株数密度为 3600 株/hm^2 的条件下，地位指数为 18、14 和 10 的 *NPV* 敏感系数分别为 1.65、2.03 和 4.18，这说明木材价格的波动对好的立地条件的林分的经济影响较小，而立地条件较差的林分，对于木材价格的上下变化则需要承担更多的风险；相同立地条件下，密度越大的林分，其各项指标的敏感系数均小于密度较小的林分，以 *NPV* 指标为例，在地位指数为 18 的立地条件下，株数密度为 2500 株/hm^2 和 3600 株/hm^2 的敏感系数分别为 1.77 和 1.65，14 立地条件下的敏感系数分别为 2.49 和 2.01。同时，与投资收益率一样，在林分经济因素敏感程度的影响上，立地条件的作用要大于密度。

（3）成本的变化

在林分的实际经营中，造林成本、木材生产成本、税费、地租等都会随着社会经济环境的变化而变化，经营成本的敏感程度研究方法与投资收益率和木材价格一致，分别在原有的基础上等比例地减少 30%、减少 15% 和增加 15%、增加 30%，来分析经营成本的变化对林分经济收获的影响。

表 7-13 至表 7-18 的数据表明，在其他条件不变的前提下，各项经营成本等比例增加使得 *NPV*、*MNPV*、*IRR* 以及 *LEV* 四项指标的最大值下降，在经济成熟龄方面，经营成本的增加未影响 *NPV* 的经济成熟龄，而 *MNPV* 则延长 0~2 年，*IRR* 延长 0~3 年，*LEV* 延长 0~2 年，其经济成熟龄的延长时间以及敏感系数绝对值也随着经营成本增加程度的增大而增大；当林分经营成本下降时，四项指标的最大值相应地升高，以 *NPV* 和 *LEV* 为指标的林分经济成熟龄没有变化，*MNPV* 和 *IRR* 的经济成熟龄缩短 0~2 年，其中经济成熟龄缩短的年份以及敏感系数绝对值也随着木材价格减少程度的增大而增大。在四项指标中，*IRR* 的敏感系数绝对值整体相对较小，说明经济因素的变化对 *IRR* 的影响较小。由于经营成本在 *IRR* 和 *LEV* 指标上的敏感系绝对值在 1 上下浮动，因此不能确定经营成本在 *IRR* 指标上是否属于敏感系数。此外，经营成本在 *NPV* 和 *MNPV* 指标上的敏感系数均大于 1，因此可以视为影响林分经济条件的敏感因素。

在同一林分条件下，经营成本的变化在 *NPV* 指标下的敏感系数值一致，而经营成本在 *MNPV*、*IRR* 以及 *LEV* 指标下的敏感系数值也仅存在微小的差别。与投资收益率以及木材价格变化情况一致，不同林分条件对林分经营成本的变化表现出不一致的结果。除了 *LEV* 指标以外，在林分密度相同的前提下，立地条件越好的林分，其他三项指标的敏感系数绝对值越小，以株数密度 3600 株/hm^2 的经济指标 *NPV* 为例，经营成本的变动在地位指数为 18、14 和 10 的敏感系数分别为 -1.04、-1.51 和 -4.15，这说明对于立地条件较好的林分，经营成本的上下波动不会造成明显的经济收益的下降或上升，而立地条件较差的林分，对于经营成本的上下变化则需要承担较大的风险；相同立地条件下，各项指标的敏感系数绝对值随着密度的上升而下降，以 *NPV* 指标为例，在地位指数为 18 立地条件下，株数密度为 2500 株/hm^2 和 3600 株/hm^2 的敏感系数分别为 -1.19 和 -1.04，地位指数为 14 立地条件下的敏感系数分别为 -2.07 和 -1.51。

敏感性分析有助于决策者了解森林经营方案中的风险情况，从而确定在森林经营方案决策过程中需要重点注意和控制的因素。根据上述经济敏感性的分析，任何一项经济因素的变化，都会影响杉木人工林的经济效益。在三项经济因素中，木材价格变化对林分收益的影响最大。若某一地区的木材价格一直处于不稳定状态，则当地林分所承担的市场风险是很大的。因此，在森林经营决策中，除了考虑林分自身条件，还需要权衡各项经济因素，从而因时因地制定合理的经营方案，从而提高经济成熟评价结果的可靠性，降低投资风险和采伐决策风险。

7.5　本章小结

研究分别使用参数预估法和参数回收法构建了杉木林径阶分布模型，选择参数回收径阶，结合福建省杉木单木二元材种出材率表，编制了杉木林分材种出材率表，对杉木人工林数量成熟、工艺成熟和经济成熟进行了探讨，并采用敏感系数分析了投资收益率、木材价格以及成本三类经济因素对林分经济成熟以及收益的影响。

在数量成熟、工艺成熟和经济成熟的探讨中，得出不同初植密度和地位指数下的林分成熟龄，研究表明，杉木人工林数量成熟龄在 15~25 年之间；大原木工艺成熟龄在 31~40 年之间，中原木在 26~35 年之间，小原木在 17~25 年之间，规格材在 22~29 年之间，经济材在 22~28 年之间；经济成熟龄中，NPV 在 17~21 年之间，$MNPV$ 为 15~22 年之间，IRR 在 13~21 年之间，LEV 在 16~22 年之间。林分地位指数和密度对三类成熟的影响呈现出一致的变化，即地位指数越高的林分，林分的三类成熟来得比地位指数低的林分早，而密度越大，林分成熟越早，这符合杉木林的生理生长特性。通过敏感性分析，总体而言，木材价格的变化对林分收益产生的影响最大，其次是投资收益率，成本变化对林分经济收益的影响最小。同时，立地条件越好的林分，各项经济评价指标的敏感系数越小，对市场环境变化的适应性越强，密度越大的林分，其敏感系数值小于密度小的林分。

在确定工艺成熟龄的方法中，除了本研究采用的用材材积生长量最大时的年龄作为工艺成熟龄以外，盛炜彤等（1991）指出用某一材种的株数百分率或者材积百分率作为工艺成熟龄的确定标准，研究认为：培育小径材、小径木株数需达 80%（或材积达 70%）以上；培育中径材，中、大径材株数需达 30%（或材积 45%）以上；培育大径材，中、大径材株数需要达到 45%（或材积 60%）以上。与本研究的方法相比，该方法较为简单方便，但主观性强，应用范围小。本研究的经济成熟龄则早于相同条件下林分的数量成熟龄和工艺成熟龄，这是因为林分的造林经营整个过程需要计算投资收益率，若将轮伐期延迟，尽管木材的产量和质量都有所提高，但需要投入更多的成本，同时延缓了资金的周转期，需要支付更多的利息。在本研究中，结合工艺成熟以及经济收益敏感性分析，我们得知当投资收益率高、木材价格低或者经营成本高时，林业生产周期短，适合培育较小的材种，反之，降低投资收益率或提高大径材单价或降低经营成本时，林业生产周期加长，培育较大的材种收益更好。基于此，可通过降低林木市场投资收益率或者提高木材价格或降低经营成本等一系列宏观调控来适当减轻两者间的矛盾。

8 / 杉木用材林密度控制技术

人工林经营的核心是在林分生长的不同时刻控制林分合理的密度，杉木林经营过程中造林初植密度大小、不同的间伐措施方案、合理适宜的主伐年龄的确定将直接影响到主伐时的直接收益。目前，森林经营决策往往只从造林培育、蓄积预测、龄级结构调整等单个方面进行考虑，不能够解决森林经营过程中的确定最佳合理的造林密度、间伐方案、主伐年龄的决策问题。而杉木林的造林密度、间伐方案、主伐年龄对林分收获的作用是以上三者共同影响的结果。密度控制图是一种林分水平的产量模型，能够从不同需求层出发，对同龄林的定量间伐、资产预估、资源清查和造林设计等方面提供决策依据。本章研究杉木林经营中的密度控制核心技术问题，构建不同目标下的密度控制模型，绘制相应的密度控制图。结合形态变量，综合考虑不同间伐方案下的林分收获问题，建立杉木林经营实施方案的优化决策模型，为基于多目标的最佳间伐方案提供服务。

8.1 密度控制图

8.1.1 林分蓄积密度控制图

林分密度控制图一般由等树高线、等胸径线、最大密度线、等疏密度线、等自然稀疏线和冠幅线组成，几组曲线之间既有独立性又互相联系，均受立木株数密度制约，表达的是林分生长与密度之间的数量关系。

（1）等树高线

单株木周围若没有林木与之竞争，则能够充分利用立地，达到最大的生长水平。一旦周围出现竞争木，生长速度则低于没有竞争的林木，因此，单株木的材积随着密度的增大而增大，参考前人的研究成果，采用一次方程表达密度和单株木材积的关系，如公式8-1所示：

$$V=A-BN \tag{8-1}$$

式中，V 表示单株木材积，N 为每公顷林分株数，A、B 为参数。

由于 V 代表的是平均单株木的材积，因此林分的蓄积 M 可视为 V 与单位面积林分株数的乘积，如公式8-2所示：

$$M=AN-BN^2 \tag{8-2}$$

公式8-2的二次单项式说明单位面积蓄积量随着林分密度的增加而增加，当密度增加到一定条件后，林木对立地环境使用程度达到最大，随后林分蓄积则会根据密度的增加而减少。

182

林分的蓄积收获与立地质量密切相关，为了体现立地条件对林分蓄积收获的影响，在参数 A 和参数 B 中引入林分平均优势木高的概念，令 $A=a_{11}HT^{b_{11}}$、$B=a_{12}HT^{b_{12}}$，则公式 8-2 可转变成：

$$M=a_{11}HT^{b_{11}}N-a_{12}HT^{b_{12}}N^2 \tag{8-3}$$

公式 8-3 即为蓄积-树高密度曲线。当树高取一定的值时，总有若干个 M 和 N 的值与之相对应，不同树高取值所构成的 $M-N$ 曲线即为等树高线。

（2）等疏密度线

结合林木林分生长特征，根据林分分化度以及二项式 8-3，便可推导出林分疏密度与蓄积和株数密度之间的关系函数，具体见公式 8-4：

$$M_p=K_pN_p^{1-K_3} \tag{8-4}$$

式中，p 代表林分疏密度，M_p 为疏密度为 p 时的林分蓄积，N_p 为疏密度为 p 时的林分公顷株数，K_p 和 K_3 为参数，根据公式推导得到（尹泰龙等，1978）：

$$K_p=\frac{a_{11}}{f_p}\left(\frac{f_p-1a_{11}}{f_p}\frac{a_{11}}{a_{12}}\right)^{K_3} \tag{8-5}$$

$$f_p=\left(2-2\sqrt{1-p}\right)/p \tag{8-6}$$

$$K_3=b_{11}/\left(b_{12}-b_{11}\right) \tag{8-7}$$

其中，f_p 表示疏密度为 p 时的林木分化度，表示不受其他林木干扰的单株平均材积 v_m 与产生密度效应而进入了分化阶段的单株材积 v_f 的比值，即 v_m/v_f，当 p 分别按照 0.1 的公差取值 0.2~1.0 时，所得的蓄积-密度曲线即为等疏密度线。

当 $p=1.0$ 时，此时林分达到饱和密度，分化度达到最大值 2，任何超过该密度的林分特征值都是无任何意义的，因此，我们也将 $p=1.0$ 的等疏密度线作为最大密度线。

（3）等自然稀疏线

由于单株木材积随着密度的增加而减少，因此材积也可与林分密度呈现负一次幂函数的关系。表达为：

$$v=\alpha N^{-1}-\beta \tag{8-8}$$

则林分蓄积可以表示为：

$$M=\alpha-\beta N \tag{8-9}$$

公式 8-9 在对数坐标系中，通过 $\lg M$ 对 $\lg N$ 求导数，可推导出初植密度-林分蓄积-株数密度的方程，如公式 8-10 所示。

$$M=K_5\left(N_0-N\right)N_0^{-K_3} \tag{8-10}$$

$$K_5=K_4\left(K_3-1\right)\left(\frac{K_3-1}{K_3}\right)^{-K_3} \tag{8-11}$$

$$K_4=\frac{a_{11}}{2}\left(\frac{a_{11}}{2a_{12}}\right)^{K_3} \tag{8-12}$$

公式 8-10 中，N_0 代表初植密度，K_5、K_4 为系数，其与其他参数的关系表达式如公式 8-11 和公式 8-12 所示，其余变量均在上文中提及。当 N_0 分别按照 1000 的公差取值

1000~7000 时，所得的蓄积–密度曲线即为等自然稀疏线。

（4）等胸径线

等胸径线也是构成林分密度控制图的重要因素，本研究选择胸径幂函数来表示蓄积–胸径–株数的函数。

$$M=aD^b N^c \tag{8-13}$$

式中，a、b、c 代表参数。当林分平均胸径取一定的值时，总有若干个 M 和 N 的值与之相对应，不同胸径值所构成的 M–N 曲线即为等胸径线。

（5）冠幅线

除了疏密度以外，亦可采用杉木冠幅度来确定应保留的立木株数，以保证每株立木有适宜的营养空间。为了方便计算，选择最简便的一元回归方程 $CW=d+eD$ 来表达胸径和冠幅的关系。

对于每一个胸径，都能估算出平均冠幅值，通过计算其平方数便得到平均树冠面积的理论值，将公顷面积除以树冠面积理论值，就能得到每公顷适宜的保留株数。见公式 2-1，对于每一个 CW 的取值，都有一个确定的 (M, N) 值，从而构成冠幅线 Ncw，为林业工作者在杉木林抚育间伐中确定林分保留株数提供参考。

（6）编制密度控制线

由于杉木在不同的立地条件下，它的培育目标、成材期、初植密度和间伐强度均不同。因此，应该分别不同地位指数编制密度管理图，将更便于在营林实践中应用（姜志林等，1982）。但由于本研究的数据有限，无法同时在每个地位等级上拥有大样本数据，同时通过对福建省杉木林场的实地了解，在南方杉木林经营中，通常将地位指数分为好、中、差、特差四类进行应用，而特差立地条件的林分并不常见。因此，本研究亦根据三类地位指数来分别构建林分密度控制图，即16~20 指数级为 I 级，13~15 指数级为 II 级，8~12 指数级为 III 级。

由于上述各类等值线未考虑林分年龄 t，因此分别根据三类地位指数来构建林分优势木平均高和时间 t 的 Richards 函数。表达式如公式 8-14 所示：

$$HT=A\left[1-\exp(-CT)\right]^B \tag{8-14}$$

使用 SPSS18.0 软件对上述等值线模型以及优势木高 Richards 方程进行拟合，得到优势木高拟合结果和不同地位等级下的各类等值线模型参数的结果如表 8-1 和表 8-2 所示。

表 8-1　不同地位指数的优势木树高 Richards 方程拟合结果

地位指数	A	B	C	R^2	MSE
I	24.393	0.508	0.0323	0.760	0.969
II	20.303	0.667	0.0308	0.857	0.876
III	18.429	0.791	0.0284	0.737	0.826

表 8-2　不同地位等级下的各类等值线拟合结果

模型类别	参数	参数值		
		I	II	III
等树高线	a_{11}	2.631E-5	1.993E-5	1.613E-5
	b_{11}	3.384	3.537	3.641
	a_{12}	9.810E-11	1.057E-10	1.226E-10
	b_{12}	4.921	4.968	4.997
等疏密度线	$K_{1.0}$	2559082.308	19665188.792	69781073.060
	$K_{0.9}$	1458617.830	10115331.936	33097022.167
	$K_{0.8}$	1004171.722	6575219.413	20559388.397
	$K_{0.7}$	690376.249	4282094.452	12827954.445
	$K_{0.6}$	461182.423	2704685.399	7751596.888
	$K_{0.5}$	292552.745	1613709.042	4406134.875
	$K_{0.4}$	170845.343	878033.425	2267091.173
	$K_{0.3}$	87013.495	409948.275	988185.516
	$K_{0.2}$	34334.169	143777.706	315756.337
	K_3	2.202	2.472	2.685
等自然稀疏线	K_5	11663844.550	104252303.663	410806661.857
等胸径线	a	0.000258	0.000248	0.000231
	b	2.811	2.765	2.683
	c	0.822	0.810	0.798
冠幅线	d	1.783	1.059	0.733
	e	0.104	0.158	0.195

　　根据上述方程，研究使用 OriginPro8.0 软件，在以 10 为底的双对数坐标系下绘制不用地位等级的杉木林分密度控制图，其中横坐标为株数密度，结合实际情况，所指定的范围是 500~8000 株/hm²，纵坐标为每公顷林分蓄积，结合实际情况，选择 10~1000m³/hm²。在林分密度控制图中，等树高线为随着密度增大而斜向右上方的虚线，单位为米；等直径线为斜向右上方的实线，单位为厘米；等疏密度线为随着密度增大而斜向右下方的实线；自然稀疏线则为抛物线，单位是株/hm²，详见图 8-1、图 8-2 和图 8-3。

　　蓄积密度控制图可以在已知单位面积杉木林的株数密度、优势木高、地位指数、平均胸径等部分条件下，进行定量间伐、产量预估，能够根据最终的收获量制定合理的间伐方案，也在森林资源调查、造林设计、更新普查等方面给予了一定的技术指导。

　　以下列举两个林分密度控制图的应用实例。

　　①预估任一阶段的林分状态

　　有一块立地质量中等的杉木林优势木高为 6.5m，初植密度为 3000 株/hm²，求首次间伐的时间、间伐前后林分平均胸径、间伐的蓄积量和伐后应保留的株数。

　　由于杉木林立地质量为中等，将立地条件归于 II 类，根据优势木高和公式 7-5，求得

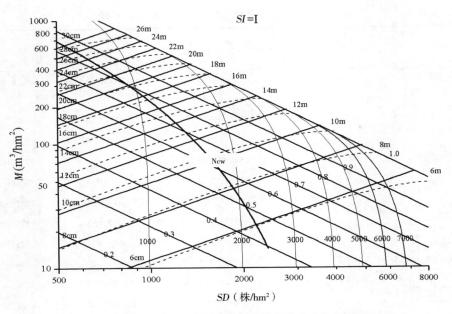

图 8-1　I 类地位指数下的杉木林蓄积林分密度控制图

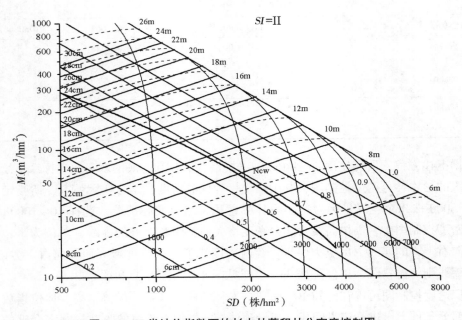

图 8-2　II 类地位指数下的杉木林蓄积林分密度控制图

此时的杉木年龄为 6 年，在图 8-2 中沿着 3000 株/hm² 的自然稀疏线，找到优势木高为 6.5m 的位置，此时林分的疏密度位于 0.6~0.7 之间。林分疏密度达到 0.9 时进行首次间伐，继续沿着自然稀疏线往上，找到与疏密度为 0.9 时的交汇点，此时林分应该进行首次间伐，从图中可以读出此时林分的平均胸径为 10.6cm，优势木高为 9.3m，林分蓄积为 89m³，经过公式 6-14 得知此时林分首次间伐年龄为 15 年，以疏密度为 0.7 作为间伐后的

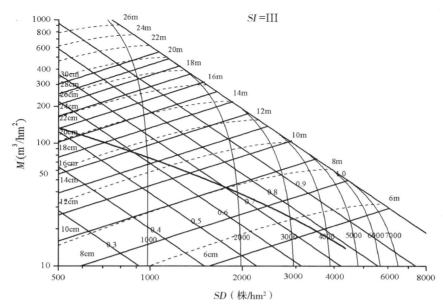

图 8-3　**III** 类地位指数下的杉木林蓄积林分密度控制图

密度参考，采用下层疏伐法，间伐后林分平均胸径 11.0cm，蓄积为 70m³，间伐蓄积为 89-70=19m³，此时林分的保留密度为 1900 株/hm²。

②间伐方案制定

某一立地条件为 I 的杉木林的初植密度为 4000 株/hm²，要求在主伐时收获 500m³ 以上的蓄积量，为该林分制定间伐方案，包括间伐时间、间伐强度和主伐年龄。

根据图 8-1，首先按照 4000 株/hm² 的自然稀疏线向上，由于该林分的立地条件为优，尽可能充分利用立地环境生长林木，因此考虑在优势木高 10m 处的交点作为首次间伐的时刻，读取此时的林分疏密度为 0.94，此时林分的平均直径为 9.8cm，林分蓄积为 118m³，经过自然稀疏后的保留密度为 3200 株/hm²，通过公式 8-14 计算得到此时林分年龄为 6 年，由于是下层疏伐，砍小留大，因此间伐对林分的优势木高的影响可忽略不计。沿着 10m 的树高一直往左，直到遇到冠幅线，此时林分平均直径为 10.2cm，蓄积为 77m³，保留株数为 1600 株/hm²，林分疏密度为 0.63，经过计算，得到株数间伐强度为 50%，间伐掉的蓄积量为 41m³；沿着由经过该点的自然稀疏线继续向上，与树高为 16m 的等值线相交，此时林分疏密度为 0.91，此时可进行第二次间伐，通过树高 Richards 公式求得第二次间伐时间为 17 年，从图 8-1 中可以读出间伐前的林分平均胸径为 17.0cm，蓄积为 268m³，林分密度为 1350 株/hm²，沿着等树高线往左与冠幅线相交，此时林分疏密度为 0.77，通过图 8-1 得到间伐后林分平均胸径为 17.5cm，蓄积为 217m³，保留密度为 980 株/hm²，经过计算，可知第二次间伐强度为 27.4%，间伐蓄积为 51m³；沿经过第二次间伐点的自然稀疏线继续向上，在林分平均优势木高为 22m 交点处停下，根据公式 8-14 求得此时林分年龄为 34 年，此时林分疏密度为 9.3，林分平均直径为 23.9m³，蓄积达到 500m³，可进行主伐。加上前两次间伐蓄积量，该林分总共可收获蓄积 500+41+51= 592m³。该林分的抚育间伐方案及收获量汇总于表 8-3。

表 8-3　杉木林抚育间伐方案设计（初植密度 4000 株/hm²）

次数	林龄	优势木高 (m)	胸径 (cm) 伐前	伐后	密度 (株/hm²) 伐前	伐后	蓄积 (m³) 伐前	伐后	间伐强度 (%)	间伐量 (m³)
1	6	10.0	9.8	10.2	3200	1600	118	77	50.0	41
2	17	16.0	17.0	17.5	1350	980	268	217	27.4	51
3	34	22.0	23.9	0	880		500			

8.1.2　年均净现值密度控制图

上一节的密度控制图是根据蓄积收获量来进行计算的，由于杉木林的种植主要应用于造材中，林农更希望能够对不同林分在不同时间段的杉木林经济产量进行预估，从而根据经济收入来制定合理的经营方案。通过对 77 块杉木林年均净现值进行研究表明，与蓄积量类似，年均净现值与林分的密度、立地条件也存在一定的相关关系，因此，对林分年均净现值与林分蓄积的关系进行分析，分别选用线性方程、一元二次方程、指数函数、幂函数等对两者进行拟合，得到最能表达两者关系的函数如公式 8-15：

$$MNPV = 7.004M - 139.013 \quad (R^2 = 0.535) \tag{8-15}$$

根据年均净现值和蓄积的关系，整理得到以年均净现值为因变量的各类等值线，如公式 8-16 至公式 8-19 所示。

$$MNPV = 7.004 \ (a\,D^b N^c) - 139.013$$

等树高线：$MNPV = 7.004 \ (a_{11}HT^{b_{11}}N - a_{12}HT^{b_{12}}N^2) - 139.013 \tag{8-16}$

等疏密度线：$MNPV = 7.004 \ (K_p N_{fp}^{1-K_3}) - 139.013 \tag{8-17}$

等自然稀疏线：$MNPV = 7.004 \ [K_5 \ (N_0 - N) \ N_0^{-K_3}] - 139.013 \tag{8-18}$

等胸径线：$MNPV = 7.004 \ (a\,D^b N^c) - 139.013 \tag{8-19}$

在冠幅线的表达中，每一个胸径值 D 都能计算得到一个冠幅值，通过冠幅便能求得每公顷最佳的保留株数，已知 D 和株数，根据等胸径线公式能计算出相应的蓄积量，再结合公式 8-15，就能得到株数和年均净现值的表达式。

根据上述方程，使用同样的方法，绘制杉木林林分年均净现值的密度控制图，其中横坐标为株数密度，结合实际情况，所指定的范围是 500~8000 株/hm²，纵坐标为每公顷林分可获得的年均净现值，结合实际情况，坐标刻度范围在 0~6000 元/年，由于对数坐标系只能模拟正坐标，因此年均净现值为负数的部分未展现在图中。在年均净现值的林分密度控制图中，等树高线为随着密度增大而斜向右上方的虚线，单位为米；等直径线为斜向右上方的实线，单位为厘米；等疏密度线为随着密度增大而斜向右下方的实线；自然稀疏线则为抛物线，单位是株/hm²，详见图 8-4、图 8-5 和图 8-6。

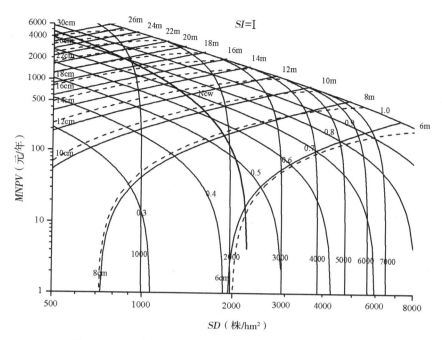

图 8-4 Ⅰ类地位指数下的杉木林年均净现值密度控制图

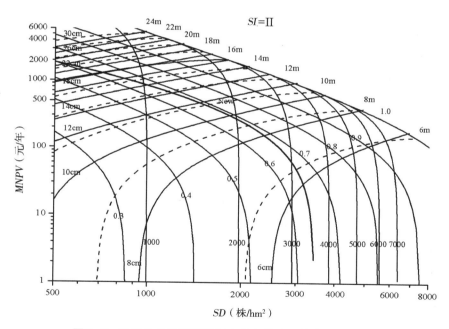

图 8-5 Ⅱ类地位指数下的杉木林年均净现值密度控制图

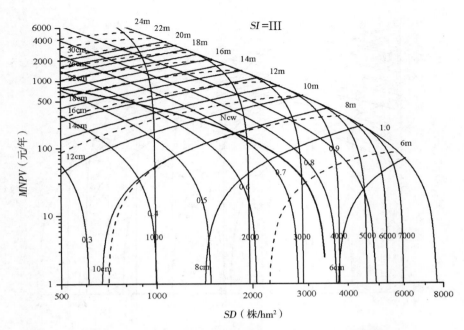

图8-6　Ⅲ类地位指数下的杉木林年均净现值密度控制图

在年均净现值密度控制图的应用中，已知现有的林分基本因子，便可对任一阶段的林分收入进行预估，计算经济成熟龄，也可结合蓄积收获确定合理的造林密度，为抚育间伐方案提供指导。现在举例说明年均净现值密度控制图的应用。

（1）经济成熟龄预估

某一杉木人工林林分，密度为 3000 株/hm²，计算不同立地条件下的经济成熟龄。

年均净现值是判断林分经济成熟龄的主要指标，在第 7 章我们将年均净现值最大值作为杉木林分经济成熟龄的判断依据。在密度控制图的应用中，根据 Ⅰ、Ⅱ、Ⅲ 三类不同密度下的净现值密度控制图，沿着 3000 株/hm² 的自然稀疏线一直向上延伸，得到与最大密度线相交的林分平均优势高分别为 16.8m、14.5m 以及 13.0m，根据公式 8-14 计算得到不同立地条件下的林分经济成熟年龄分别为 20 年、30 年和 36 年，这与第六章中立地条件越好、经济成熟龄越早的结论一致，该年龄时林分在未抚育间伐的前提下，可收获最大的年均净现值。

（2）不同间伐方案下的经济收获比较

某一林分年龄为 5 年，林分平均优势木高为 3.9m，密度为 3920 株/hm²，现对林分分别采取以下 5 种处理方式：①间伐 1 次，疏密度达到 0.9 时便进行间伐，以冠幅线作为保留株数密度；②间伐 1 次，疏密度达到 0.9 时进行间伐，以疏密度为 0.7 作为保留密度；③间伐 2 次，林分疏密度达到 0.9 开始间伐，两次均以冠幅线作为保留株数密度；④间伐 2 次，林分疏密度达到 0.9 时开始间伐，两次均以疏密度 0.7 作为保留密度；⑤不对林分做任何经营措施。

根据林龄和优势木高，通过计算得知该林分的立地条件属于 Ⅲ 类，由于立地条件较差，综合前面所研究的较差立地条件下的树高生长情况，将树高生长到 12m 作为判断主伐年龄的依据。根据等高线 6m 和 3920 的株数密度，得知该林分的初植密度为 4000 株/hm²。根据图 8-6 对下列 5 种方式进行年均净现值的预估。

方式 a：沿着 4000 的自然稀疏线，到达自然稀疏线与疏密度 0.9 的交点处，此处为间伐前的林分状态，林分进行间伐，由于下层疏伐对林分优势木高不会产生影响，因此可沿着等高线往左直到与冠幅线相交，得到间伐后的林分状态。此时读取疏密度为 0.75，沿着经过 0.75 疏密度的自然稀疏线一直到与 12m 等高线的交界处，此时对林分进行主伐。

方式 b：与方式 a 的应用方式一致，在 4000 自然稀疏线与疏密度线为 0.9 的交点处进行间伐，沿着等高线往左直到与疏密度 0.7 的线相交，得到间伐后的林分状态，接着沿着经过 0.7 疏密度的自然稀疏线一直到与 12m 等高线的交点处，此时对林分进行主伐。

方式 c：在方式 a 的基础上，经过 0.75 疏密度的自然稀疏线与 0.9 疏密度线相交时，林分需要进行第二次间伐，沿着等高线向左与冠幅线的交点，此时图中的数值为第二次间伐后的林分状态，此时读取疏密度为 0.67。沿着经过 0.67 疏密度点的自然稀疏线一直到与 12m 等高线的交界处，此时林分进行主伐。

方式 d：在方式 a 的基础上，经过 0.7 疏密度的自然稀疏线与 0.9 疏密度线相交时，林分需要进行第二次间伐，沿着等高线向左与 0.7 疏密度线的交点，此时图中的数值为第二次间伐后的林分状态。沿着经过 0.7 疏密度点的自然稀疏线一直到与 12m 等高线的交界处，此时林分进行主伐。

方式 e：按照 4000 的自然稀疏线往上直到与最大密度线相交，读取的树高为 11.3m，此时对林分进行主伐。

将上述 5 种经营措施下的林分间伐主伐年龄、间伐前后的胸径、株数密度、年均净现值、间伐收益以及总收益数值汇总于表 8-4。结合密度控制图，通过表中的数据，我们发现，间伐强度越大，伐前与伐后的胸径值和年均净现值的差异就越大，不同经营措也会影响林分收益，其中具有间伐活动的林分比未间伐的林分收获更多的经济效益，最大增幅高达 39.1%，间伐两次的林分年均净现值收益比间伐一次的年均净现值收益略高，以冠幅线控制密度的林分年均净现值收益比以疏密度为 0.7 作为保留密度的林分年均净现值收益略高。

与此同时，研究还结合计算机技术，研建了经营决策支持系统，将密度控制模型存储于模型库中，实现系统只需要根据模型就能自动绘制林分密度控制图的功能，使得用户能够实时对不同的林分进行密度控制和经营操作模拟。

表 8-4 不同间伐方案下的林分年均净现值收益

措施	次数	林龄 (年)	强度	密度（株/hm²）		胸径（cm）		树高 (m)	年均净现值（元/年）		间伐材收益 (元/年)	总收益 (元/年)
				伐前	伐后	伐前	伐后		伐前	伐后		
方式 a	第一次	11	27.2%	3580	2600	7.4	7.7	6.8	90	60	30	930
	主伐	30	—	2070	—	15.2	—	12.0	900	—	—	—
方式 b	第一次	11	33.5%	3580	2380	7.4	7.8	6.8	90	47	43	923
	主伐	30	—	1990	—	15.5	—	12.0	880	—	—	—

（续）

措施	次数	林龄（年）	强度	密度（株/hm²）		胸径（cm）		树高（m）	年均净现值（元/年）		间伐材收益（元/年）	总收益（元/年）
				伐前	伐后	伐前	伐后		伐前	伐后		
方式 c	第一次	11	27.2%	3580	2600	7.4	7.7	6.8	90	60	30	960
	第二次	16	36.9%	2250	1420	11.3	11.7	8.2	400	220	180	
	主伐	30	—	1260	—	16.2		12.0	750	—	—	
方式 d	第一次	11	33.5%	3580	2380	7.4	7.8	6.8	90	47	43	938
	第二次	21	27.5%	2000	1450	12.5	12.8	9.8	450	280	170	
	主伐	30	—	1300	—	16.0		12.0	725	—	—	
方式 e	主伐	27	—	2650	—	12.9		11.3	690	—	—	690

8.2　动态规划最优密度

8.2.1　基于蓄积最大的林分最优密度

密度控制图是针对不同的密度，对林分进行生长收获的模拟，其中如何确定适宜某一林分中林木生长的最佳密度一直是森林经营者所重点关注的问题，上一节研究根据树冠大小来确定最佳经营密度，然而这种方法存在一定的缺陷，采用林分面积除以平均树冠的投影面积得到的株数，其实质是将四个树冠投影圆相切时产生的空白面积也算入其中，因此，实际的最佳密度应该小于树冠投影面积计算出来的林分密度。目前，在常用的研究林分最优密度的方法中，动态规划由于在理论上的优越性而被广泛应用。动态规划模型可以根据经营目的来设置目标函数，在目标函数的选择中，由于密度二次效应模型在寻优过程中具备稳定的数学性质，能直观地表达林分密度与产量的关系，因而能根据林分生长的系列规则，从数学理论角度来制定林分的最佳经营密度。因此，本节以上一节研究的密度二次效应模型为基础，株数密度为控制变量，分别以林分蓄积收获量和年均净现值收获量为目标变量来构建最佳收获决策模型，计算出基于不同经营目标、不同条件林分下最佳经营密度，从而可间接推导出最佳间伐时间和间伐量。由于杉木人工林林分的间伐是在多个时刻点上进行的，因此林分密度控制是一个多步决策过程，下面以林分蓄积收获量作为目标函数为例，来说明动态规划在林分密度控制中的应用。

设置状态转移方程为公式 8-20 和公式 8-20：

$$N_{i+1} = N_i - n_i = N'_i \tag{8-20}$$

$$M_{i+1} = M_i - v_i + \Delta M \ (i, \ i+1) \tag{8-21}$$

其中，N_i 为第 i 次间伐前的株数密度，N'_i 为第 i 次间伐后的株数密度，n_i 为第 i 次间伐的株数，M_i 为第 i 次间伐前林分蓄积，v_i 为第 i 次间伐掉的蓄积，$\Delta M \ (i, \ i+1)$ 为第 i 次间伐和第 $i+1$ 次间伐期间林分的蓄积生长量。

设置边界条件：

$$(N_1, \ M_1) = (N_0, \ M_0) \tag{8-22}$$

$$(N_{k+1}, M_{k+1}) = (0, 0) \tag{8-23}$$

设置目标函数：

$$f_k = R_1 + R_2 + \cdots + R_k \tag{8-24}$$

其中，R_i 为林分第 i 次的采伐量。

最优林分的密度控制，就是要寻求最优决策序列 N_i^*（$i=1$，2，3$\cdots k$），使林分生长系统在决策作用下，从初始状态运行到终端状态，并实现目标函数的指标值最大。

$$f^* = \max_{N1', N2', \cdots Ni}{}' (R_1 + R_2 + \cdots + R_k) \ (i=1，2，3\cdots k) \tag{8-25}$$

用动态规划法求解 f^* 就可以导出最优林分密度决策模型，假设林分进行 3 次决策，即进行两次间伐、1 次主伐。

当 $i=3$ 时，$f_1^* = \max_{N_3'} \{v_3 + f_0\}$，因为是主伐，因此 $N_3' = 0$，$f_0 = 0$，$v_3 = M_3$，因此 $f_1^* = M_3$，$N_3'^* = 0$，由林分密度效应模型可得：

$$f_1^* = a_{11}H_3^{b_{11}}N_3 - a_{12}H_3^{b_{12}}N_3^2 = a_{11}H_3^{b_{11}}N_2' - a_{12}H_3^{b_{12}}N_2'^2 \tag{8-26}$$

当 $i=2$ 时：

$$f_2^* = \max_{N_2'}\{v_2 + f_1^*\} = \max_{N_2'}\{a_{11}H_2^{b_{11}}N_2 - a_{12}H_2^{b_{12}}N_2^2 - (a_{11}H_2^{b_{11}}N_2' - a_{12}H_2^{b_{12}}N_2'^2) + a_{11}H_3^{b_{11}}N_2' - a_{12}H_3^{b_{12}}N_2'^2\} \tag{8-27}$$

对 N_2' 求一阶导数，得到公式 8-28：

$$Y'_{N_2'} = a_{11}(H_3^{b_{11}} - H_2^{b_{11}}) + 2a_{12}(H_2^{b_{12}} - H_3^{b_{12}})N_2' \tag{8-28}$$

由于 $a_{11}>0$，$a_{12}>0$，$H_3>H_2$，同时 N_2'，因此 $Y'_{N_2'}$ 在可行域上 >0，f_2 在可行域上单调递增，令 $Y'_{N_2'}=0$，得到公式 8-29：

$$N_2^{*\prime} = a_{11}(H_3^{b_{11}} - H_2^{b_{11}}) / 2a_{12}(H_3^{b_{12}} - H_2^{b_{12}}) \tag{8-29}$$

公式 8-29 的解亦能是 f_2 的唯一最优解，使得 $f_2^* = a_{11}H_2^{b_{11}}N_2 - a_{12}H_2^{b_{12}}N_2^2 \Delta M_{(2,3)}$ 达到最大。

当 $i=1$ 时，$f_3^* = \max_{N_2'}\{v_1 + f_2^*\} =$

$$\max_{N_1'}\left\{\begin{array}{l} a_{11}H_1^{b_{11}}N_1 - a_{12}H_1^{b_{12}}N_1^2 - (a_{11}H_1^{b_{11}}N_1' - a_{12}H_1^{b_{12}}N_1'^2) + a_{11}H_2^{b_{11}}N_1' - a_{12} \\ H_2^{b_{12}}N_1'^2 - (a_{11}H_2^{b_{11}}N_2' - a_{12}H_2^{b_{12}}N_2'^2) + a_{11}H_3^{b_{11}}N_2' - a_{12}H_3^{b_{12}}N_2'^2 \end{array}\right\} \tag{8-30}$$

对 N_1' 求一阶导数，得到公式 8-31：

$$Y'_{N_1'} = a_{11}(H_2^{b_{11}} - H_1^{b_{11}}) + 2a_{12}(H_1^{b_{12}} - H_2^{b_{12}})N_1' \tag{8-31}$$

令 $Y'_{N_1'}=0$，得到公式 8-32：

$$N_1^{*\prime} = a_{11}(H_2^{b_{11}} - H_1^{b_{11}}) / 2a_{12}(H_2^{b_{12}} - H_1^{b_{12}}) \tag{8-32}$$

此时最优的目标值为公式 8-33：

$$f_3^* = a_{11}H_1^{b_{11}}N_1 - a_{12}H_1^{b_{12}}N_1^2 + \Delta M_{(1,2)} + \Delta M_{(2,3)} \tag{8-33}$$

同理，对于 k 次间伐的决策中的第 i 次，其最佳的保留密度见公式 8-34：

$$N_i^{*\prime} = a_{11}(H_{i+1}^{b_{11}} - H_i^{b_{11}}) / 2a_{12}(H_{i+1}^{b_{12}} - H_i^{b_{12}}) \tag{8-34}$$

此时最佳的收获量为公式 8-35：

$$f_{k-(i-1)}^* = a_{11}H_i^{b_{11}}N_i - a_{12}H_i^{b_{12}}N_i^2 + \Delta M_{(i,i+1)} + \Delta M_{(i+1,i+2)} + \cdots \Delta M_{(k-1,k)} \tag{8-35}$$

公式 8-35 便是以密度二次效应蓄积收获模型为基础，采用动态规划法所构建的可变间伐间隔期的密度控制决策模型。

根据上一节不同立地条件下所构建的三个二次效应模型，为了加大间伐模拟力度，同时结合杉木用材林的实际生长情况，都以年为单位设定间伐时间，主伐时间为 30 年，取地位指数为 20m、18m、16m、14m、12m、10m 的六个等级，将各年林分平均优势高代入 8-34 式，计算得到不同立地条件下的最佳保留密度，详见表 8-5。

表 8-5 以蓄积收获量最大化为目标的不同立地条件下的林分最优密度

林龄	最优密度（株/hm²）					
	$SI = 20$	$SI = 18$	$SI = 16$	$SI = 14$	$SI = 12$	$SI = 10$
7	1400	1852	2532	3284	3940	6034
8	1324	1725	2317	2969	3509	5248
9	1261	1620	2143	2716	3168	4640
10	1207	1532	1998	2508	2892	4158
11	1161	1456	1877	2335	2664	3766
12	1120	1391	1773	2188	2473	3442
13	1084	1334	1683	2062	2310	3170
14	1052	1284	1604	1952	2169	2939
15	1023	1239	1534	1856	2047	2741
16	997	1199	1472	1771	1940	2568
17	974	1162	1417	1695	1845	2417
18	952	1129	1367	1627	1760	2284
19	932	1099	1321	1566	1684	2165
20	914	1072	1280	1510	1616	2060
21	897	1046	1242	1459	1553	1965
22	881	1023	1208	1413	1497	1879
23	867	1001	1176	1371	1445	1801
24	853	981	1146	1331	1398	1730
25	840	962	1119	1295	1354	1665
26	828	944	1093	1262	1314	1606
27	817	928	1070	1230	1277	1551
28	806	912	1047	1201	1242	1500
29	796	898	1027	1174	1210	1454
30	787	884	1007	1149	1180	1410

表 8-5 的数据表明，杉木林分在生长初期到速生期，林分的株数变化幅度较大，这是因为初始阶段林分较密，同时林木生长快，有限的土地资源不能满足每株林木的环境需求，林分自然稀疏剧烈，同时为了培育特定材种，通常在速生期会进行一系列间伐活动，降低林分密度，提高林木质量。同时，立地条件好的林分，其最佳保留株数越少，这种条件下对培养干形饱满的大径材是非常有利的。

8.2.2 基于经济效益最大的林分最优密度

上述通过动态规划方法得到不同立地条件下的最佳林分密度，林分能收获最大的蓄积量，但并不能反映林分的经济利用价值。因此，本研究采用连续状态的动态规划方法，通过蓄积密度二次效应模型和年均净现值之间的关系（具体表达式见表 8-2 和公式 8-15），建立了以年均净现值收益最大化为目标的最优林分经营密度模型，为经营决策者在经营目标上提供了更多选择，也为优化森林经营措施和林木资产评估等提供科学依据。表 8-6 为杉木人工林 7~30 年、地位指数为 10~20 条件下的，以年均净现值最大化为目标的林分最佳保留密度。

表 8-6 以年均净现值最大化为目标的不同立地条件下的林分最优密度

林龄	最优密度（株/hm²）					
	$SI=20$	$SI=18$	$SI=16$	$SI=14$	$SI=12$	$SI=10$
7	1262	1550	1950	2530	3415	4869
8	1212	1471	1827	2336	3101	4335
9	1169	1405	1725	2177	2848	3913
10	1132	1348	1639	2045	2640	3571
11	1100	1300	1565	1933	2466	3289
12	1072	1257	1501	1837	2318	3051
13	1046	1219	1445	1752	2190	2850
14	1024	1185	1395	1678	2078	2676
15	1003	1154	1350	1613	1980	2524
16	984	1126	1310	1554	1893	2391
17	967	1101	1274	1502	1816	2274
18	951	1078	1240	1454	1746	2169
19	937	1057	1210	1410	1683	2075
20	923	1037	1182	1371	1626	1990
21	911	1019	1157	1334	1574	1914
22	899	1003	1133	1301	1526	1844
23	888	987	1111	1270	1482	1780
24	878	972	1090	1241	1442	1721
25	868	958	1071	1215	1404	1668
26	859	946	1053	1190	1370	1618
27	850	933	1036	1166	1337	1572
28	842	922	1020	1145	1307	1529
29	834	911	1005	1124	1279	1489
30	827	901	991	1105	1252	1452

以经济效益为目标的最优密度控制决策模型所计算的不同立地条件下的最佳保留密度数据变化趋势与表8-5的数据变化趋势类似，都随着杉木人工林林龄的增大，保留株数越来越小，也进一步说明了杉木林的生长规律；同时，随着林分地位指数的增加，林分保留株数也逐步减少，地位指数较高的林分，林木长势良好，林木更新快，保留株数就相应地少，而立地条件差的林分，林木生长缓慢，则林分需要多保留林木来继续维持林分的生长。在相同的年龄和地位指数下，以林木价值为目标变量的最佳保留株数则少于以蓄积收获为目标变量的最佳保留株数，这是因为林分中的林木最终并非全部用于造材，还产生了一部分废材，在密度二次效应模型中，蓄积部分的含量有所减少。

8.3　本章小结

本研究构建了蓄积林分密度控制图和年均净现值密度控制图，在密度控制图中，首次将冠幅线加入密度控制图中作为实际应用中保留密度的参考，同时首次构建了经济收益密度控制图，并使用连续状态动态规划法构建了密度控制决策模型，分别确定了不同年龄不同立地条件下，基于林分蓄积最大化和年均净现值最大化的林分最佳保留密度，这与前人研究相比，具有一定的创新性。

在密度控制图的构建中，为了使图更具备科学性和应用性，我们将地位指数按照好、中、差分为 I、II、III 三类进行分别作图，同时分别建立了三类立地条件下的林分平均优势木高–林龄的 Richards 方程，这样就能计算出密度控制图上任意一点所代表的林龄。由于福建杉木林的主要培育目标是造材，林农们更加注重其经济效益，因此，研究以蓄积为基础，利用传统的林分密度控制图编制方法，构建了年均净现值密度控制图，从而对不同抚育间伐措施、不同造林密度、不同立地条件下的林分经济收益进行直观地模拟。

冠幅不仅是衡量林分密度的重要指标，也是林木最重要的形态变量。在本研究的密度控制图中，加入了根据冠幅大小来换算的林分密度线。从蓄积密度控制图中看出，立地质量为 I 的林分，冠幅线的整体平均斜率绝对值要大于疏密度线的斜率，在造林初期，冠幅线代表的林分密度介于 0.4~0.6 之间，中龄林到近成熟林的冠幅密度接近疏密度 0.7，而到了林木成熟时期，冠幅线代表的林分密度介于 0.8~0.9 之间，这是因为立地条件好的林地通常以培育中大径材为目标，在林分生长初期不宜密植，速生期则自然稀疏剧烈，同时好的立地条件间伐促进林分生长的作用更明显，间伐力度应加大，间伐间隔期短，以给予林木足够的生长空间，充分发挥土地的生产潜力，保证林木的生长质量。由于林木生长空间充足，到成熟阶段，林木干径通直，树冠长势也良好，同时又要保证大径木的数量，所以林分密度相对较大。而立地质量为 III 的林分则呈现一个相反的情况，其整体平均斜率的绝对值小于疏密度，这是因为林分初期，立地质量不好的林分，林木生长发育不良，生长迟缓，在林分达到中龄林之前林木成材率低，自然稀疏缓慢，从而不应间伐较多的林木，到了近成熟期，植株竞争激烈，成材均以中小径材、薪材居多，树冠长势也较差，此时需要加大林分间伐力度，以保证剩余林木正常地生长。由此可见，将形态变量与收获相结合，能更加准确地分析不同条件下林木的生长，也为林农抚育杉木林提供技术指导。

　　林分密度控制问题的实质是抚育间伐中的最优密度控制，本研究建立的连续动态规划方法所构建的密度控制决策模型，可以根据实际林分经营单位的条件来确定间伐次数和间隔期，对不同立地条件下的林分最佳保留密度进行多目标选择，以实现不同经营目的林分密度的最优控制，为制定经营方案提供依据，从而实现森林资源的持续发展和持续利用。

9 / 杉木用材林经营实施方案优化决策数值算法研究

本研究在前面所构建的全林分模型以及基于不同目标的单位面积林分应最佳保留株数的基础上，进行了基于首次间伐时间、间伐间隔期、间伐强度和主伐年龄参数的人工用材林抚育间伐方案模拟计算算法的研究，实现不同间伐方案下的林分蓄积、经济收获量的预测，并结合林地实际经营，获得最佳保留密度下的间伐方案，使森林经营方案更科学和实用，满足林业经营管理的需要。

9.1 基于间伐参数的收获算法

该算法针对采伐后的无林地，对林分从苗木造林到主伐整个生命周期的生长进行预测。该算法设计的目的是为抚育间伐方案设计人员提供一个模拟平台，根据输入不同的间伐作业方案参数，快速地计算出间伐前、间伐后的各年度蓄积收获量以及间伐掉的采伐木材积，计算结果通过图、表展示出来。为制定合理间伐方案提供支持。在该平台上，用户也可以不断改变间伐参数来进行不同结果的蓄积收获模拟计算，直到用户满意为止。

根据 2.3.1 节的抚育间伐指标探讨的抚育间伐参数范围，需要输入如下初始参数。

SI：地位指数。

N_0：林分初植密度，$3000 \leqslant N_0 \leqslant 6000$。

k：间伐次数，$0 \leqslant k \leqslant 3$。

A_j：$j=1$，2，……，表示第 j 次间伐时间，$6 \leqslant A_j \leqslant T-5$。

q_j：$j=1$，2，……，表示第 j 次间伐的强度，$15\% \leqslant q_j \leqslant 45\%$。

T：主伐年龄，$16 \leqslant T \leqslant 40$。

根据输入的参数和全林分模型计算林分从造林到主伐时各年度的林分平均胸径、树高、断面积、每公顷株数、蓄积量，以及间伐得到的蓄积量。林分总蓄积收获量＝主伐年龄时的蓄积量＋间伐的蓄积量。

由于林分造林初期的胸径和蓄积量很小，因此从林分的第六年开始计算蓄积量，并假设林分的间伐活动是在间伐年份的年末进行。计算结果以表 9-1 的形式进行存储到关系 R1 中。

表 9-1　抚育间伐方案模拟计算结果存储关系 R1

年龄	胸径（cm）	树高（m）	林分密度指数	断面积（m²）	株数（株/hm²）	蓄积（m³）
5 年	D_5	H_5	SDI_5	G_5	N_5	M_5
6 年	D_6	H_6	SDI_6	G_6	N_6	M_6
7 年	D_7	H_7	SDI_7	G_7	N_7	M_7
…	…	…	…	…	…	…
T 年	D_T	H_T	SDI_T	G_T	N_T	M_T

根据间伐参数的抚育间伐方案模拟算法流程如图 9-1 所示。

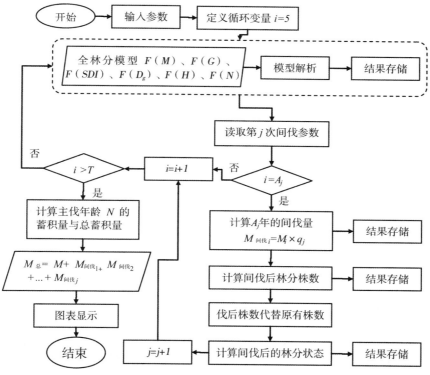

图 9-1　根据间伐参数的抚育间伐方案模拟算法流程

算法主要步骤如下。

①读取参数，包括间伐参数和林分地位指数，若不知道林分地位指数，可调用立地评价模块获取林分的地位指数。

②定义循环变量 $i=6$，i 代表了林分的年龄。

③根据年龄 i、地位指数 SI 以及林分密度 N_i，根据存储于数据库中的全林分模型，采用模型解析技术，计算出当年的林分平均胸径、平均树高、林分密度、断面积、蓄积以及林分每公顷株数，将计算结果存储于关系 R_1 中。

④读取第 j 次的间伐参数，将林分年龄 i 与间伐时间 A_j 进行比较，若 i 不等于 A_j，则将

林分年龄加 1，判断此时林分年龄是否大于主伐年龄，在幼龄林时期，i 显然小于 T，则直接从数据库中读取各类全林分模型公式 $X=f(A, SI, N)$ 进行解析，计算出下一年的林分进行胸径、树高、蓄积等因子的预测值，并将预测值存储于关系 R1 中。如果该林分在生长期没有间伐活动，则按照变量的循环依次计算出每年的林分因子值，最后主伐时林分的蓄积总收获量 $M_总 = M_T$，将计算结果通过图表显示，算法结束。

⑤若 i 等于间伐时间，根据已经计算好的第 i 年的蓄积量，根据间伐强度 q_j，则可以计算 A_j 时间的间伐木的蓄积 $M_{间伐_j}$，如公式 9-1 所示，同时将蓄积值记为 $M_{间伐1}$。

$$M_{间伐_j} = M_i \times q_j \tag{9-1}$$

⑥同理，计算 A_j 时刻，林分的密度由 N_i 下降为 N_i'，则 N_i' 的计算如公式 9-2 所示，并将间伐株数进行存储。

$$N_i' = N_i - N_i \times q_j \tag{9-2}$$

⑦以 N_i' 代替 N_i，重新利用全林分模型，通过模型解析技术求得间伐后林分的各项因子值，存入关系 R1 中。

⑧重新读取新一轮的间伐参数，重复步骤④至步骤⑥完成剩余的循环计算，将最终结果以图表显示。

⑨当循环变量大于主伐年龄 T，计算主伐时的林分收获量，记为 M_T，M_T 的计算如公式 9-3 所示。

$$M_T = F(T, N_T, SI) \tag{9-3}$$

⑩计算最终的林分蓄积收获量 $M_总$，见公式 9-4。

$$M_总 = M_T + M_{间伐1} + M_{间伐2} + \cdots + M_{间伐_j} = F(T, N_T, SI) + \sum_{j=1}^{k} F(A_j, N_j, SI) q_j \tag{9-4}$$

9.2　基于最优保留密度的采伐模拟算法

上一节基于间伐参数的采伐模拟算法是对无林地或未成林造林地的杉木林进行收获预估，在有林地经营中，合理的密度控制是确保林木健康生长的重要因素。基于最优保留密度的采伐模拟算法的核心思想是根据现有的林分条件，利用第 8 章研究的最优密度决策模型所构建的不同立地条件下、与经营目的相适应的单位面积上林分应保留的最适株数作为最佳林分密度参考，判断林分是否进行间伐，制定相应的间伐方案，通过对林分进行合理的密度控制来预估林分未来的生长。

算法执行前需要输入如下初始参数。

A：林分年龄。

SI：地位指数。

N_i：林分现有的株数密度。

T：主伐年龄，$16 \leqslant T \leqslant 40$。

根据前面所述的间伐强度的参数约束，本研究中以砍伐株数占林分总株数的 15% 作为间伐强度的最低值来判断现有林分是否需要间伐。以循环变量 i 作为当前林分的年龄，从林分现在到主伐时的林分因子收获存储于关系 R1 中。基于最优保留密度的采伐模拟算法流程如图 9-2 所示。

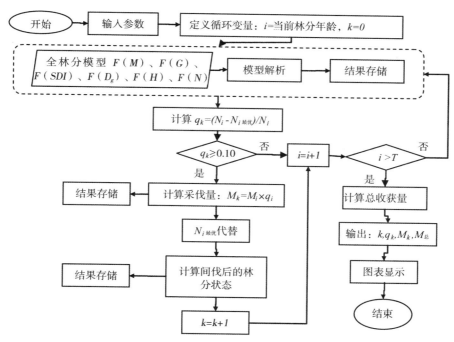

图 9-2　基于最优保留密度的采伐模拟算法流程

该算法的主要步骤如下。

①读取参数，若不知道林分地位指数，可通过林分优势木高和林分年龄，调用立地评价模块，采用差分 Richards 方程计算得到林分的地位指数 SI。

②定义循环变量 i 与 k，将 i 赋予初始值为当前的林分年龄，k 赋予初始值为 0，代表间伐次数。

③根据年龄 i、地位指数 SI 以及林分密度 N_i，根据存储于数据库中的全林分模型，采用模型解析技术，计算出当年的林分平均胸径、平均树高、林分密度、断面积、蓄积，将计算结果存储于关系 $R1$ 中。

④查询林分最优密度表，将 i 年的林分株数密度 N_i 与 $N_{i最优}$ 进行差值比例计算，得到 q_k，比较 q_k 值与 0.1 的大小。若 q_k 值小于 0.1，则说明现实林分的密度与林分最优密度差别不大，林分可以继续生长，无须间伐。算法则将 i 值加 1，并判断是否大于主伐年龄，若不是，则继续调用全林分生长计算模型，计算下一年的各林分因子数值。

⑤在步骤④中，若 q_k 值大于 0.1，则说明当前林分密度超过相同条件下的最优密度的 15%，林分需要通过间伐来增加单株木的生长空间。根据公式 8-1 计算当年的间伐木材积，同时在株数模型中，将采伐后的最优密度来代替此时的林分密度，并对全林分模型中的各个模型进行重新计算和存储。同时将代表间伐次数的 k 值由 0 变为 1，代表进行了一次间伐，i 值加 1，回到步骤③。

⑥重复步骤③至步骤⑤，直到林分年龄大于主伐年龄，此时计算林分总收获量，输出间伐次数、间伐时间和间伐强度，并将结果以图表显示出来，算法结束。

9.3　经济收获预估算法

在林分收获数据的基础上，根据输入的经济参数，以净现值、年均净现值和土地期望价三项经济指标，对有间伐活动的林分经济收入进行计算模拟，并将计算结果存储于关系R2中（表9-2）。经济收获预估算法流程如图9-3所示。

表 9-2　经济收获预估结果存储关系 R2

年龄	净现值（元）	年均净现值（元/年）	林地期望值（元）
6 年	NPV_6	$MNPV_6$	LEV_6
7 年			
8 年			
…	…	…	…
T 年	NPV_T	$MNPV_T$	LEV_T

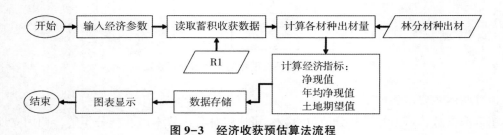

图 9-3　经济收获预估算法流程

算法主要步骤是：

①依据当地木材市场的实际情况，输入相应的经济数据，从关系表 R1 中读取林分数据，同时从系统内存中读取间伐量和间伐次数。

②调用林分材种出材率表，根据林分蓄积和出材率分别计算各个材种的出材量。

③根据第 7 章中的公式 7-17、7-18 和 7-24 分别计算林分每年的净现值、年均净现值以及土地期望价值。

④将计算的数据存储于关系 R2 中，并将数据通过图表的形式展示于界面上，算法结束。

9.4　本章小结

本章对前面所建立的全林分模型和优化决策模型进行了实际应用，设计了抚育间伐方案模拟计算的三个算法，一是基于间伐参数的经营方案模拟算法，该算法根据输入的各项间伐参数来计算林分从造林初始阶段到主伐期间，包括间伐活动的每年林分平均胸径、树高、密度、断面积、蓄积的收获预估。二是基于最优保留密度的采伐模拟算法，该算法是对现有林分今后的林分生长进行预估，并根据林分最优密度，制定合理的间伐方案，从而使得林分在该间伐方案下得到最佳的木材收益或经济收益。三是经济收益的预估算法，是在上述两个算法的基础上，根据经济参数，计算林分每年的净现值、年均净现值、土地期望价以及林分的总经济收益。根据算法，在计算机上进行实例模拟，分别得到基于蓄积收益最大和经济收益最大的最佳间伐时间、间伐次数和间伐强度，同时对不同的结果进行对比分析。在算法的运用上，用户可以调整间伐参数，来观察间伐对经济收益的影响，为制定间伐方案提供参考。通过前面几章所构建的林分生长的数学模型，结合计算机的模拟，不仅可快速直观地展示林分的生长过程，还能随时快速查看不同间伐体制对林分收获的影响，克服了过去只能对间伐进行单个试验对比分析的局限性。

根据林分的地位指数和动态规划林分最优经营密度模型，利用程序就能计算构建出不同生长阶段的林分最佳保留密度。最优经营密度模型也具备多重选择性，根据市场需求和林分经营的目的，既可以创建林分蓄积收获最大化的最优密度表，也可创建经济收益最大的林分最优密度表。

经营好现有林分的关键之一是深入研究林木的生长过程，了解林木的生长规律，构建能代表林分或林木平均生长状态的数学模型是经营模型的核心，同时，决策正确性的前提是选择准确的生长收获模型。因此，只要有合适的模型，本研究所构建的算法也适用于其他用材树种的抚育间伐经营决策。在实际林分经营中，用户可以参考最优保留密度，进行林分往后的预估和间伐活动的指导，也可进行间伐参数的调整，从而制定综合各项权益的间伐方案。

10 / 林分生长可视化系统设计与实现

林业可视化软件或系统开发的主要目的应是能够以可视化直观的手段用于森林经营管理决策支持和进行科学实验模拟，有效地指导森林的经营管理和科学实验。将生长建模的模型方程应用于可视化软件中，能够对森林生长收获进行预测和模拟，以可视化二维或三维的方式直观地观察林分的生长状况，同时还能以直观的角度查看建模的效果。本章将利用前面所建的形态结构模型绘制三维树木，并利用所建的生长模型进行可视化生长预测。在这之前要解决可视化的绘制技术、生长模型解译解析及系统设计等几个关键的技术和问题。

10.1 需求分析

森林资源管理平台一般包括国家森林资源连续清查（简称一类调查）系统、森林资源规划设计调查（简称二类调查或森林经理调查）系统（也称年度变化监测系统）、作业设计（简称三类调查）调查系统、林权信息管理系统、木材产销存管理信息系统等各种系统，满足森林经营管理的不同需要，统称森林资源管理信息系统。围绕森林资源信息资料数据，林业局、林场等森林经营管理单位在森林资源管理平台上利用各种系统进行造林、采伐、林权林政、生态公益林管护、森林病虫害防护、珍稀动植物保护、木材检尺等业务工作。目前的森林资源管理信息系统提供的主要功能是森林资源数据的管理和统计输出，在制定森林经营方案时，系统仅能够为经营者提供森林资源状况的统计数据。森林资源管理信息系统的广泛应用极大地提高了森林资源信息的管理效率，但长期从事森林资源经营的管理人员更关心的是如何更好地对森林资源进行经营管理，以满足不同的需求，如增加木材收获量、提高经济收入、增加森林的碳储量、更好地发挥森林的生态价值等。目前国内的森林资源管理系统很少提供森林经营的决策支持功能，而在国外，像美国的 SVS 软件、瑞典的 Heureka、德国的 Silva、法国的 Capsis 等林业生长可视化软件正不断趋于成熟，能够为森林的经营管理提供决策服务。

另一方面，针对森林的多目标经营，广大的林业工作者、科研人员、林农为了实现不同的森林经营目标，例如采取何种措施和手段、如何控制造林密度、何时进行间伐、如何控制间伐强度大小才能最大程度地实现收获量最大化、经济收入最大化、碳汇收益最大化、生态防护最大化等，需要进行各种各样的实验、实践和研究，不断地对各种结果进行试验、验证等。由于森林生长周期长，林业方面的科学实验周期短则数年，长则数十年上百年。现有的林分生长收获表、生长收获模型仅能通过数据的计算，通过二维数据表现给管理者，而对预测数据在实际中是否满足要求、数据是否合理则无法通过直观的方式表现出来。开发林分生长可视化系统，利用森林生长模型对森林的生长进行模拟，不仅将使一部分林业科研实验的周期变短、提高科研效率，同时也将利用林分生长可视化系统对现有的生长模型进行验证、筛选，使得生长模型不断完善、精度不断提高。广大的一线林业工作者、林农则可以使用该系统进行林业生产决策。

为了更好地对森林生长收获进行决策，有效指导生产实践，在森林资源管理信息平台上建立含有决策支持服务的林业生长可视化系统，能够充分利用森林资源管理信息系统中的数据资料，通过林分生长可视化的直观展现手段，为森林的经营管理者提供决策支持服务。此外，利用计算机技术对林分的生长进行模拟仿真，将极大地减少由于林分生长周期长而导致的经营实验成本并缩短实验时间。

10.2 系统设计

10.2.1 系统架构设计

系统可根据不同的需要采用 B/S 结构模式或 C/S 结构模式。为广大林农提供林业可视化生长收获决策支持服务，系统可采用 B/S 结构模式，这样便于数据、知识库等的集中管理。用户通过客户端浏览器形式访问林业可视化生长收获系统，获取服务。采用 B/S 模式的可视化功能设计时，对三维树木模型建立时采用简单的三维图形或二维图像格式，这样能提高浏览速度。对于基层林场，采用 C/S 结构模式。C/S 结构模式的林业可视化生长系统能够为森林的经营者提供全面的决策支持服务信息，此外在 C/S 结构模式的可视化系统

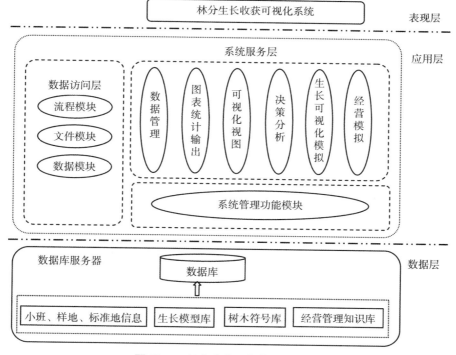

图 10-1 林分生长可视化系统架构

中，对树木的三维绘制可采取更多的手段。无论采用何种结构模式，系统的架构采用数据层、应用层（业务逻辑层）和表现层三层模式，具体如图 10-1 所示。

在数据层中包括小班和标准地信息、生长模型库、树木符号库和经营管理知识库等数据库；应用层中主要为系统的功能模块，利用流程模块、文件模块和数据模块等数据访问层为系统的主要功能模块服务。表现层为与用户交互的界面，提供以直观、易用的用户体验。

10.2.2 系统功能设计

在 SVS、Heureka、PuMe、Capsis 等几个国外林业可视化软件分析研究的基础上，对林分生长可视化系统的功能进行了设计，结构如图 10-2 所示。林分生长可视化系统主要包括 7 个功能模块，分别是数据管理、可视化视图、图表统计输出、生长可视化模拟、经营模拟、决策分析、系统管理维护。

数据管理中包括可视化决策的林分资料数据、样地标准地数据等，该功能包括数据的添加、修改、删除、浏览，其中数据添加有三种方式：一是直接通过软件的设计界面添加数据；二是利用 Excel、文本文件的数据导入；三是支持 Access、SQL Server、Foxpro、Oracle、SQLite 等其他数据库的导入。

可视化视图功能为林分的三维和二维可视化展示窗口，提供透视图、俯视图、侧视图三个视图角度。

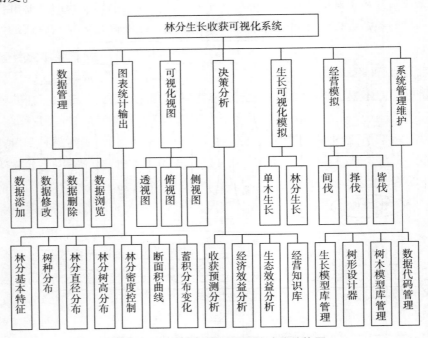

图 10-2　林分生长可视化系统功能结构图

图表统计输出功能是对当前林分状态或预测林分生长在将来某一时点的统计数据图表和资料，提供基本的统计量，利用饼状图、折线图、柱状图三种基本形式对统计量进行展示。基本的统计图表有：林分基本特征、树种分布、林分直径分布、林分树高分布、林分密度控制、断面积曲线、蓄积分布变化曲线等。林分基本特征主要为林分的平均胸径、平均树高、年龄、平均断面积、林分密度、单位蓄积等林木生长统计量以及立地、海拔、小班或标准地位置信息、权属、地类、林种等小班因子信息。树种分布是针对混交林进行树种分布的统计。林分直径分布是对林分内的林木径阶结构、株数频率、累积频率等统计量展示。林分树高分布是林分内的树高级结构。林分密度控制是针对林分间伐和产量预估而提供的林分密度控制图。断面积曲线包括两部分：一是林分内断面积的分布曲线；二是轮伐期内断面积的预估曲线。蓄积分布变化曲线为轮伐期内蓄积随生长的变化曲线。采取不同的经营措施，例如对林分进行间伐后，断面积曲线和蓄积变化曲线以年龄为横坐标，显示在不进行间伐和间伐后断面积和蓄积的生长变化值。

生长可视化模拟包括单木生长的模拟和林分生长的模拟，利用不同的生长模型可在不同水平上对森林生长进行模拟。单木生长模拟主要利用单木生长模型，针对某一对象木研究其在一个轮伐期或生长周期内的生长情况，包括周围竞争木的数量、环境改变的影响等。林分生长模拟分标准地和小班两种情况。针对标准地，标准地中有每株树木的个体位置信息，利用单木生长模型和竞争指标可模拟和研究其在轮伐期或生长周期内的生长情况，通过调用图表统计输出功能查看各项生长指标；针对小班情况，由于森林资源的小班一般只有林分的平均生长因子，如平均胸径、平均树高，并不具有每株树木的位置信息，因此可以利用全林分生长模型、林分结构（胸径、树高）模型对林分生长进行模拟，通过调用图表统计输出功能查看各项生长指标。

经营模拟功能包括间伐、择伐、皆伐三种。其中间伐和择伐可提供间伐和择伐的参数设置，利用生长收获预测模型，通过计算机对不同的间伐和择伐处理进行模拟。皆伐模拟则提供主伐时间后由系统模拟主伐时各项结果指标。通过调用图表统计功能可查看采取不同的间伐或择伐效果后断面积、蓄积、林分结构的变化。

决策分析功能包括收获预测分析、经济效益分析、生态效益分析、经营知识库四个子功能。经营知识库通过图表、文字等形式提供各类主要树种的造林技术措施、典型的森林经营管理措施、森林经营类型措施等信息资料。

系统管理维护包括生长模型库管理、树木模型库管理、数据代码管理和树形设计器四个主要的子功能。

林分生长可视化系统中的林分生长可视化模拟中，单木生长主要用于对单木个体的可视化研究，而林分生长包括对标准地林分进行可视化模拟和小班的林分可视化模拟两个功能。该功能可嵌入到基于 GIS 的森林资源管理信息系统中，用于对小班进行林分生长的可视化模拟。功能设计如图 10-3 所示。

在森林资源管理信息系统中利用林分可视化来模拟林分生长的空间结构，能够实现对经营作业效果的评价。基于 GIS 的森林资源管理信息系统中一般都包括小班数据管理、空间数据编辑、资源数据查询、资源统计输出、系统管理与维护等几个功能，林分生长可视化功能作为一个独立的程序模块嵌入到系统中，与系统其他功能共同构成新的森林资源管理信息系统。系统的林分生长可视化模块包含小班定位、小班属性查看、小班居中显示、放大、缩小、旋转和生长预测 7 个功能。

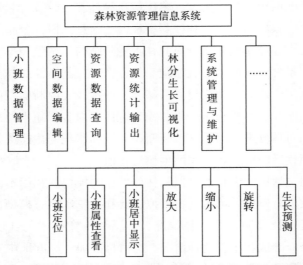

图 10-3　森林资源管理信息系统中的林分生长可视化功能结构图

10.2.3　数据库设计

林分生长可视化系统中生长收获、可视化模拟功能主要用到的数据库表有小班表、标准地表、样木表、生长模型表、树木模型表、形态结构表等。为了便于经济价值评估，对经济价值评估过程中需要用到的经济技术指标进行了分析归类，按照存储方便、便于计算和尽量考虑地区差异适用性三个原则设计了出材率、营林成本、价格、成本税费等数据库表。本文给出系统的主要数据库表，各表的关系模式如下所示。

小班表（小班号、空间属性、优势树种、平均胸径、平均树高、年龄、龄组、公顷株数、平均冠幅、平均冠长、地位级、地位指数）的结构如表 10-1 所示。

表 10-1　小班表

字段名	字段含义	类型	长度	备注
SCNO	小班号	Char	9	主键
OBJECTID		Int		空间属性
Shape		长二进制		空间属性
Shape_ Area	面积	Double		空间属性
Shape_ Length	周长	Double		空间属性
YSSZ	优势树种	Varchar	20	
SZZC	树种组成	Varchar	20	
D	平均胸径	Single		
H	平均树高	Single		
A	年龄	Int		

（续）

字段名	字段含义	类型	长度	备注
AgeGroup	龄组	Char	6	
N	公顷株数	Int		
CW	平均冠幅	Single		
CL	平均冠长	Single		
SC	地位级	Int		
SQ	地位质量等级	Int		
SI	地位指数	Int		

标准地表（小班号、标准地号、面积、优势树种、平均胸径、平均树高、年龄、龄组、公顷株数、平均冠幅、平均冠长、标准地规格）的结构如表 10-2 所示。

表 10-2　标准地表

字段名	字段含义	类型	长度	备注
SCNO	小班号	Char	9	主键
PlotNo	标准地号	Char	2	主键
Area	面积	Single		
YSSZ	优势树种	Varchar	20	
D	平均胸径	Single		
H	平均树高	Single		
H0	枝下高	Int		
A	年龄	Int		
AgeGroup	龄组	Char	6	
N	公顷株数	Int		
CW	平均冠幅	Single		
CL	平均冠长	Single		
PlotSize	标准地规格	Varchar	20	

样木表（小班号、标准地号、样木号、X 坐标、Y 坐标、树种名称、年龄、龄组、胸径、树高、枝下高、立木类型、平均冠幅、冠长、树冠顶角）的结构如表 10-3 所示。

表 10-3　样木表

字段名	字段含义	类型	长度	备注
SCNO	小班号	Char	9	主键
PlotNo	标准地号	Char	2	主键
TreeNo	样木号	Char	3	主键
X	X 坐标	Single		

（续）

字段名	字段含义	类型	长度	备注
Y	Y 坐标	Single		
TreeName	树种名称	Varchar	20	
D	胸径	Single		
H	树高	Single		
H0	树下高	Single		
A	年龄	Int		
AgeGroup	龄组	Char	6	
TreeType	立木类型	Varchar	10	
CW	平均冠幅	Single		
CL	平均冠长	Single		
AC	树冠顶角	Single		

生长模型表（模型号、树种名称、胸径模型、树高模型、冠幅模型、冠长模型、树冠顶角模型、树冠曲线模型、蓄积模型、地位级、地位指数、立地质量等级、备注）的结构如表 10-4 所示。

表 10-4　生长模型表

字段名	字段含义	类型	长度	备注
ModelID	模型号	Char	3	主键
TreeName	树种名称	Varchar	20	
D	胸径模型	Varchar	200	
H	树高模型	Varchar	200	
CW	冠幅模型	Varchar	200	
CL	冠长模型	Varchar	200	
AC	树冠顶角模型	Varchar	200	
CC	树冠曲线模型	Varchar	200	
V	蓄积模型	Varchar	200	
SC	地位级	Int		
SI	地位指数	Int		
SQ	立地质量等级	Int		
Remark	备注	Varchar	300	

树木模型（树木模型编号、树种代码、龄组、树木模型文件名、备注）表的结构如表 10-5 所示。

形态结构表（树木号，X 坐标，Y 坐标，R2、R3 值，R4、R5 值，圆锥高，圆台高，圆柱高，树冠顶角）的结构如表 10-6 所示。

营林成本（树种、地区、年度、单价、备注）表如表 10-7 所示。

价格表（地区、树种、材种、类型、单价）的结构如表 10-8 所示。

表 10-5　树木模型表

字段名	字段含义	类型	长度	备注
TreeModelID	树木模型编号	Char	3	主键
TreeName	树种名称	Varchar	20	
AgeGroup	龄组	Char	6	
FileName	树木模型文件名	Varchar	20	
Remark	备注	Varchar	200	

表 10-6　形态结构表

字段名	字段含义	类型	长度	备注
scno	小班号	Char	9	主键
plotno	标准地号	Char	2	主键
treeno	样木号	Char	3	主键
X	X 坐标	Single		
Y	Y 坐标	Single		
R2	R2、R3 值	Single		
R4	R4、R5 值	Single		
H2	圆锥高	Single		
H3	圆台高	Single		
H4	圆柱高	Single		
AC	树冠顶角	Single		

表 10-7　营林成本表

字段名	字段含义	类型	长度	备注
TreeName	树种	Varchar	20	主键
Region	地区	Char	6	主键
Yearth	年度	Int		主键
UnitPrice	单价	Double		
Remark	备注	Double		

表 10-8　价格表

字段名	字段含义	类型	长度	备注
Region	地区	Char	6	主键
TreeName	树种	Varchar	20	主键
Timer	材种	Varchar	10	主键
Type	类型	Varchar	10	主键
UnitPrice	单价	Single		

经营成本与税费（地区、类型、名目、计价公式、备注）的结构如表 10-9 所示。

出材率表（树种名称、径阶、树高、大原木、中原木、小原木、短材、小材、薪材、规格材、短小材、商品材、废材）的结构如表 10-10 所示。

表 10-9　经营成本与税费表

字段名	字段含义	类型	长度	备注
Region	地区	Char	6	主键
Type	类型	Varchar	20	主键
Item	名目	Varchar	50	主键
Formula	计价公式	Varchar	20	
Remark	备注	Varchar	200	

表 10-10　出材率表

字段名	字段含义	类型	长度	备注
Tree Name	树种名称	Varchar	20	主键
D	径阶	Int		主键
H	树高	Int		主键
DYM	大原木	Int		
ZYM	中原木	Int		
XYM	小原木	Int		
DC	短材	Int		
XC1	小材	Int		
XC2	薪材	Int		
GGC	规格材	Int		
DXC	短小材	Int		
SPC	商品材	Int		
FC	废材	Int		

小班表同森林资源管理信息系统一样，存储小班的主要数据资料，如表 10-1 所示。标准地表以小班号和标准地号为主键，存储小班内的标准地信息，包括标准地规格、面积、优势树种等，如表 10-2 所示。样木表以小班号、标准地号和样木号为主键，存储各标准地内详细的样木信息，包括每株树木的树种、位置信息和生长参数，如表 10-3 所示。生长模型库存储每个树种在不同立地条件下的胸径生长模型、树高生长模型、冠幅生长模型、冠长生长模型等，以模型号为主键，如表 10-4 所示。树木模型库中存储每个树种在不同龄组状态下的三维树木模型，以树木模型编号为主键，如表 10-5 所示。该表存储每个树种在幼龄林、中龄林、近熟林、成熟林、过熟林 5 个龄组的三维图形文件。该表的主要功能用于在使用 SceneControl 等可视化技术无法控制整体形态结构参数，而需要预先做好树木模型的情况。形态结构表存储树木的形态结构参数，如表 10-6 所示，为使系统在

进行三维可视化绘制方便设置了此表，在进行可视化生长模拟时可以一边计算树木生长参数，对计算好的树木生长参数以多线程的方式同步进行三维建模。

营林成本表存储各地区不同树种在各年度的营林生产成本，如一般杉木造林在第一年需要计算包括造林费、苗木费、整地费等，第二年至第四年需要除草，投入的营林成本较大，从第四年起成本下降，如每年较为固定的管护费。该表结构设计如表10-7所示。价格表设计中将木材销售价格与税费计征价放在一起，如表10-8所示。材种分为原木、小径材、薪材，类型分为销价和计征价两类。某些树种如杉木，其天然林和人工林的价格不一样，在此表中直接将人工和天然类型与树种放置一起。

经营成本与税费表名目很多，且不同地区的名目不尽相同，如增值税、所得税、营业税等有些地方征收，有些地方不征收，但可能名称不一致。为了便于使用和数据存储方便，以及计算机测算时容易计算，将木材经营成本与税费放置一起，如表10-9所示。类型分为经营成本和税费两种，名目为各种费用项。此外，各种税费计算的方式也不尽相同，如伐区设计费、检尺费等按出材的单位体积计，销售费用、管理费、不可预见费等按销价的百分比计，育林费、植物检疫费按地方的税费计征价百分比测算。城建费按营业税的百分比测算。因此，将这些费用以公式形式存储，并在备注中做相应说明。如森林植物检疫费按计征价的0.2%征收，则存储为JZJ×0.002，由于该字段公式简单，不需要像生长模型表中设置很长的字段。出材率表按树种、径阶和树高级存储原木、短小材、薪材等出材率，该表用于计算蓄积量后进行出材计算，用于资产价值的计算。

10.3 关键技术研究

10.3.1 三维树种模型大小控制

（1）GIS平台中模型大小控制

在GIS平台上实现三维可视化首选的解决方案是使用GIS平台中的三维组件。在ArcGIS Desktop中，实现三维可视化的软件为ArcScene，相应的在ArcGIS Engine development kit软件开发包中，实现三维可视化的组件为SceneControl。经过研究发现，在SceneControl实现三维树木的可视化无法进行三维树木的实时绘制，而需要以树木符号的方式使用事先预置好的图形图像格式文件，其支持的文件格式有3ds、flt、dae、skp、wrl五种，这些文件可使用3DS MAX、OnyxTREE等软件设计三维树木模型。因此简化如图10-4所示，在SceneControl通过控制冠幅CW和树高H来实现对模型大小的控制。

采用Onyx Computing公司的OnyxTREE软件建立3ds文件格式的树木三维模型能够快速地建立出效果较逼真的树木

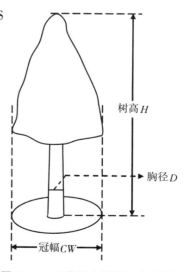

图10-4 三维树木模型大小控制

模型。利用该软件预先设计好各树种不同龄组的树木模型，存储于树木模型库中。图 10-5 为利用 OnyxTREE 软件根据杉木生长特点建立的不同龄组三维树木模型设计的不同龄组杉木三维模型。

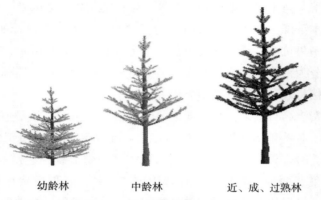

幼龄林　　　　中龄林　　　　近、成、过熟林

图 10-5　杉木不同龄组三维模型

杉木各龄组中，幼龄林针叶茂盛，叶子颜色鲜绿，冠幅较大，枝下高很小；中龄林的杉木由于自然整枝的作用表现出较大枝下高，同时树皮也较深；近、成、过熟林三种龄组的杉木均处于生长的后期，由于差别比较小，均表现出较大的枝下高，颜色更深的树皮和树叶。图 10-5 中的三株不同龄组的三维树木能够较为形象地表现出现实中的杉木个体，但其文件较大，其中幼龄林的几何体个数为 85576 个，中龄林为 47410 个，近、成、过熟林为 26830 个。利用第 4 章杉木整体形态结构模型使用 3DS MAX 建立各龄组的杉木整体结构模型如图 10-6 所示。相比之下，这三个文件的大小远远小于之前用 OnyxTREE 构建的模型，每株树木仅由 3 个几何体构成。尽管不像图 10-5 中的图形能较形象地表示杉木，但在可视化的过程中其整体外形结构能够反映单木个体在林分中的生长空间大小情况。

（2）三维可视化编程模型大小控制

使用 OpenGL、Direct3D、Java3D、OGRE 等图形编程接口或引擎进行三维可视化编程时可以直接按照前述整体形态结构模型的研究结果绘制三维树种模型各结构体的形态结

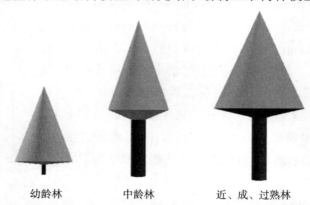

幼龄林　　　　中龄林　　　　近、成、过熟林

图 10-6　基于杉木整体形态结构模型建立的不同龄组三维模型

构。利用第五章胸径树高形态生长模型和第 4 章中的冠幅冠长模型的研究结果直接表现各生长参数。通过比较，在 GIS 平台中只能控制冠幅和树高两个参数，以较形象、直观和方便的手段表现杉木个体的生长。此外，通过研究发现杉木个体可用第 4 章的整体形态结构来表述其几何形态，但对于其他一些阔叶树，冠形较复杂，不适于用整体形态结构来表述时，则采取 GIS 平台中的模型大小控制方法更为方便。

10.3.2 生长模型的解译解析技术

从前几章模型建模可知，生长模型的模型形式各异，可用潜在生长量修正法、经验公式法进行建模，生长模型方程和理论生长方程和经验方程，如 Logistic 方程、Mitscherlich 公式、Gompertz 方程、Korf 方程、Richards 方程、Schumacher 方程、Hossfeld 方程等。即使是同一类方程，自变量形式和个数、常量形式、公式参数往往不一样，模型适用的条件和场合也不一样。在模型的使用过程中，往往还需要对模型公式中的参数进行拟合和修改。为了能够适应这些不同的方程公式的计算及便于公式的修改，以及避免公式的变动频繁地修改程序代码，需要将这些方程和计算机程序互相独立开来。因此，有必要对生长模型的解译解析进行研究。

对于生长模型的解译和解析，公式中的数学函数和运算符号与程序代码中的数学函数和符号是一致的，但当数学函数和运算符号存储在文件中或数据库时，读取出来的就是字符串类型了，以致于其中的数学函数和运算符就不能被程序代码直接拿来计算。因此，解决模型公式的解译解析主要有两种方式，第一种方法是在编写代码时直接将方程公式嵌在程序代码中，这种方法是目前比较常见的方法，缺点是方程公式一经写入程序代码中，修改起来相当麻烦，需要修改代码并重新对软件系统进行编译。第二种方法是将方程公式写入数据库或其他格式文件中，待程序执行时从中读取并进行解析。该方法好处是可以适应方程公式的变化需要。但该方法在解析时往往使用例如 C++ 这一类语言进行模型公式解析器的编写（刘东明，2001），需要对公式的词法、语义、规则进行事先设定（海占广，2009），使用较繁琐且不能适应生长模型多变的形式。本文采用了一种非常简便的方式，即使用结构化查询语句的 SELECT 表达式的功能，利用该方法能够适应模型公式多变的解译和解析，且应用方便简单。该方法利用了 SQL 语言中 SELECT 的查询功能，即在构建 SELECT 查询语句时不指定操作表（不同的数据库略有不同，后面将对不同的数据库展开研究），利用 SQL 语言的计算功能完成方程公式的解译，如公式 10-1 所示：

$$\text{SELECT } formula\ [\text{FROM TABLE}] \tag{10-1}$$

公式 10-1 中的 *formula* 代表生长模型或方程公式，以字符串的字段类型存储在数据库中，后面的 FROM TABLE 为可选项，大部分数据库不需要指定表，仅有某些数据库需要，如 ORACLE 和 Foxpro 等。利用该方法建立的生长模型的解译和解析的算法流程如图 10-7 所示。

算法开始时分别从数据库表中读取待解译的生长模型公式和变量规则，根据变量替换规则从数据库表中读取相应的模型公式变量值，将该值替换掉模型公式中相应的变量符号，重复上述步骤直至模型公式中的变量符号已替换完全。利用上面所述方法构造 SELECT 查询语句后使用数据库查询的功能得出公式的计算值，并将该值输出，完成公式解析过程。在使用该算法进行公式的解译解析时有两点需要注意：

①经过归纳，生长模型中主要的变量有：胸径、树高、枝下高、冠幅、冠长、年龄、株数密度、地位级、地位指数、立地质量等级、竞争指数、蓄积、面积等，在对每个变量设置字母时为方便程序解析只以一个字母来表示。如表 10-11 所示为各变量及对应的字母。

②生长模型公式中往往带有数学函数和运算符，为了避免函数式中字母与变量字母混淆，如余弦函数 cos 中带有字母 s，若变量中同样有以字母 s表示的变量将会造成模型解析的错误。因此规定所有变量以大写字母表示，所有的数学函数以小写字母表示。

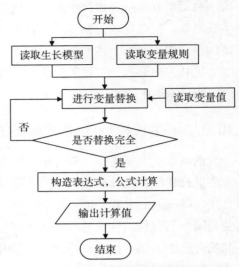

图 10-7　生长模型解译解析算法流程图

表 10-11　变量名和变量代码对应表

变量名	变量代码	变量名	变量代码
胸径	D	年龄	A
树高	H	地位指数	Z
蓄积	V	地位级	J
面积	M	立地质量等级	S
株数密度	N	枝下高	I
冠幅	W	竞争指数	C
冠长	L		

利用算法导论中的函数迭代定义（Cormen，T H，2010）将模型解析的参数替换表述为公式 10-2：

$$f^i(str) = \begin{cases} str & i=0 \\ f\{f^{(i-1)}(str)\} & i>0 \end{cases} \tag{10-2}$$

公式（10-2）中，$f(str) = str.Replace(var[i], dr[i].ToString())$，$str$ 为字符串变量的生长模型公式表达式，$i = 1, 2, \cdots, 13$，$var[i]$ 为变量代码数组，$dr[i].ToString()$ 为从数据库中读取出的相应变量值。

利用 C#编程语言，分别 SQL Server、Oracle、MySQL、Access、SQLite、Foxpro 这 6 个常用的数据库对生长模型的解译解析算法进行测试，结果发现在构造解析公式时，Oracle 和 Foxpro 的 SELECT 语句必须指定 FROM 表，如 Oracle 可以使用系统中的伪表 dual，但 Foxpro 中则需要指定一张已存在的表置于 FROM 关键字后。其余四个数据库则无此限制，可以直接以 SELECT +*formula* 进行解译计算。

10.3.3 生长模型的匹配选择

　　根据不同立地条件和不同的树种，生长模型或者模型参数往往不一致，因此在对生长模型存储表进行设计时需要考虑到各模型的适用条件和使用范围。林分生长可视化中生长模型选择可通过推理规则的匹配选择，方法参照造林专家决策支持系统中针对不同立地的造林树种决策方法（Wu et al.，2010），生长模型的匹配选择知识表示方式采用产生式规则，通过规则确定模型。生长模型确定的知识规则如下所示：

IF $D \in U_D$ AND $P \in U_P$ AND $C \in U_C$ AND $J \in U_J$ AND $S \in U_S$ AND $Z \in U_Z$ AND $G \in [Ga，Gb]$

$$THEN \ R_i \in U_R \tag{10-3}$$

$$IF \ R_i \ AND \ T \in U_T \ THEN \ M_j \in U_M \tag{10-4}$$

　　式中，D 代表地貌，U_D 为地貌的集合；P 代表坡位，U_P 为坡位的集合；C 代表土壤名称，U_C 为土壤名称的集合；J 代表土壤松紧度，U_J 为土壤松紧度的集合；S 代表土壤潮湿度，U_S 为土壤潮湿度的集合；Z 代表植被名称，U_Z 为植被名称的集合；G 代表植被盖度，Ga、Gb 为植被盖度上下限值；R_i 为第 i 项立地质量等级，U_R 为立地质量等级的集合；T 代表树种，U_T 为树种的集合；M_j 为第 j 号生长模型号，U_M 为生长模型号的集合。例如以下两个规则用于选择立地质量为 III、树种为杉木的生长模型号。

　　IF D ="低中山" AND P ="中下部" AND C in（"红壤"，"黄壤"，"黄红壤"，"黄棕壤"）AND J ="紧" AND S ="湿润" AND Z in（"软杂灌"，"灌丛"，"针叶林"，"芒萁"，"乌饭"，"赤楠"，"杜鹃"，"黄瑞木"，"菝葜"，"南烛"，"刚竹"，"乌药"）AND G between [0.5，0.8] THEN R3

　　IF R3 AND T ="杉木" THEN M3

　　然后利用以下关系代数式得到冠幅、树高模型。式中 *H*、*CW*、*MODELID* 分别为生长模型表中树高生长模型、冠幅模型、模型号字段名，*GMT* 为生长模型表。

$$\pi_{H,CW}\{\alpha_{MODELID='M03'}（GMT）\} \tag{10-5}$$

10.3.4 林分生长可视化展示算法

（1）GIS 技术

　　利用 GIS 中的 SceneControl 进行林分生长的可视化的展示算法流程图如图 10-8 所示。在森林资源管理信息系统中通过属性查询、空间查询、小班图点选三种方式找到某一小班，对该小班进行定位，系统通过该小班号读取该小班的优势树种、年龄、立地条件、密度等林分因子。判断该小班中是否有每木的位置信息，如果存在则读取每木信息表中位置坐标后打开林分生长可视化的展示窗口，如果不存在则根据小班的株数密度采用随机布点后再打开林分生长可视化的展示窗口。由于原来的小班数据视图是二维平面，在转到林分可视化界面时将该小班的矢量图形复制到可视化界面中，并建立一个点图层用于显示三维树种模型。根据该小班的优势树种和立地类型选择合适的生长模型，利用模型解析程序计算当前状态下林分的平均冠幅和平均树高。从模型库中选择出树木模型载入界面中并根据计算出的冠幅和树高值调整模型大小。

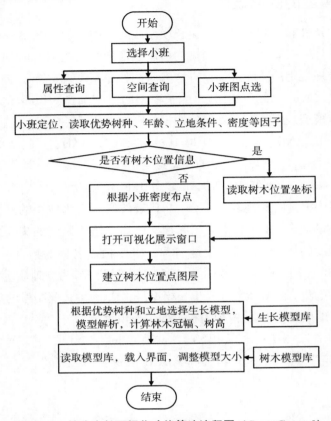

图 10-8　林分生长可视化功能算法流程图（SceneControl）

在 SceneControl 组件中载入三维树木模型并进行大小控制的关键代码如下：

......

p. CreateFromFile（treeMarkPath）；//读取 3ds 格式的模型文件载入内存。

pMarker3DPlacement. Units＝esriUnits. esriMeters；

pMarker3DPlacement. MaintainAspectRatio＝false；//将该参数设置为 FLASE，允许对符号的 Width、Depth、Size 三个属性进行修改。

//根据公式的计算结果对树高和平均冠幅进行调整，SceneControl 中的 Width 和 Depth 两个参数为互相垂直的三维符号大小控制值

pMarker3DPlacement. Width ＝CW；//根据计算结果调整冠幅

pMarker3DPlacement. Depth ＝CW；//根据计算结果调整冠幅

pMarker3DPlacement. Size＝H；//根据计算结果调整树高

......

（2）WebGL 技术

WebGL 是一种基于 OpenGL ES2. 0 的在网页浏览器呈现 3D 和 2D 画面的 Web3D 技术。

利用 WebGL 实现杉木林木三维可视化的算法流程如图 10-9 所示。

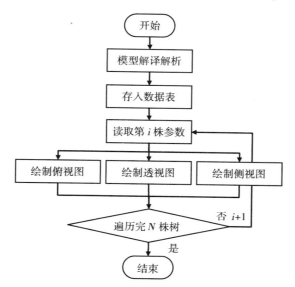

图 10-9 使用 WebGL 实现林分生长可视化算法流程图

算法开始时，根据生长模型的匹配算法从数据库表中读取模型并对模型进行解译解析，将计算结果存入数据中的临时表中。依次读取每一株树木的参数，包括 X 坐标、Y 坐标、R2、R5、H2、H3、H4 等值，分别绘制树木的透视图、俯视图和侧视图。待所有树木绘制完后结束算法。关键代码如下所示：

```
//透视图函数
addPrimitive：function（Pr2，Pr5，Ph2，Ph3，Ph4，Px1，Pz1）{
……
geometry＝new THREE. CylinderGeometry（r5，r5，h4，10，5）
material＝new THREE. MeshBasicMaterial（{color：0x9F5000，wireframe：true}）;
mesh＝new THREE. Mesh（geometry，material）;
mesh. position. set（x1，y1，z1）;
this. scene. add（mesh）;
geometry＝new THREE. CylinderGeometry（r2，r5，h3，20，5）
material＝new THREE. MeshBasicMaterial（{color：0x00CC330，wireframe：true}）;
mesh＝new THREE. Mesh（geometry，material）;
mesh. position. set（x2，y2，z2）;
this. scene. add（mesh）;
geometry＝new THREE. CylinderGeometry（0，r2，h2，20，5）
material＝new THREE. MeshBasicMaterial（{color：0x007D00，wireframe：true}）;
mesh＝new THREE. Mesh（geometry，material）;
mesh. position. set（x3，y3，z3）;
```

```
this. scene. add （ mesh ）；
……
  }


//俯视图
SetPlanformTree：function （Cw，x，z）｛
……
geometry3 = new THREE. CylinderGeometry （ Cw，Cw，0，15，0 ）
material3 = new THREE. MeshBasicMaterial （ ｛ color：0x007D00，wireframe：true｝ ）；
mesh3 = new THREE. Mesh （ geometry3，material3 ）；
mesh3. position. set （x2，0，z2 ）；
this. scene2. add （ mesh3 ）；
return mesh3；
  }


//侧视图
SetSideElevation：function （Pr2，Pr5，Ph2，Ph3，Ph4，Px1，Pz1）｛
……
geometry = new THREE. CylinderGeometry （ r5，r5，h4，10，5 ）
material = new THREE. MeshBasicMaterial （ ｛ color：0x9F5000，wireframe：true ｝ ）；
mesh = new THREE. Mesh （ geometry，material ）；
mesh. position. set （ x1，y1，z1 ）；
this. scene3. add （ mesh ）；
geometry = new THREE. CylinderGeometry （ r2，r5，h3，20，5）
material = new THREE. MeshBasicMaterial （ ｛ color：0x00CC330，wireframe：true ｝ ）；
mesh = new THREE. Mesh （ geometry，material ）；
mesh. position. set （x2，y2，z2）；
this. scene3. add （ mesh ）；
geometry = new THREE. CylinderGeometry （ 0，r2，h2，20，5 ）
material = new THREE. MeshBasicMaterial （ ｛ color：0x007D00，wireframe：true ｝ ）；
mesh = new THREE. Mesh （ geometry，material ）；
mesh. position. set （ x3，y3，z3 ）；
this. scene3. add （ mesh ）；
return mesh；
  }
```

10.4 小班可视化实现及模拟

林分生长可视化功能是在基于 GIS 的森林资源管理信息系统中，利用 ArcGIS Engine 软件开发包中的SceneControl 三维浏览和控制显示组件（邱洪钢，2010）实现林分的可视化展示。实现原理是利用 SceneControl 建立一个林分生长可视化展示窗口，通过 IFeatureClass 接口读取森林资源管理系统中森林资源小班因子数据，判断小班的树种、立地、年龄等因子，在模型库中选择与之匹配的生长模型及在模型库中选择相应的树木模型，通过调用生长模型的解译器，计算出该小班林分的平均胸径、平均树高、平均冠幅等值，利用这些值调整树木模型的大小，然后载入 SceneControl 容器中，从而实现林分生长的可视化展示。

在 Visual Studio 2005 平台上利用 C#编程语言和 ArcGIS Engine 软件开发包，数据库采用 Microsoft Access 2003 开发的林分生长可视化功能如图10-10。通过选择小班号 081101601 进行小班定位，如图 10-10 位置 1 小班图层高亮处。打开林分生长可视化界面，点击该小班则出现该小班当前年龄时的三维林分状况，位置 2 显示该小班的林分因子信息。通过视图窗口中点住鼠标左键并移动可以从不同角度观察该小班，点击右键并移动鼠标则对小班进行放大或缩小。图中位置 3 处为林分生长预测功能，当前年龄显示林分目前所处的年龄，该值不可调；龄级期限为预测未来生长状况的步长，默认一个龄级期限为 5 年，该值可以调整；界面中的四个按钮用于预测未来某一时间点林分的生长状况。图中位置 4 为放大后的三维树木效果。

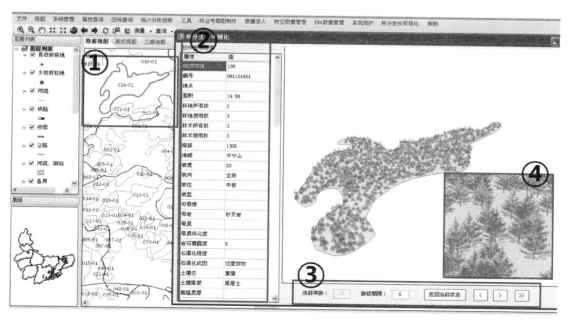

图 10-10　林分生长可视化功能界面

10.5 标准地可视化实现及模拟

10.5.1 利用 SceneControl 实现可视化模拟

（1）利用图 10-5 中模型进行可视化实现模拟

图 10-11 为两个不同密度小班标准地林分的可视化情况，标准地规格均为 25.82m×
25.82m，图中的树木模型采用图 10-5 中用 OnyxTREE 软件设计的杉木模型文件。图中
（a）、（c）、（e）为密度 1500 株/hm² 标准地的杉木林分生长预测情况，其中（a）为第 5
年林分的生长情况，（c）为第 15 年林分的生长情况，（e）为第 26 年主伐时林分的生长预
测情况；图中（b）、（d）、（f）为密度为 2940 株/hm² 标准地的杉木林分生长预测情况，
其中（b）为第 5 年林分的生长情况，（d）为第 15 年林分的生长情况，（f）为第 26 年主
伐时林分的生长预测情况。两种密度的标准地数据为模拟资料，因此标准地内每株林木的
胸径和树高均按照平均水平计算出来，并未考虑到林木生长过程中的分化程度。

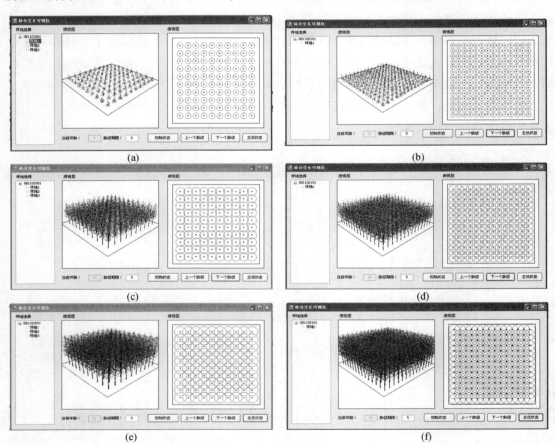

图 10-11　两种密度条件下林分生长预测可视化

从图 10-11 的生长预测结果来看，林分的冠幅大小随着林分的生长有所变化，并且不

同密度大小的林分其冠幅生长也受影响。从生长预测的结果来看，随着林分年龄的增大，杉木林分冠幅出现重叠，如图 10-11 的 c、d、e、f，冠幅生长将会受到抑制。利用可视化的结果可进一步对冠幅生长模型进行修正。图 10-11 提供了两种视图浏览方式，分别是透视视图和俯视视图。利用 SceneControl 组件建立的可视化视图可以点击鼠标查看标准地的各个角度。俯视图角度从标准地上方能够很直观地看到标准地内林分树冠情况，以此判断各单木在林分中的实际占有生长空间。从系统运行的过程中也发现，采用该种方式进行可视化时，速度较慢，这主要是因为这种方式的树木模型文件量比较大。

（2）利用图 10-6 中模型进行可视化实现模拟

图 10-12 和图 10-13 是利用了图 10-6 中用 3DS MAX 建立的不同龄组整体形态模型文件进行的杉木可视化模拟。图 10-12 为三种不同的视图界面，从左至右依次为俯视图、侧视图和透视图。同前面一样，俯视图能够从上往下反映标准地林分树冠的投影情况，利用俯视图直观地反映了每株树木的树冠大小。侧视图从侧面角度进行林分投影，此视图能够一定程度反映林分的密度情况。透视图从三维立体的角度反映林分内林木的整体形态结构。

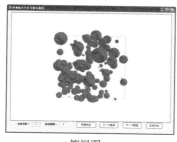 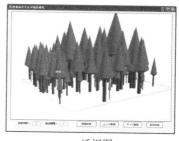

俯视图　　　　　　　　　　侧视图　　　　　　　　　　透视图

图 10-12　标准地林分生长模拟不同视图界面

图 10-13 为模拟某一标准地在第 12 年、第 17 年和第 26 年时的三维可视化透视图。经过研究发现，利用图 10-6 建立的模型可视化速度比用图 10-5 建立的模型可视化速度快很多，形象化程度比之前的差，但同样能够通过不同的视角反映杉木个体在标准地中的情况。

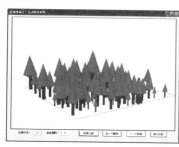 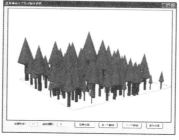 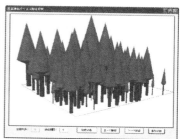

图 10-13　不同年龄杉木标准地可视化模拟（12 年、17 年、26 年）

10.5.2　利用 WebGL 实现可视化模拟

（1）可视化实现

本文采用 ASP. NET 和 SQL Server 2005 构建了一套林分生长可视化系统，其中的三维展示部分采用了 WebGL 三维可视化技术。图 10-14 为系统主界面，图 10-15 为某一标准地的林分可视化不同视图。系统设置了三个角度的视图，分别为透视图、俯视图和侧视图。

图 10-14　林分生长可视化系统主界面

俯视图为从标准地上方往下的投影，可将树木的冠幅轮廓展现出来。该视图不出现树冠以外的树木其他部位的情况，经过测试发现胸径以此方式显示的时候，由于等比较缩小至计算机视图时个体间胸径大小用肉眼观察体现不出差别，因此俯视图不表现胸径大小情况。在表现不同树种的水平空间分布情况时，也可以直观展现生态学中的种群分布。利用俯视视图可清晰直观地反映以下三点：

①标准地林分中单木个体的分布情况；

②单木个体占有水平面积大小情况；

③林分中树木的拥挤情况和计算林分郁闭度。

侧视图，本文也称之为左视图，由南往北方向对林分进行垂直投影。利用该视图可从垂直角度方便地观察林分的拥挤程度，此外利用该视图对混交林进行可视化时，能够直观表现不同林层的树木情况。

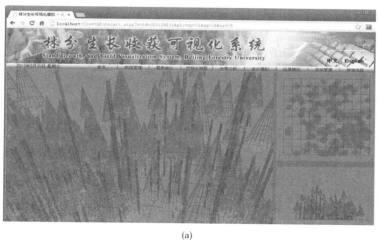

(a)

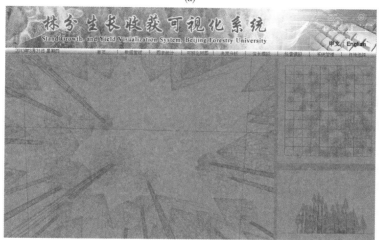

(b)

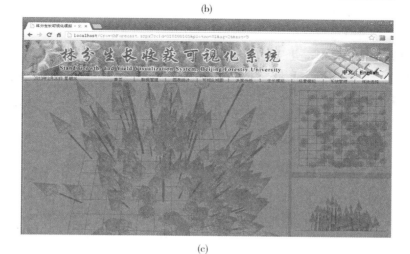

(c)

图 10-15　基于 WebGL 的标准地林分可视化不同视图

透视图，本文也称之为三维视图，以透视的角度，在林分东南角上空位置对林分进行投影，可直观地表现林分整体情况及单木个体的整体形态结构。由于俯视图及侧视图仅为三维林分的两个角度视图，为了能够更直观、立体及多角度地观察林分，对透视图设置为可从任意角度观察林分。方法为：

①点击鼠标左键可对标准地进行空间水平 360°、垂直 360° 旋转；

②点击鼠标右键不放，可上、下、左、右平移标准地；

③滑动鼠标滚轮可放大和缩小视图。

图 10-15（a）为放大到某一视角下，以便于观察单木个体情况的视图，利用该视图可观察每一株树木的整体形态结构；图 10-15（b）为仰视角度观察林分的视图，该角度类似于从林分内抬头仰望林分上空，利用该视图可观察林分内任意位置的林窗情况，在可视化林分标准地调查时可用于模拟郁闭度调查；图 10-15（c）为侧上方观察林分整体形态结构视图。

系统在绘制可视化视图时，k 值取 0.1，因此可视化视图为实际标准地的等比例缩小化版。如图 10-15 中，该标准地为边长 25.82m 的正方形，视图中相应的像素大小为 258.2px，标准地内每株林木的个体大小同样以 0.1 的比例绘制，包括每株树木的各个形态参数。这样设计的目的主要有以下几点。

①同比例标准地，能够直观地对现实标准地进行三维重建，再现标准地中林分生长状况，从虚拟现实的角度分析标准地情况。

②对建立的生长模型合理性进行验证，以直观可视化的角度分析建模效果好坏。如对建立的胸径、树高生长模型，采用本系统进行可视化模拟，若模型拟合出来的胸径、树高值有明显异常而用肉眼观察数据无法知道错误时，可直观地发现错误。如某一生长模型拟合出来的杉木树高为 30m，有经验的人员可以直接判断出问题，而从可视化视图中，树木的模拟数据在标准地中实际大小能够被直观地表现出来。

③对森林经营进行可视化模拟。林业的生长周期缓慢，利用该系统进行科学实验，模拟森林在各种密度下经营时，可以直观地对试验效果进行三维重建。例如，以前对不同密度进行造林试验时，利用已有的模型进行生长模拟时，仅仅只能通过计算出来的数据判断试验的结果，利用三维可视化系统进行生长模拟时，能够非常直观地表现各生长时期内的林分状况。

④对林分内的种群生态学研究、林分空间结构研究提供三维可视的分析工具。以往的研究仅仅通过图表来表现和反映研究结果，利用同比例的三维林分重建，能够直观地对研究结果进行分析。

选取一块面积 0.067hm²、年龄为 12 年的杉木标准地，利用前面几章研究的胸径生长模型、树高生长模型、冠幅模型、冠长模型和形态结构模型对其进行生长预测和可视化模拟。该林分地位级为 IV，平均胸径 8.6cm，平均树高 6.4m。如图 10-16 所示，a、b、c、d 四图分别为该标准地在第 12 年、17 年、22 年、26 年时的林分状况。这个时间间隔是依据杉木 5 年为一个龄级期划分的。在进行林分生长预测和可视化模拟时，相应的工具按钮及每个阶段的标准地林分统计参数信息显示在系统三维可视化视图下方，如图 10-17 所示。四个按钮分别为：返回当前状态、上一龄级、下一龄级、轮伐期。"返回当前状态"为初始化该林分当前的状态，"下一龄级"为预测龄级期限 5 年后的林分生长状态，龄级期限值存储于数据库表中，杉木一般的龄级期为 5 年。"上一龄级"为回退一个龄级时的杉木林分生长情况。"轮伐期"为预测杉木主伐时的林分状况，由于杉木属于不同的森林经营类型时，其主伐时间不一样，因此该值取决于森林经营类型表中的存储值。

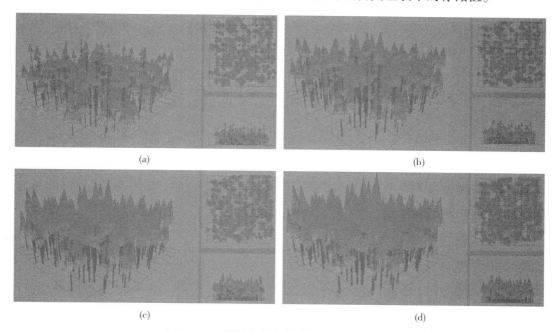

(a)　　　　　　　　　　　　　　(b)

(c)　　　　　　　　　　　　　　(d)

图 10-16　不同年龄标准地林分可视化模拟

返回当前状态	上一龄级	下一龄级	轮伐期

林分基本信息

当前年龄：	12	龄级期限：	5 年	优势树种：	杉木	样地规格：	25.82m*25.82m
平均胸径：	8.551502	平均树高：	6.368712	株数：	232		

图 10-17　林分生长模拟和预测工具栏

从图 10-16 四个年龄时的生长状况能够直观地看出，该标准地林分从 12 年到 26 年的胸径、树高、冠幅、冠长均发生了变化。从俯视图角度观察，该标准地林分在 12 年时冠幅较小，标准地中有很多处林窗，随着年龄变化，在 26 年时，该标准地林分的冠幅明显比之前的大，林窗变小，其郁闭度比 12 年时明显大得多。

从三维视图和侧视图还可发现，林分的树冠逐渐变大，26 年的树冠比 12 年时的树冠有明显的变化。侧视图中，12 年时林分中大部分树木较矮，在 26 年时则有较多的林木长高了。相应的胸径、树高结构如图 10-18 所示。图 10-18 中 a、c、e、g 四图为各龄级的径阶株数分布直方图，b、d、f、h 四图为各龄级的树高级株数分布直方图。图 10-18 中 b

227

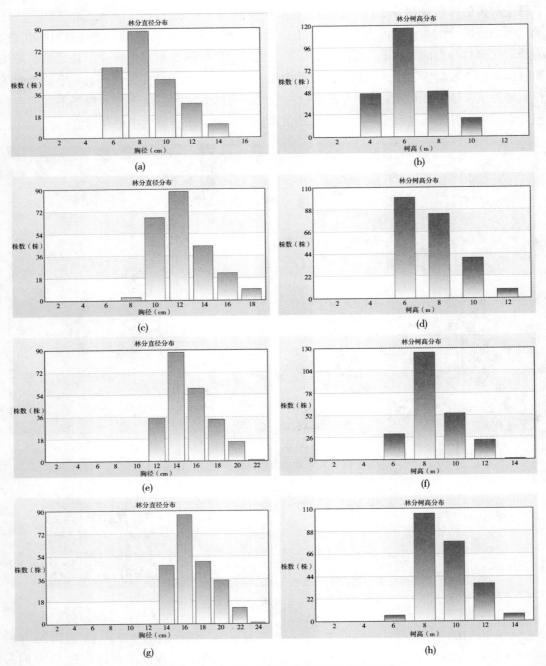

图 10-18 不同年龄林分直径结构和树高结构

图显示该林分在 12 年时 6m 级的树高占到了林分的大部，8m 和 10m 级的林分株数很少，对应于图 10-16a 中高的树只有 20 几株，h 图显示在 26 年时该林分 8m 和 10m 级的杉木占到了林分的大部，同样从图 10-15 中可以直观地反映出来。

从图 10-18 中胸径分布直方图的变化来看，直方图的偏度和峰度变化符合林分径阶分布的变化规律。此外，从生长预测的参数上发现，该林分的立地条件较差，主伐时树高、胸径均未达到理想的标准，该林分在 12 年时林窗较大，需要进行低产林改造并在经营上加强管理。

（2）胸径和树高生长预测

图 10-19 为在林分生长可视化系统中，利用胸径生长模型和树高生长模型进行杉木 30 年的胸径生长预测曲线和树高生长预测曲线。

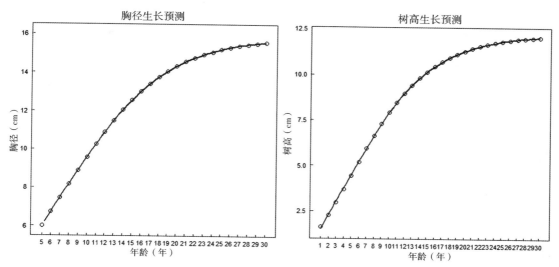

图 10-19　不同年龄林分胸径、树高生长曲线

（3）单木生长竞争关系模拟

图 10-20 为某一块 24 年的杉木标准地，对序号为 26 的杉木竞争关系进行分析，三维视图中 A 标识的树木为待研究的对象木，白色部分为根据树冠半径的 3.5 倍划出来的影响圈半径。从 10-20 左图中不易对对象木进行观察，林分的其他杉木遮挡了视线，因此撤去影响圈半径以外的杉木，如右图所示。图 10-20 右图去掉了其他杉木后，则非常清晰直观地看到待分析对象木和竞争木的详细情况，点击鼠标旋转移动，可以从不同角度观察对象木和竞争木的空间情况，如图 10-21 为东、南、西、北四个方向的视图。从俯视图上可以看到对象木、对象木影响圈及竞争木的树冠分布情况。

图 10-20　单木生长竞争关系视图

图 10-20 界面右下角显示了经过计算的该对象木的一些统计信息，包括：对象木序号、树冠、影响圈半径、竞争木株数、Daniels Index、Hegyi index、大小比数等。由图中信息可知，该对象木冠幅 1.82m，影响圈半径 3.19m，竞争木株数 17 株，对象木的竞争指数中 Daniels Index 为 0.12，Hegyi index 为 5.36。大小比数是用于描述单株树木在林分中的优势状态的量化参数，反映了对象木与相邻木之间的关系，是林分空间结构参数的一种，而林分的空间结构对林木的生长有着非常重要的影响（惠刚盈，1999；郑德祥，2008）。

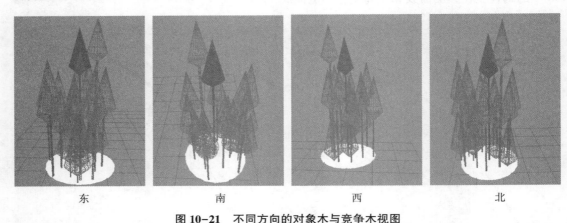

东　　　　　　　南　　　　　　　西　　　　　　　北

图 10-21　不同方向的对象木与竞争木视图

10.5.3　可视化结果分析

通过以上分别使用 SceneControl 和 WebGL 进行标准地林分可视化模拟，结果认为 SceneControl 适合用于 C/S 结构的林分可视化，原因主要为 SceneControl 能够方便地载入预先设计好的树木图形文件，并且由于图形文件往往较大，适合单机运行，如果是 B/S 结构的话将造成页面载入速度变慢，并且由于使用 SceneControl 中无法展现胸径、冠长等参数的变化，而只有通过冠幅、树高的大小来大致反映林分生长情况，因此其适合模拟林分的平均状态。相比之下，WebGL 适合用于 B/S 结构的林分可视化系统，其能够在桌面电脑和平板电脑上很好地呈现三维可视化效果。通过利用 WebGL 进行的标准地林分生长预测可视化和模拟、单木生长竞争关系可视化和模拟，结果认为所构建的系统不仅能够方便于直观地对林分生长进行预测，而且能够用于辅助科学研究试验。

10.6　本章小结

本章从森林经营管理、生长收获决策等角度对林分生长可视化系统进行需求分析，在需求分析的基础上对林分生长可视化系统进行架构设计、功能设计、数据库设计。

对系统开发过程中的三维树种模型大小控制、生长模型库的解译解析技术、生长模型的匹配选择、林分生长可视化展示算法四个关键技术进行研究，并给出了实现的关键代码。其中，利用 SQL 语句作为生长模型的解译解析工具能够方便快速地计算林分生长数据，利用该技术，可将其他的生长模型按照本章的存储方法存储并解析，以适应不同区域的应用需求。

在 VS. NET 平台上利用 SceneControl 分别实现了林分生长可视化系统中的小班生长模拟和标准地林分生长模拟两个功能。其中，在森林资源管理信息系统上建立林分生长模拟功能的方法对于其他基于 GIS 技术的森林资源管理信息系统具有同样的适用性。利用 ASP. NET、SQL Server、WebGL 建立了 B/S 结构的林分生长可视化系统，并以前面章节建立的胸径、树高生长模型及冠幅模型为基础，进行了林分生长模拟、单木生长竞争关系模拟，给出了林分直径结构和树高结构图，并以 iPad 为例进行了平板电脑的可视化展示。利用该方法建立的林分生长可视化系统将为森林经营的决策管理提供直观的依据，为利用可视化手段研究不同立地、密度、年龄等条件对林分生长的影响提供理论和技术基础。

11 / 杉木人工林采伐方案模拟系统设计

目前，森林资源管理和经营决策信息系统功能所涵盖的领域越来越广泛，但主要集中在面向造林培育、经济效益预测、林木可视化几个方面进行管理与决策制定。对于抚育间伐的收获模拟系统却少之又少，而抚育间伐又恰恰是森林经营环节中最关键的部分。因此，本章根据第 9 章的抚育间伐收获模拟算法，对抚育间伐收获模拟系统进行需求分析、系统设计，并给出系统的运行实例，对算法计算结果进行分析。

11.1 需求分析

人工用材林以木材产量和经济效益为目标，在用材林林分经营中，经营管理者需要根据林分的培育目标，对林分采取相应的经营措施。与现有林分的实际生长相比，林农们更希望能够预估各种经营措施下（造林、抚育间伐、主伐等）的林分蓄积收获量和经济效益，从而选择最适合某一林分的经营方案。然而，许多人工用材树种缺乏实际生长和经营过程的数据资料，加上林木生长周期长、变化慢，若要通过试验地设置来记录各种经营措施下的林分收获是不切实际的。这就需要通过模型预测林分未来数十年的生长状况，从而预估林分木材产量和经济收益。

通过对形态模型和林分生长收获模型的研究，可以展示林分各项因子的生长过程和林木形态。但迄今为止，在实际工作中综合各类模型，将其建成系统并加以应用的研究尚不多见。目前，人工林经营管理的信息系统主要集中在面向造林培育、蓄积预测、林木可视化等单方面进行管理，对于综合不同年龄、立地、密度下的林分生长收获模拟、抚育间伐模拟、材种出材量计算、经济收益预估和林木形态展示的系统却较为匮乏，不能够解决人工林经营过程中不同林分条件下确定最佳合理的造林密度、间伐方案、主伐年龄的决策问题，而抚育间伐又恰恰是森林经营环节中最关键的部分，同时为了实现数据共享，需要建立一个基于 Web 的人工林采伐方案模拟系统，这不仅可以使人工用材林科学实验周期缩短，而且能提高森林经营决策科研效率。

根据所构建的杉木人工林全林分模型和最优密度模型，在第 8 章提出了抚育间伐方案模拟算法，在此基础上，本章立足于解决生产和科学研究工作中的实际问题，运用计算机技术，对不同年龄、立地条件、林分密度和抚育间伐方案的林分进行预估，实现对抚育间伐模拟的自动化，从而分别快速得到不同立地条件下的蓄积收获和经济收益最佳的间伐方案。综合林分的生长、间伐、蓄积收获、林分出材量和当地林木市场经济指标，便可预估杉木林分的经济效益。同时，根据所构建的形态模型，通过三维可视化技术，能模拟不同林分条件下杉木人工林的长势。系统将杉木人工林的各项林分基本因子的生长与收获、林分经济收益和林分可视化展示综合在一起，形成一个有机的整体，为林分经营提供先进的辅助决策功能。

11.2 系统设计

11.2.1 系统流程

杉木人工林采伐方案模拟系统处理流程如图 11-1 所示。系统提供了对杉木人工林采伐方案模拟以及林木形态的三维展示。用户可以根据需求选择模拟方式。若要对林分进行采伐方案模拟，则需要在系统界面输入林分条件和间伐参数，系统在后台将存储于模型库中的林分生长收获模型解析成计算机识别的符号，同时运行采伐方案模拟算法，得到该林分条件和采伐方案下的林分平均胸径、树高、断面积、株数和蓄积的预估结果，同时也能根据多目标最优密度表（8.2 节中得出的不同立地条件下以蓄积收益最大和年均净现值收益最大的林分最佳保留密度），得出基于蓄积收益最大或经济收益最大的最佳间伐方案；

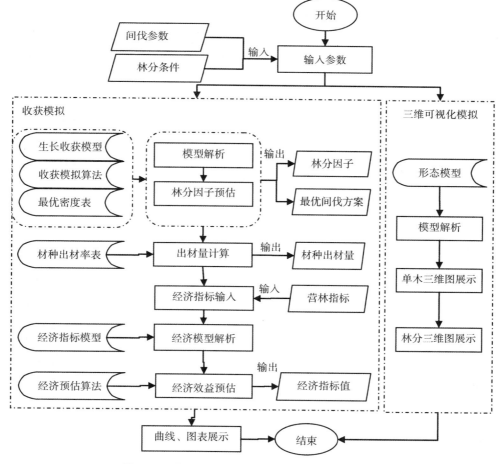

图 11-1 杉木人工林采伐方案模拟系统处理流程

在蓄积收获的基础上，通过存储于数据库中的林分材种出材率表（具体内容可见附表）计算得到不同材种的林分出材量，根据出材量和林分经营技术指标，系统对林分进行经济效益预估，所有的预估结果都通过图表的形式直观地展现给用户。

系统为了方便用户能够直观地观察某一林分条件下的林木长势，还提供了林木可视化功能。若用户需要对某一条件下的林分进行三维可视化模拟，系统根据输入的林分条件，对存储于模型库中的形态模型（本文所研究的冠幅、冠幅高、第一活枝高和树冠轮廓模型）进行解析，采用 WebGL 技术绘制该林分条件下的单株木的树冠形态，通过单株木三维图，绘制林分的三维视图。

11.2.2　功能结构

系统的设计与开发目标是为用户提供一个人工林林分生长模拟和采伐方案模拟平台。在数据流程设计基础上，根据经营决策需要，设计了采伐方案模拟系统的功能结构，如图11-2所示。系统主要分为三个模块，分别是间伐参数的林分采伐模拟、基于最优保留密度的林分采伐模拟和林分三维可视化模拟。

（1）基于间伐参数林分采伐的模拟

根据间伐参数的林分采伐模拟模块主要面向未成林造林地，根据用户输入的林分基本条件（地位指数、林分初植密度）、间伐参数（间伐次数、间伐时间、间伐强度）和主伐年龄，系统根据算法实现对林分从造林到主伐时各年度的林分平均胸径、平均树高、总断面积、林分株数和蓄积量，以及间伐得到的蓄积量和总蓄积量的计算，为了使数据更加直观显示，将计算结果通过曲线图和表格的形式展现出来。用户也可以不考虑间伐参数，只需要输入林分基本条件，直接根据全林分模型对林分基本因子进行预估。结合林分蓄积、间伐量，在系统进行林分出材量（大、中、小径材和非规格材）的计算，根据出材量计算林分在某一采伐方案下的经济收益，包括净现值、年均净现值和林地期望价，计算结果通过图表的形式展现给用户。

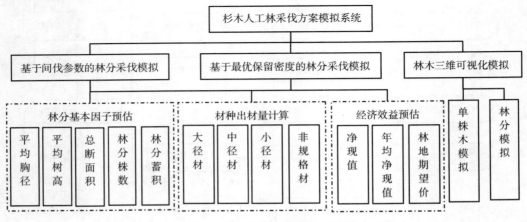

图11-2　杉木人工林采伐方案模拟系统功能结构

（2）基于最优保留密度的林分采伐模拟

基于最优保留密度的林分采伐模拟模块面向有林地经营，旨在针对现有林分条件得到最佳的间伐方案。该模块需要实现根据用户输入现有林分的年龄、地位指数、现有林分的株数密度和主伐年龄，通过第 8.2 节提出的算法，分别得到基于蓄积收益最大和经济收益最大的林分最佳间伐时间、间伐次数和间伐强度，得到的间伐方案会以文字的形式展现在系统界面上。同时，对该间伐方案下的蓄积收获量进行出材量和经济效益的计算。各类林分因子的预估结果和经济效益预估结果都通过图表的形式展现出来。

（3）林木三维可视化模拟

林木三维可视化模拟模块是利用文中所构建的冠幅模型和树冠轮廓模型，对林木的树冠形状进行三维展示。具体功能实现为：根据用户输入的林分条件（年龄、地位指数、密度），计算出林分平均木的各项树冠变量，绘制出单株木的树冠形状，从而研究其在一个生长周期内的变化情况。同时将各单株木按照一定的株行距进行排列，形成林分三维模拟视图，可以直观地表现出林分不同年龄段的林木长势以及林木间的竞争关系，同时也为抚育间伐提供参考依据。

11.2.3 数据库设计

在人工林采伐方案模拟系统中，需要对构建的模型进行计算，并将计算结果进行存储和系统展示。结合系统需求分析和功能结构设计，设计了模型存储表、全林分模型计算结果存储表、经济指标计算结果存储表和出材量计算结果存储表。

①模型存储表（树种编号、树种名称、模型编号、模型类型名、模型表达式、模型变量、备注）用于存储前面研究所构建的全林分模型、冠幅模型、树冠轮廓模型和经济指标模型。模型存储表的表结构如表 11-1 所示。

表 11-1 模型存储表

字段	字段名	类型	大小	约束	备注
TreeID	树种编号	VarChar	4	PK	主键
TreeName	树种名称	VarChar	20		
ModelID	模型编号	VarChar	4		
ModelName	模型类型名	VarChar	20		
ModelExp	模型表达式	VarChar	50		输入模型数学表达式
ModelVar	模型变量	Varchar	30		存储模型公式中的变量
Note	备注	Varchar	80		

②全林分模型计算存储结果表（树种编号、年龄、胸径、林分密度指数、断面积、蓄积、树高、株数）用于存储每一年林分各项因子的计算结果。全林分模型计算存储结果表的表结构如表 11-2 所示。

表 11-2　全林分模型计算结果存储表

字段	字段名	类型	大小	约束	备注
TreeID	树种编号	VarChar	4	PK	主键、外键（连接表 11-1 的树种编号）
Age	年龄	int		PK	主键
Dg	胸径	float			
SDI	林分密度指数	float			
G	断面积	float			
M	蓄积	float			
H	树高	float			
N	株数	float			

③经济指标计算结果存储表（树种编号、年龄、净现值、年均净现值、林地期望值）用于存储每一年林分所得的净现值、年均净现值和林地期望值的计算结果。经济指标计算结果存储表的表结构如表 11-3 所示。

表 11-3　经济指标计算结果存储表

字段	字段名	类型	大小	约束	备注
TreeID	树种编号	VarChar	4	PK	主键、外键（连接表 11-1 的树种编号）
Age	年龄	int		PK	主键
NPV	净现值	float			
MNPV	年均净现值	float			
LEV	林地期望值	float			

④出材量计算结果存储表（初植密度、地位指数、年龄、大径材出材率、大径材出材量、中径材出材率、中径材出材量、小径材出材率、小径材出材量、规格材出材率、规格材出材量）用于存储每一个林分条件下的不同材种的出材率和出材量。出材量计算结果存储表的表结构如表 11-4 所示。

表 11-4　出材量计算结果存储表

字段	字段名	类型	大小	约束	备注
N0	初植密度	int		PK	主键
SI	地位指数	int		PK	主键
A	年龄	int		PK FK	主键、外键（连接表 11-2 中的年龄）
Max-rate	大径材出材率	float			
Max-volume	大径材出材量	float			
Mid-rate	中径材出材率	float			
Mid-volume	中径材出材量	float			
Min-rate	小径材出材率	float			
Min-volume	小径材出材量	float			
Stock-rate	规格材出材率	float			
Stock-volume	规格材出材量	float			

11.2.4　系统总体框架与开发环境

在信息系统体系结构方面，目前最常见的是客户端/服务器（Client/Server，CS）结构和浏览器/服务器（Browser/Server，BS）模式的三层体系结构。目前大多数森林资源信息系统都基于 C/S 体系结构进行设计开发，应用于各个中小型林业单位，并统一部署在单位局域网供用户操作。C/S 体系结构的信息系统开发成本较低，且方便用户对数据尤其是空间数据的浏览、操作，但存在一系列局限性，每个客户端都需要安装应用程序，部署和维护成本较高，且相应的信息系统只局限于特定范围内使用，无法进行大范围数据共享。随着用户对森林资源数据共享需求的扩大和上下级林业单位数据交互的日益频繁，人们更倾向于开发基于 B/S 体系结构的森林资源信息系统，用户只需安装浏览器，通过访问森林资源信息系统的服务器，就可从中获取数据和对数据进行进一步操作。此外，Internet 防火墙、加密管理等技术的不断发展也使得基于 B/S 体系的信息系统具备一定的安全性。因此，本系统基于 B/S 三层体系结构进行杉木林分采伐方案模拟信息系统的开发，基于此，设计系统的总体框架如图 11-3 所示。

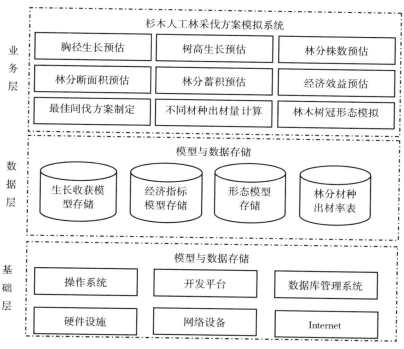

图 11-3　系统总体框架图

系统总框架包括基础层、数据层和业务层。基础层为系统的软硬件资源，为系统的开发、部署和运行提供了公共环境。硬件资源包括了基本的硬件设施和网络设备，软件环境主要有操作系统、系统开发所需的平台、数据库管理系统以及实现 Web 网站运行的网络协议；数据层包含了系统开发所需的数据，各数据以关系表结构的形式存储于数据库和模型库中，数据库存储的是不同条件杉木林分不同材种的出材率，模型库中则存储相应的数学模型，包括全林分模型、经济指标模型和形态模型；业务层凌驾于基础层和数据层之上，是用户直接参与试用的逻辑业务层。该层需要实现系统的各种功能，包括对林分收获的预估、间伐方案的制订以及林木生长可视化的展示，辅助管理者进行合理的森林经营决策活动。

研究选择 C#语言和 SQL Server 2005 数据库管理系统，在 Visual Studio2010 开发平台上进行本系统的开发研究工作，系统部署则采用 IIS6.0。

11.3 系统实例

在浏览器的地址定位器中输入系统的地址后，则进入的是杉木人工林采伐方案模拟系统的主界面（图 11-4）。按照系统分析和设计要求，系统包括了基于参数的采伐方案模拟、最优采伐方案模拟和林分三维可视化模拟三大模块。

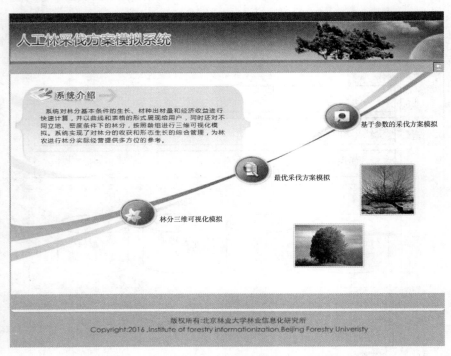

图 11-4 杉木人工林采伐方案模拟系统主界面

11.3.1 基于间伐参数的收获算法实例

进入人工林抚育间伐方案模拟系统，选择基于间伐参数的收获模拟界面。界面左侧是林分参数和间伐参数的录入，根据算法要求，对全林分模型和密度控制决策模型进行实际应用，输入以下参数。

地位指数（SI）：14。

初植密度（N_0）：3600 株/hm^2。

间伐次数：2。

第一次间伐时间（A_1）：10，间伐强度（q_1）：27%。

第二次间伐时间（A_2）：16，间伐强度（q_2）：15%。

主伐年龄（T）：30。

经过系统运行和算法运算，得到全林分生长收获预估模拟界面，以林分胸径（图11-5）、树高模拟（图11-6）界面为例，系统能模拟杉木林分胸径树高6~30年间每一年的生长收获量，以曲线和表格的形式展现。

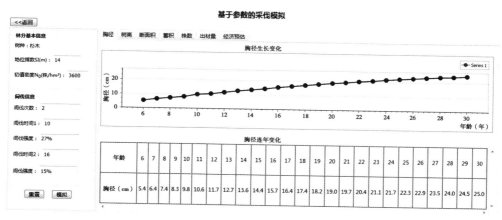

图 11-5　基于间伐参数的林分胸径生长模拟

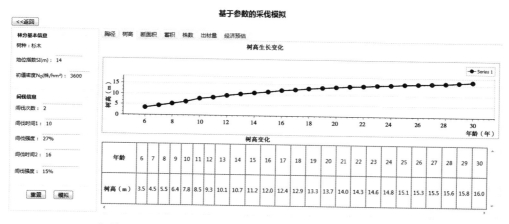

图 11-6　基于间伐参数的林分树高生长模拟

除了胸径、树高模拟外，系统能模拟在该抚育间伐措施下，杉木林分断面积、株数每一年的生长收获量，系统通过曲线和具体数值的形式展示于用户。同时，系统根据该条件下的林分出材率表，分别计算了该林分大径材、中径材、小径材、规格材以及间伐材的出材量。林分出材量计算结果如图 11-7 所示。

基于参数的采伐模拟

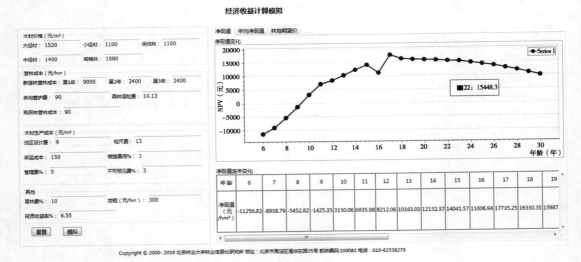

图 11-7 的表格内容：

年龄	蓄积	大径材 出材率	大径材 出材量	中径材 出材率	中径材 出材量	小径材 出材率	小径材 出材量	非规格材 出材率	非规格材 出材量
6	15.0	0.0%	0.0	0.0%	0.0	4.3%	0.7	46.3%	6.9
7	24.7	0.0%	0.0	0.0%	0.0	13.1%	3.3	43.0%	10.6
8	38.4	0.0%	0.0	0.0%	0.0	27.0%	10.4	34.4%	13.2
9	55.7	0.0%	0.0	0.0%	0.0	35.3%	19.7	28.9%	16.1
10	50.8	0.0%	0.0	0.0%	0.0	43.5%	22.1	23.1%	11.7
11	70.0	0.0%	0.0	0.0%	0.0	50.4%	35.3	18.1%	12.7
12	79.7	0.0%	0.0	0.0%	0.0	54.6%	43.5	15.0%	12.0
13	93.1	0.0%	0.0	0.0%	0.0	58.8%	54.7	12.1%	11.3
14	108.1	0.0%	0.0	0.2%	0.2	61.5%	66.5	10.1%	10.9
15	123.9	0.0%	0.0	0.7%	0.8	63.5%	78.7	8.4%	10.4
16	114.9	0.0%	0.0	1.9%	2.2	64.4%	74.0	7.1%	8.2
17	133.9	0.0%	0.0	2.5%	3.4	65.1%	87.2	6.3%	8.4
18	133.5	0.2%	0.2	3.7%	4.9	65.1%	86.9	5.5%	7.4
19	138.9	0.5%	0.7	5.3%	7.4	64.2%	89.1	4.9%	6.8
20	146.1	1.1%	1.6	7.4%	10.7	62.4%	91.1	4.4%	6.5
21	153.7	1.2%	1.9	8.2%	12.5	62.0%	95.3	4.1%	6.3
22	161.2	1.6%	2.5	9.4%	15.2	61.0%	98.4	3.7%	6.0
23	168.3	3.4%	5.8	11.9%	20.1	56.9%	95.7	3.4%	5.8
24	174.8	3.3%	5.8	12.4%	21.7	57.0%	99.6	3.2%	5.6

林分基本信息
树种：杉木
地位指数SI(m)：14
初值密度N₀(株/hm²)：3600

间伐信息
间伐次数：2
间伐时间1：10
间伐强度：27%
间伐时间2：16
间伐强度：15%

图 11-7　林分出材量计算结果

结合蓄积收获和不同材种的出材量，系统对林分净现值和林地期望值进行计算，以净现值（图 11-8）和林地期望值（图 11-9）预估为例，将计算结果通过曲线和表格的形式展现。

经济收益计算模拟

木材价格（元/m³）
大径材：1520　小径材：1100　间伐林：1100
中径材：1400　规格林：1080

营林成本（元/hm²）
新造林营林成本：第1年：9000　第2年：2400　第3年：2400
年均管护费：90　　森林保险费：10.13
购买林地成本：90

木材生产成本（元/m³）
伐区设计费：9　　检尺费：13
采运成本：150　　铜值费用%：1
管理费%：5　　不可预见费%：3

其他
育林费%：10　　地租（元/hm²）：300
投资收益率%：6.55

净现值变化

年龄	6	7	8	9	10	11	12	13	14	15	16	17	18	19
净现值（元/hm²）	-11256.82	-8938.79	-5452.82	-1425.35	3150.06	6935.98	8212.06	10163.03	12132.37	14041.57	11006.94	17735.25	16330.35	15987.

22: 15448.3

图 11-8　基于间伐参数的净现值预估

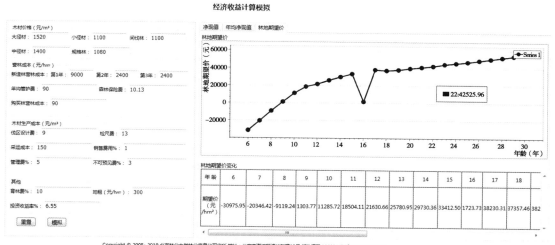

图 11-9　基于间伐参数的林分林地期望值预估

11.3.2　最优密度方案下林分模拟算法实例

输入以下参数，分别计算出基于蓄积最大化的林分收益和经济收益、基于年均净现值最大化的林分收益和经济收益，计算结果如图 11-10 至图 11-15 所示。

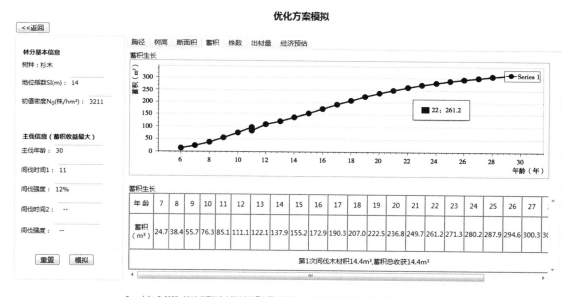

图 11-10　蓄积收益最大的林分蓄积收获量

林分年龄：7。

地位指数（SI）：14。

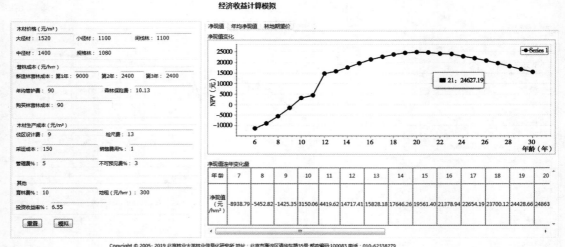

图11-11　蓄积收益最大的林分净现值预估

林分现有的株数密度（N）：3210 株/hm²。

主伐年龄（T）：30。

图11-10、图11-11 和图11-12 为基于蓄积收益最大时的林分蓄积收获量，图11-13、图11-14 和图11-15 为基于经济收益最大时的林分蓄积收获量。在蓄积收益界面给出了此林业生产目标下的最优间伐方案。

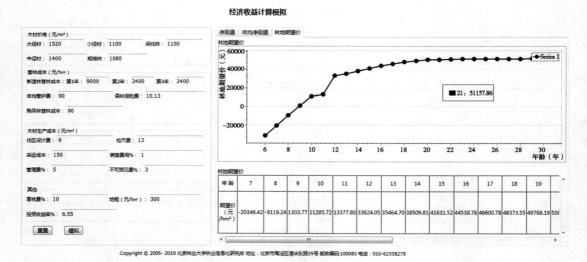

图11-12　蓄积收益最大的林地期望价预估

由图11-10 可知，在该林分条件下，间伐 1 次，时间在 11 年年末，间伐强度为 12.0% 时，林分将会收获最大的蓄积量，为 327.2m³；在经济收益上，在 30 年时，净现值为 15411.86 元（图11-11），年均净现值为 513.73 元，林地期望价为 52555.21 元（图11-12）。

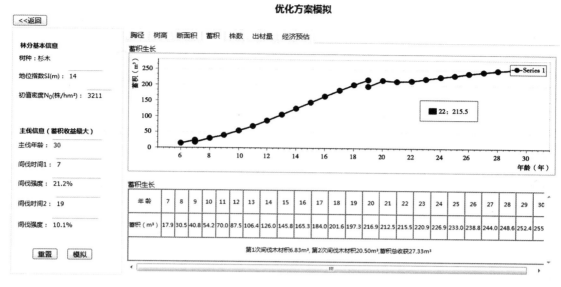

图 11-13　经济收益最大的林分蓄积收获量

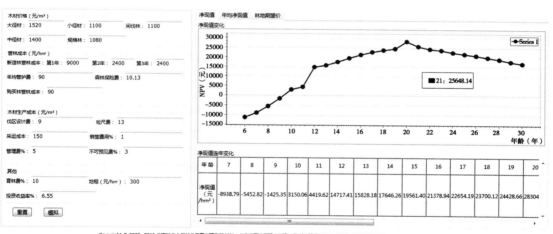

图 11-14　经济收益最大的林分净现值预估

由图 11-13 可知，当该林分间伐 2 次，首次间伐时间为 7 年，间伐强度为 21.2%，第二次间伐时间为 19 年，间伐强度为 10.1% 时，林分总蓄积收益 282.7m³（2 次间伐材积+主伐蓄积），蓄积收获量虽然没有达到最大，但该间伐方案下的经济收益却是最大的，在主伐年龄 30 年时，净现值为 16678.81 元（图 11-14），年均净现值为 555.96 元，林地期望价为 63426 元（图 11-15）。

优化决策算法得出的间伐方案，无论在蓄积收益还是在经济收益上都优于 11.3.1 中用户自拟的间伐方案。

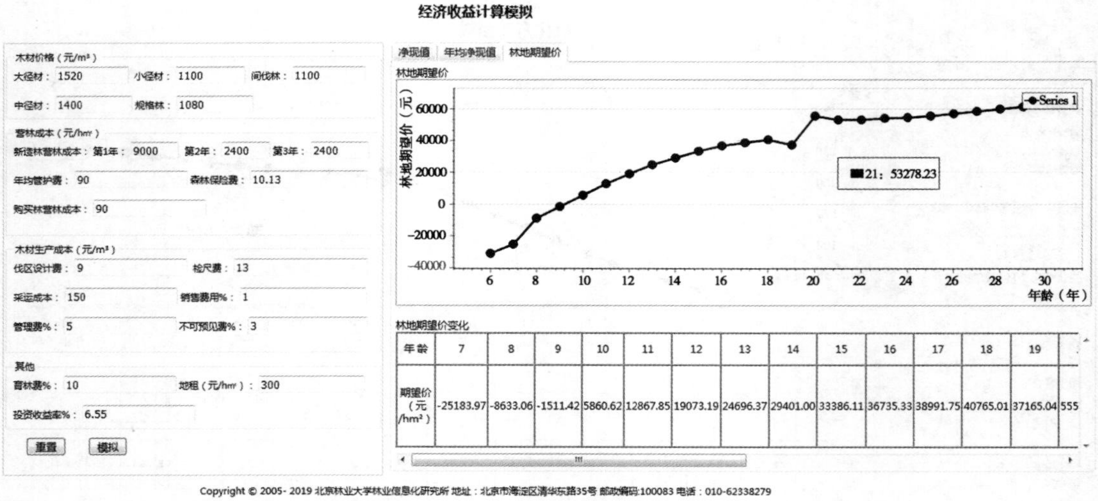

经济收益计算模拟
木材价格（元/m³）
大径材：1520 小径材：1100 间伐林：1100
中径材：1400 规格林：1080
营林成本（元/hm²）
新造林营林成本：第1年：9000 第2年：2400 第3年：2400
年均管护费：90 森林保险费：10.13
购买林营林成本：90
木材生产成本（元/m³）
伐区设计费：9 检尺费：13
采运成本：150 销售费用%：1
管理费%：5 不可预见费%：3
其他
育林费%：10 地租（元/hm²）：300
投资收益率%：6.55
重置 模拟
净现值 年均净现值 林地期望价
林地期望价
林地期望价（元）
Series 1
21：53278.23
60000 40000 20000 0 -20000 -40000
6 8 10 12 14 16 18 20 22 24 26 28 30
年龄（年）
林地期望价变化
年龄 7 8 9 10 11 12 13 14 15 16 17 18 19
期望价（元/hm²） -25183.97 -8633.06 -1511.42 5860.62 12867.85 19073.19 24696.37 29401.00 33386.11 36735.33 38991.75 40765.01 37165.04 555
Copyright © 2005- 2019 北京林业大学林业信息化研究所 地址：北京市海淀区清华东路35号 邮政编码:100083 电话：010-62338279

图 11-15　经济收益最大的林地期望价预估

此外，在三维可视化模拟模块，可针对输入的林分条件，对林分进行三维模拟，图11-16中分别展示了地位指数为 14、初植密度为 3600 株/hm^2 条件下林分幼龄林、中龄林和近成熟林的三维视图。

林分基本信息
树种：杉木
地位指数SI(m)：14
初值密度：3600
林分幼龄单木
林分幼龄林
林分中龄单木
林分中龄林
林分近成熟单木
林分近成熟林

图 11-16　林分三维视图

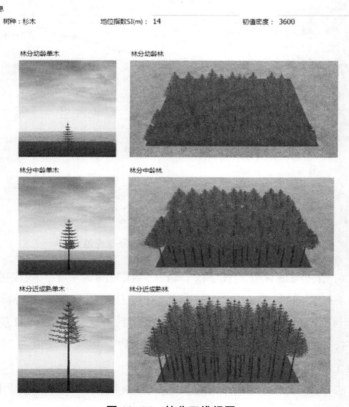

11.4　本章小结

本章从林分生长预估角度对系统进行需求分析，在需求基础上进行了系统流程设计、功能结构设计、总体框架与开发环境的确定。同时结合算法，给出系统运行实例。

系统实例中，根据输入的参数，计算出不同年龄、立地条件和密度的杉木林分胸径、树高、断面积、株数、蓄积的生长值，计算得到不同材种的出材量和经济效益，系统同时也给出了相应地位指数下不同年龄的最佳林分保留株数。对根据间伐参数的收获预估结果和最优密度下的林分收获预估结果进行对比分析，发现无论是蓄积收益还是经济效益，最优密度下的林分收获量均大于间伐参数下的林分收获量。系统还根据用户输入的林分条件，对杉木幼龄林、中龄林和近成熟林进行三维模拟。从可视化角度反映了不同年龄、立地和密度对林分生长的影响。

/参考文献/

蔡毅，邢岩，胡丹. 2008. 敏感性分析综述 [J]. 北京师范大学学报（自然科学版），44（1）：9-16.

陈超华，张吉才，王盛乾. 1991. 人工用材林经济决策模型研究 [J]. 农业系统科学与综合研究，7（3）：234-238.

陈东升，孙晓梅，李凤日. 2013. 基于混合模型的落叶松树高生长模型 [J]. 东北林业大学学报，41（10）：60-64.

陈东升. 2010. 落叶松人工林大中径材优化经营模式的研究 [D]. 哈尔滨：东北林业大学.

陈端吕，陈晚清. 2002. 基于 GIS 技术的森林经营优化与辅助决策系统 [J]. 中南林业调查规划，21（3）：44-47.

陈少雄，李志辉. 2008. 不同初植密度的桉树人工林经济效益分析 [J]. 林业科学. 21（1）1-6.

陈彦云，林晖，孙汉秋，等. 2000. 高度复杂植物场景的构造和真实感绘制 [J]. 计算机学报（9）：917-924.

陈永芳. 2001. 人工林生长与收获预测模型的研究 [J]. 林业资源管理（1）：50-54.

陈永富. 2009. 短周期桉树人工林直径分布模型研究 [J]. 林业科学研究，21（增刊）：50-54.

迟健，李桂英，陈家明，等. 1995. 浙江省马尾松人工林立地质量的数量化研究 [J]. 林业科学研究，2（21）：303-308.

迟健. 1996. 杉木速生丰产优质造林技术 [M]. 北京：金盾出版社.

崔恒建，王雪峰. 1996. 核密度估计及其在直径分布研究中的应用 [J]. 北京林业大学学报，18（2）：193-201.

戴希龙. 1986. 判定立木是否达到数量成熟龄的一种方法 [J]. 林业勘察设计（4）：26-27.

戴秀章，梅曙光，董宏林，等. 1985. 评价黄土干旱区宜林地立地质量的数量化方法 [J]. 林业科学，21（2）：189-194.

邓红兵，王庆礼. 1997. 红松、长白落叶松树高生长模型的研究及应用 [J]. 辽宁林业科技（5）：24-27.

邓立斌，李际平. 2002. 基于人工神经网络的杉木可变密度蓄积量收获预估模型 [J]. 西北林学院学报，17（4）：87-89.

邓伦秀. 2010. 杉木人工林分密度效应及材种结构规律研究 [D]. 北京：中国林业科学研究院.

邓晓华，张广福，张怡春，等. 2003. 长白落叶松人工林全林分生长模型的研究 [J]. 林业科技，28（1）：10-12.

丁凤梅，鲁法典，侯占勇，等. 2010. 基于多目标的杨树速生丰产林主伐决策分析 [J]. 生物数学学报，25（1）：127-136.

丁凤梅，鲁法典，王迎. 2007. 不同造林密度杨树速生丰产林成熟龄的研究 [J]. 河北林果研究（3）：242-246.

丁凤梅. 2008. 市场风险下杨树速生丰产林经营决策分析 [D]. 泰安：山东农业大学.

丁贵杰. 1996. 贵州杉木人工林标准树高曲线模型 [J]. 贵州农学院学报（4）：16-21.

董晨，吴保国，韩焱云. 2014. 人工用材林森林成熟研究进展 [J]. 世界林业研究，27（6）：41-47.

董乔雪，王一鸣，Barczi Jean Francois. 2006. 番茄的结构-功能模型 Ⅰ：基于有限态自动机的3D形态构建 [J]. 中国生态农业学报，14（4）：195-199.

董乔雪，王一鸣，侯加林. 2007. 番茄的结构-功能模型 Ⅱ：基于器官水平的功能模型与验证研究 [J]. 中国生态农业学报，15（1）：122-126.

杜纪山，洪玲霞. 2000. 杉木人工林分蓄积和断面积生长率的预估模型 [J]. 北京林业大学学报，22（5）：83-85.

杜纪山，唐守正. 1998. 杉木林分断面积生长预估模型及其应用 [J]. 北京林业大学学报，20（4）：1-5.

杜纪山，王洪良. 2000. 天然林分生长模型在小班数据更新中的应用 [J]. 林业科学，36（3）：52-58.

杜纪山. 1999. 林木生长和收获预估模型的研究动态 [J]. 世界林业研究，12（4）：19-22.

杜志，亢新刚，岳刚. 2013. 限定混合模型模拟不规则和多峰直径结构分布 [J]. 中南林业科技大学学报，33（4）：43-49.

段爱国，张建国. 2004. 杉木人工林优势高生长模拟及多形地位指数方程 [J]. 林业科学，40（6）：13-19.

段劼，马履一，薛康，等. 2010. 北京地区侧柏人工林单木胸径生长模型的研究 [J]. 林业资源管理（2）：62-68.

Daniel T. W，等. 1979. 森林经营原理（赵克维等译）[M]. 北京：中国林业出版社.

范会强. 2009. 贵州退耕还林财政补贴的可持续性问题研究 [D]. 贵阳：贵州大学.

方怀龙. 1995. 现有林分密度指标评价 [J]. 东北林业大学学报，23（4）：100-105.

方精云，菅诚. 1987. 利用 Weibull 分布函数预测林木的直径分布 [J]. 北京林业大学学报，9（3）：261-269.

方子兴. 1993. 韦布尔分布及其参数估计 [J]. 林业科学研究，6（4）：423-430.

冯忠科，熊妮娜，王佳，李雪梅. 2008. 北京市侧柏人工林全林分模型建立与研究 [J]. 北京林业大学学报，30（增刊1）：214-217.

符利勇，李永慈，李春明，等. 2011. 两水平非线性混合模型对杉木林优势高生长量研究 [J]. 林业科学研究（06）：720-726.

符利勇，孙华. 2013. 基于混合效应模型的杉木单木冠幅预测模型 [J]. 林业科学，49（8）：65-74.

符利勇，张会儒，唐守正. 2012. 基于非线性混合模型的杉木优势木平均高 [J]. 林业科学，48（7）：66-71.

高东启，邓华锋，程志楚，等. 2014. 蒙古栎间伐林分和未间伐林分生长模型研究 [J]. 中南林业科技大学学报，34（2）：50-54.

龚垒. 1984. 杉木幼树冠层结构与生物量关系的初步研究 [J]. 生态学报，4（3）：248-258.

巩垠熙，高原，仇琪，等. 2013. 基于遥感影像的神经网络立地质量评价研究 [J]. 中南林业科技大学学报，33（10）：42-47.

郭恩莹. 2013. 杉木人工林形态生长模型及可视化研究 [D]. 北京：北京林业大学.

郭建宏. 2007. 林副产品配送优化辅助决策模型及 GIS 集成研究 [D]. 北京：北京林业大学.

郭晋平，张浩宇，张芸香. 2007. 森林立地质量评价的可变生长截距模型与应用 [J]. 林业科学，43（10）：8-13.

郭晋平，张芸香，任兆光，等. 1998. 国营林场用材林持续利用辅助决策模型及其应用 [J]. 资源科学

（3）：56-62.

郭艳荣，吴保国，刘洋，等. 2012. 立地质量评价研究进展 [J]. 世界林业研究，25（5）：47-52.

郭艳荣，吴保国，郑小贤，等. 2015. 杉木不同龄组树冠形态模拟模型研究 [J]. 北京林业大学学报，37（2）：40-47.

郭艳荣. 2014. 杉木人工林形态收获模拟及模型动态更新 [D]. 北京：北京林业大学.

国红，雷相东，陆元昌. 2009. 基于 GreenLab 的油松结构-功能模型 [J]. 植物生态学报，33（5）：950-957.

国家林业局. 2016. 国家林业局关于加强履行《联合国森林文书》示范单位建设的指导意见 [EB/OL]. http：//www. forestry. gov. cn/portal/ghs/s/2372/content-845556. html，2016-02-18.

国庆喜，杨光，孙龙. 2005. 林分可视化系统在帽儿山地区的应用 [J]. 东北林业大学学报（6）：100-101.

海占广，吴保国. 2009. 林分生长与收获模型数据库及模型解析器的研究 [J]. 计算机应用研究（1）：209-210.

韩焱云. 2012. 服务于农林的森林培育专家决策系统的开发 [D]. 北京：北京林业大学.

韩焱云. 2015. 森林经营决策关键技术研究与决策支持系统研建 [D]. 北京：北京林业大学.

何瑞珍，李小勇，孟庆法. 2011. 基于 3S 的森林立地分类决策支持系统设计 [J]. 西北林学院学报，26（4）：172-174.

贺姗姗，彭道黎. 2009. 林分空间结构可视化方法研究 [J]. 西北林学院学报（2）：157-161.

洪玲霞，雷相东，李永慈. 2012. 蒙古栎林全林整体生长模型及其应用 [J]. 林业科学研究，25（12）：201-206.

胡波，吴保国，陆道调. 2005. 基于 ASP. NET 的造林专家系统 [J]. 林业资源管理（1）：63-66.

黄东，彭道黎，郑小贤. 2004. 净现值法在林分经济成熟中的应用探讨 [J]. 中南林业调查规划，23（1）：50-53.

黄家荣，高光芹，孟宪宇，等. 2010. 基于人工神经网络的林分直径分布预测 [J]. 北京林业大学学报，32（3）：21-26.

黄家荣，孟宪宇，关毓秀. 2006. 马尾松人工林直径分布神经网络模型研究 [J]. 北京林业大学学报，28（1）：28-31.

黄家荣，万兆溟. 2000. 马尾松人工林与距离有关的单木模型研究 [J]. 山地农业生物学报，19（1）：10-16.

黄旺志，赵剑平，王昌薇，等. 1997. 不同造林密度对杉木生长的影响 [J]. 河南农业大学学报，31（4）：379-385.

惠刚盈，Gadow Klaus Von，Albert Mathias. 1999. 一个新的林分空间结构参数——大小比数 [J]. 林业科学研究（01）：4-9.

惠刚盈，张连金，胡艳波，等. 2010. Richards 多形地位指数模型研建新方法——参数置换法 [J]. 林业科学研究，23（4）：481-486.

惠淑荣，于洪飞. 2003. 日本落叶松林分生长量 Richards 生长方程的建立与应用 [J]. 生物数学学报，18（2）：204-206.

贾永刚. 2004. 造林决策与数据更新子系统的研究与开发 [D]. 北京：北京林业大学.

江传阳. 2014. 福建柏地位级指数曲线模型的研制 [J]. 林业勘察设计（2）：5-9.

江希钿，陈学文，林纪建. 1994. 以 Von Bertalaffy 生长理论为基础的单木生长模型 [J]. 中南林业调查规划 (4): 5-7.

江希钿，黄焜增，杨锦昌. 2000. 杉木人工林林分出材率表编制方法的研究 [J]. 浙江林学院学报，17 (3): 294-297.

江希钿，温素平，杨金根，等. 1997. 杉木人工林直径分布收获预估模型的研究 [J]. 中南林业调查规划，16 (3): 19-21.

江希钿，温素平. 2000. 杉木人工林可变密度的全林分模型及其应用研究 [J]. 福建林业科技，27 (2): 22-25.

江希钿，杨锦昌，温素平. 2000. 马尾松可变参数削度方程及应用 [J]. 福建林学院学报，20 (4): 294-297.

江希钿. 1996. 单木模型的研制及优化的研究 [J]. 中南林业调查规划，15 (1): 1-4.

姜立春，李凤日，刘瑞龙. 2011. 兴安落叶松树干削度和材积相容模型 [J]. 北京林业大学学报，33 (5): 1-7.

姜立春，李凤日，张锐. 2012. 基于线性混合模型的落叶松枝条基径模型 [J]. 林业科学研究，25 (4): 464-469.

姜志林，叶镜中，周本琳. 1982. 杉木林的抚育间伐 [M]. 北京：中国林业出版社.

蒋娴，张怀清，贺姗姗，等. 2009. 林分可视化模拟系统的设计 [J]. 林业科学研究 (4): 597-602.

蒋娴，张怀清，鞠洪波，等. 2013. 基于林木综合竞争的林分生长量分配模型 [J]. 林业科学，49 (10): 54-57.

揭建林，詹有生，吴克选. 2006. 江西省杉木人工林合理轮伐期的研究 [J]. 江西林业科技 (6): 4-8.

解开宏. 2006. 广南县杉木人工林林分密度控制图的编制 [J]. 林业调查规划，31 (3): 37-41.

靳爱仙，周国英，史大林，等. 2009. 马尾松人工林碳储量密度控制图的编制 [J]. 西北林学院学报，24 (3): 54-57.

亢新刚. 2011. 森林经理学（第4版）[M]. 北京：中国林业出版社.

雷相东，常敏，陆元昌，等. 2006. 虚拟树木生长建模及可视化研究综述 [J]. 林业科学 (11): 123-131.

雷相东，张则路，陈晓光. 2006. 长白落叶松等几个树种冠幅预测模型的研究 [J]. 北京林业大学学报，28 (6): 75-79.

李春明，杜纪山，张会儒. 2004. 间伐林分的断面积生长模型研究 [J]. 林业资源管理 (3): 52-55.

李春明. 2003. 抚育间伐对人工林分生长的影响研究 [D]. 北京：中国林业科学研究院.

李春明. 2009. 利用非线性混合模型进行杉木林分断面积生长模拟研究 [J]. 北京林业大学学报，31 (1): 44-49.

李凤日. 1987. 兴安落叶松天然林直径分布及产量预测模型的研究 [J]. 东北林业大学学报 (4): 8-16.

李贵，童方平，刘振华. 2013. 鸂蒴栲生长过程及数量成熟、工艺成熟的初步研究 [J]. 中南林业科技大学学报，33 (12): 53-57.

李宏. 1998. 苍梧县杉木削度方程与材积比方程研究 [J]. 云南林业调查规划设计 (1): 8-14.

李际平，刘素青. 2008. 亚热带天然混交林森林生态系统经营的决策模型 [J]. 南京林业大学学报 (5): 110-114.

李梦，仲崇淇. 1998. 长白落叶松人工林直径分布模型的研究 [J]. 南京林业大学学报，22 (1): 57-60.

李希菲，唐守正，王松林. 1988. 大岗山实验局杉木人工林可变密度收获表的编制 [J]. 林业科学研究，1（4）：382-389.

李希菲，王明亮. 2001. 全林蓄积模型的研究 [J]. 林业科学研究，14（3）：265-270.

李晓宝. 1994. 直接模糊聚类在立地质量评价中的应用——方旺林场立地类型划分及质量评价 [J]. 林业资源管理（4）：67-69.

李秀全，徐有明，涂俊杰，等. 2007. 可视化系统在湿地松人工林演示中的应用 [J]. 南京林业大学学报（自然科学版）（5）：121-124.

李裕国，李克谓. 1977. 立木数量成熟龄 [J]. 林业资源管理（8）：58-60.

李子敬. 2011. 北亚热带日本落叶松纸浆林最佳轮伐期研究 [D]. 北京：北京林业大学.

梁守伦，王洪涛. 1996. 太行山油松人工林林分密度控制图的编制 [J]. 山西林业科技（3）：1-6.

廖彩霞，李凤日. 2007. 樟子松人工林树冠表面积及体积预估模型的研究 [J]. 植物研究，27（4）：478-483.

林杰，洪伟，陈平留，等. 1982. 马尾松人工林林分密度控制图的编制 [J]. 林业资源管理（4）：37-42.

林斯超，李财德，朴根伍. 1989. 人工兴安落叶松用材林主伐年龄的研究 [J]. 北京林业大学学报，11（3）：25-30.

林小梅. 2002. 闽东柳杉人工林林分密度控制图的研究 [J]. 福建林业科技，29（3）：75-78.

刘东明，陈晓鹏，刘会杰. 2001. 公式解释器的通用算法解析 [J]. 齐齐哈尔大学学报（3）：39-44.

刘华，李建华. 2009. 茂名小良桉树人工林生态经济效益分析与评价 [J]. 生态环境学报，18（6）：2237-2242.

刘君然，赵东方. 1997. 落叶松人工林威布尔分布参数与林分因子模型的研究 [J]. 林业科学，33（5）：412-417.

刘俊昌. 2011. 林业经济学 [M]. 北京：中国农业出版社.

刘强，李凤日，董利虎. 2014. 基于树冠竞争因子的落叶松人工林单木生长模型 [J]. 植物研究，34（4）：547-553.

刘强，张鹏. 2003. 紫椴用材林主伐年龄和轮伐期的确定 [J]. 山东林业大学学报，31（4）：10-11.

刘微，李凤日. 2010. 落叶松人工林与距离无关的单木生长模型 [J]. 东北林业大学学报，38（5）：24-27.

刘彦宏，王洪斌，杜威，等. 2002. 基于图像的树类物体的三维重建 [J]. 计算机学报，25（9）：930-935.

刘洋，亢新刚，郭艳荣，等. 2012. 长白山主要树种胸径生长的多元回归预测模型：以云杉为例 [J]. 东北林业大学学报，40（2）：1-4.

刘悦翠. 1998. 刺槐林分材种出材量模型 [J]. 西北林学院学报，13（3）：31-36.

陆元昌，雷相东，国红，等. 2005. 西双版纳热带雨林直径分布模型 [J]. 福建林学院学报，25（1）：1-4.

吕曼芳，梁乃鹏，秦武明，等. 2013. 顶果木人工林生长规律的研究 [J]. 中南林业科技大学学报，33（8）：43-49.

吕勇，李际平. 1999. 会同杉木人工林的树高分布模型 [J]. 中南林学院学报，19（1）：68-70.

吕郁彪. 1993. 利用森林资源二类调查材料计算森林生长率（量）和确定数量成熟龄 [J]. 中南林业调查规划（1）：15-18.

骆期邦，吴志德，肖永林. 1989. 立地质量的树种代换评价研究 [J]. 林业科学，25（5）：410-419.

马友平. 2010. 日本落叶松人工林立地质量的灰色定权聚类 [J]. 东北林业大学学报, 38 (11): 58-62.

孟宪宇, 邱水文. 1991. 长白落叶松直径分布收获模型的研究 [J]. 北京林业大学学报, 13 (4): 9-16.

孟宪宇, 谢守鑫. 1992. 华北落叶松人工林单木生长模型的研究 [J]. 北京林业大学学报, 14 (增刊1): 96-103.

孟宪宇, 张弘. 1996. 闽北杉木人工林单木模型 [J]. 北京林业大学学报, 18 (2): 1-8.

孟宪宇. 1982. 削度方程和出材率表的研究 [J]. 南京林产工业学院学报 (1): 122-133.

孟宪宇. 1988. 使用 Weibull 函数对树高分布和直径分布的研究 [J]. 北京林业大学学报, 10 (1): 40-48.

孟宪宇. 2006. 测树学 (第三版) [M]. 北京: 中国林业出版社.

Martin F, 杨馥宁 (译), 等. 2007. 土地收益的期望价值估算研究——无林地及未成熟林分的价值估算 [J]. 林业经济 (6): 72-77.

南京林产工业学院森林学教研组. 1979. 杉木 (实生) 地位级表的编制 [J]. 林业科技通讯 (7): 18-20.

倪祖彬. 1991. 森林采伐更新效益综合评价的几个基本问题 [J]. 自然资源学报, 6 (2): 178-185.

潘存德. 1990. 林木直径分布预测动态模型的研究 [J]. 林业科学, 26 (5): 470-474.

潘鹏, 欧阳勋志, 甘文峰. 2015. 不同方法估算马尾松天然林植被固碳潜力的比较 [J]. 东北林业大学学报, 43 (1): 32-35.

秦昆. 2010. GIS 空间分析理论与方法 (第二版) [M]. 武汉: 武汉大学出版社.

邱洪钢. 2010. ArcGIS Engine 开发从入门到精通 [M]. 北京: 人民邮电出版社.

邱仁辉, 周新年, 杨玉盛, 等. 1997. 闽北常绿阔叶采集方式选择的多目标决策 [J]. 福建林学院学报, 17 (4): 340-343.

曲智林, 周洪泽. 2000. 森林生态系统经营规划决策的研究 [J]. 东北林业大学学报, 28 (5): 40-44.

权兵, 唐丽玉, 陈崇成, 等. 2004. 虚拟地理环境下的林分生长可视化研究 [J]. 福建林学院学报 (3): 224-228.

任谊群. 2005. 基于 GIS 和 ANN 的时空相关单木生长模型研究 [D]. 北京: 北京林业大学.

盛炜彤, 惠刚盈, 罗云伍. 1991. 大岗山杉木人工林主伐年龄的研究 [J]. 林业科学研究, 4 (2): 113-121.

盛炜彤. 2004. 杉木人工林优化栽培模式 [M]. 北京: 中国科学技术出版社.

石海金, 宋铁英. 1999. 适应价格的用材林主伐决策模型的研究 [J]. 林业科学, 35 (1): 15-21.

宋铁英, 王凌. 1997. 森林空间数据的统计与仿真 [J]. 北京林业大学学报 (3): 75-79.

宋铁英, 周文朝, 冯秀兰. 1993. 择伐林经营决策支持系统的研究 [J]. 农业系统科学与综合研究, 9 (1): 65-68.

宋铁英. 1990. 面向森林经营的决策支持系统 FMDSS [J]. 北京林业大学学报, 12 (4): 28-33.

苏姗姗. 2006. 金沟岭林场主要针叶树种生长研究 [D]. 北京: 北京林业大学.

孙敏, 马蔼乃, 薛勇. 2002. 树模型的三维可视化研究 [J]. 遥感学报 (3): 188-192.

覃林, 陈平留, 刘健. 1999. 闽北异龄林生长矩阵模型研究 [J]. 生物数学学报, 3 (14): 332-337.

覃阳平, 张怀清, 陈永富, 等. 2014. 基于简单竞争指数的杉木人工林树冠形状模拟 [J]. 林业科学研究, 27 (3): 363-366.

唐守正, 李勇. 1998. 林分随机生长模型与 Richard 模型 [J]. 生物数学学报, 13 (4): 537-543.

唐守正. 1991. 广西大青山马尾松全林整体生长模型及应用 [J]. 林业科学研究, 4 (增刊): 8-13.

唐守正. 1997. 一种与直径分布无关的预测林分直径累计分布的方法 [J]. 林业科学, 33 (3): 193-201.

唐卫东, 李萍萍, 卢章平. 2006. 基于生长机的芦苇形态模型可视化研究 [J]. 计算机应用 (5): 1220-1222.

田猛, 曾伟生, 孟京辉, 等. 2015. 福建杉木人工林密度控制图研制及应用 [J]. 西北林学院学报, 30 (3): 157-163.

田淑英, 许文立. 2012. 基于 DEA 模型的中国林业投入产出效率评价 [J]. 资源科学, 34 (10): 1944-1950.

田晓筠. 2008. 林木直径与冠幅的灰色模型及应用 [J]. 科技资讯 (25): 86.

宛志沪, 王太明, 叶志琪. 1983. 地形小气候与杉木生长发育关系的探讨 [J]. 山地学报, 1 (4): 44-49.

汪为民. 2006. 浅析杉木生长与立地因子关系 [J]. 安徽林业科技 (1-2): 31-32.

王本楠. 1989. 确定最优轮伐期的原则及数学模型 [J]. 自然资源学报, 4 (1): 79-86.

王炳云, 孙述涛. 1994. 木材解剖分子生长锥法确定数量成熟龄 [J]. 华东森林经理 (8): 30-33.

王明亮. 1998. 理论造材: 削度方程和出材率表的编制 [J]. 林业科学研究, 11 (3): 271-276.

王如均. 2010. 杉木人工林主伐年龄的研究 [D]. 福州: 福建农林大学.

王树力, 刘大兴. 1992. 落叶松人工林林分结构与数量成熟龄的研究 [J]. 东北林业大学学报, 20 (2): 1-8.

王素萍. 2002. 柳杉人工林货币收获预估模型的研究 [D]. 福州: 福建农林大学.

王同新. 1991. 杉木实生用材林经济成熟龄的研究 [J]. 林业经济 (3): 43-48.

王威, 党永峰. 2013. 三峡库区马尾松天然林生长规律研究 [J]. 西北林学院学报, 28 (6): 125-128.

王霞. 2008. 基于神经网络森林经营辅助决策的知识获取 [D]. 福州: 福建农林大学.

韦雪花, 王佳, 冯仲科. 2013. 北京市 13 个常见树种胸径估测研究 [J]. 北京林业大学学报, 35 (5): 56-63.

魏占才. 2006. 长白落叶松人工林林分模型的应用 [J]. 东北林业大学学报, 34 (4): 31-33.

文泉, 光亚, 立显. 1979. 数量化理论及其应用 [M]. 长春: 吉林人民出版社.

吴保国, 丁全龙, 胡波. 2006. 基于 Web 的造林专家咨询系统研究 [J]. 林业科学 (增刊 1): 85-89.

吴秉礼, 谈克平, 赵志炜. 1986. 森林资源保护与管理的数学模型 [J]. 林业科学, 22 (2): 135-141.

吴敏, 吴立勋, 汤玉喜, 等. 2010. 杨树生长的密度效应与数量成熟研究 [J]. 湖南林业科技, 37 (2): 36-39.

吴明钦, 孙玉军, 郭孝玉, 等. 2014. 长白落叶松树冠体积和表面积模型 [J]. 东北林业大学学报, 42 (5): 1-5.

向玉国, 郑小贤, 刘波云, 等. 2013. 落叶松人工林生物量密度控制图的编制 [J]. 中南林业科技大学学报, 33 (10): 99-102.

向玉国, 郑小贤, 刘波云, 等. 2014. 福建将乐林场杉木碳储量密度控制图的编制 [J]. 西北农林科技大学学报: 自然科学版, 42 (8): 99-104.

肖君. 2006. 南方型杨树人工林生长与收获模型的研究 [D]. 南京: 南京林业大学.

谢益林. 2008. 永安市桉树引种决策模型及其应用研究 [J]. 福建林业科技, 35 (1): 130-133.

徐海. 2007. 天然红松阔叶林经营可视化研究 [D]. 北京: 中国林业科学研究院.

徐宏远，陈章水. 1994. 不同密度 I-69 杨丰产林林分的生长预测及数量成熟龄 [J]. 东北林业大学学报，22（2）：17-23.

徐天蜀，岳彩荣. 2004. 小流域森林生态环境治理决策支持系统的研制 [J]. 福建林学院学报，24（4）：349-352.

徐文科，孙广山，李凤日. 2011. Logistic 方程统计建模及对红松单木生长的拟合 [J]. 东北林业大学学报，39（6）：114-115.

徐有明，李鑫，杨金德. 1994. 池杉纸浆材材性变异与工艺成熟龄的研究关 [J]. 华中农业大学学报，13（4）：402-408.

许宇星，陈少雄. 2013. 不同密度桉树能源林数量成熟龄与经济效益的关系 [J]. 中南林业科技大学学报，33（2）：61-65.

薛佳梦，柴一新，祝宁，等. 2013. 哈尔滨城市人工林主要树种生长特征比较 [J]. 东北林业大学学报，41（7）：15-18.

杨刚，邢美军，黄心渊. 2009. 应用于 GreenLab 模型构建的测树方法 [J]. 北京林业大学学报，31（52）：60-63.

杨丽丽，王一鸣，董乔雪，等. 2008. 基于结构功能模型实现番茄植株产量优化 [J]. 中国农业大学学报，13（1）：71-76.

杨丽丽，王一鸣，康孟珍，等. 2009. 不同种植密度番茄生长行为的结构功能模型模拟 [J]. 农业机械学报，40（10）：156-160.

杨丽娜，范昊明，郭成久，等. 2007. 不同坡形坡面侵蚀规律试验研究 [J]. 水土保持研究，14（4）：237-242.

杨彦臣，蔡会德，张旭. 2009. 基于网格的速丰林决策支持系统构建 [J]. 北京林业大学学报，31（增刊 2）：14-21.

叶镜中，姜志林，周本琳，等. 1984. 福建省洋口林场杉木林生物量的年变化动态 [J]. 南京林学院学报（4）：1-9.

尹泰龙，韩福庆，迟金城，等. 1978. 林分密度控制图的编制与应用 [J]. 林业科学（3）：1-10.

于成龙，郝欣，沈清. 2010. Origin 8.0 应用实例详解 [M]. 北京：化学工业出版社.

曾春阳，唐代生，唐嘉锴. 2010. 森林立地指数的地统计学空间分析 [J]. 生态学报，30（13）：3465-3471.

曾秋麟. 1979. 地形地势对杉木生长的影响 [J]. 湖南林业科技：13-14.

曾群英，周元满，李际平，等. 2010. 基于生态系统经营的林分采伐决策方法 [J]. 东北林业大学学报，38（9）：31-35.

詹庆红，陈志荣，赖建明，等. 2009. 西江林业局尾巨桉人工林一元材种出材率表编制 [J]. 湖南林业科技，36（6）：22-26.

张伏全，陈远材. 1994. 滇西南地区龙竹立地质量评价的研究 [J]. 林业科学，30（2）：104-110.

张贵，洪晶波，谢绍锋. 2009. 森林资源信息三维可视化研究与实现 [J]. 中南林业科技大学学报（2）：49-54.

张怀清，鞠洪波，陈永富. 2002. 林业资源环境网络在线决策支持系统研究 [J]. 林业科学研究，15（6）：637-643.

张惠光. 2004. 杉木人工林直径分布模型 [J]. 福建林学院学报，24（4）：335-339.

张惠光. 2006. 福建柏单木生长模型的研究 [J]. 中南林业调查规划, 25 (3): 1-4.

张建国, 段爱国. 2004. 理论生长方程与直径结构模型的研究 [M]. 北京: 科学出版社.

张兰星. 1995. 知识型决策支持系统在林火扑救决策中的应用 [J]. 农业工程学报, 11 (2): 37-41.

张连翔, 吕尚彬, 温豁然, 等. 1997. 种群空间格局研究的 Z-V 模型及其抽样设计方法 [J]. 西北林学院学报, 12 (1): 75-79.

张少昂, 王冬梅. 1992. Richards 方程的分析和一种新的树木理论生长方程 [J]. 北京林业大学学报, 14 (8): 99-105.

张松丹. 2005. 短周期人工用材林合理采伐年龄总和决策研究 [D]. 北京: 北京林业大学.

张铁砚, 胡晓龙, 常坤. 1992. 商品材出材率预测方法的研究 [J]. 林业资源管理 (3): 37-49.

张铁砚, 姜文南, 王义廷. 1989. 日本落叶松林分密度控制图的编制及应用 [J]. 林业科学研究, 2 (3): 304-309.

张雄清, 雷渊才. 2009. 北京山区天然栎林直径分布的研究 [J]. 西北林学院学报, 24 (6): 1-5.

张雄清, 雷渊才. 2010. 基于定期调查数据的全林分年生长预测模型研究 [J]. 中南林业科技大学学报, 30 (4): 69-74.

张雄清, 张建国, 段爱国. 2014. 基于单木水平和林分水平的杉木兼容性林分蓄积量模型 [J]. 林业科学, 50 (1): 82-87.

张志耀, 陈立军. 1998. 森林资源经营管理决策支持系统 [J]. 系统工程理论与实践 (10): 120-125.

章雪莲, 汤孟平, 方国景, 等. 2008. 一种基于 ArcView 的实现林分可视化的方法 [J]. 浙江林学院学报 (1): 78-82.

郑德祥, 林新钦, 胡国登, 等. 2008. 木荷人工纯林林分变量大小比数研究 [J]. 西南林学院学报 (05): 18-21.

郑勇平, 李晓庆, 林生明. 1991. 杉木人工林树冠最大重叠系数及适宜经营密度的研究 [J]. 浙江林学院学报, 8 (3), 300-306.

中国林业科学研究院科技情报研究院. 1981. 森林抚育间伐 [M]. 北京: 中国林业出版社.

周国模, 徐土根, 叶连祥, 等. 1992. 杉木人工林直径分布的研究 [J]. 福建林学院学报, 12 (4): 399-405.

周国模. 2001. 浙江省杉木人工林生长模型及主伐年龄的确定 [J]. 浙江林学院学报, 18 (3): 219-222.

周国强, 唐代生. 2010. 基于工作流的森林经营空间决策支持系统研建 [J]. 中南林业调查规划, 29 (3): 32-35.

周洪, 武铃, 曹有升, 等. 1990. 关于杨树丰产林数量与工艺成熟的探讨 [J]. 山西林业科技 (3): 7-11.

周少平. 2007. 顺昌杉木林分经验出材率表编制的研究 [J]. 华东森林经理, 20 (4): 23-27.

周新年, 吴沂隆, 曾国容, 等. 2002. 森林合理年采伐量 "分期计算, 综合平衡" 计算 [J]. 林业科学, 38 (3): 78-86.

周元满, 谢正生, 刘素青, 等. 2006. 短轮伐期桉树林分树冠生长的阶跃函数模型 [J]. 南京林业大学学报, 30 (2): 59-62.

朱万才. 2007. 樟子松人工林林分三维可视化的研究 [D]. 哈尔滨: 东北林业大学.

Adams D M, Ek A R. 1974. Optimizing the management of uneven-aged forest stands [J]. Canadian Journal of Forest Research, 4 (3): 274-287.

Akay A. 2005. Applying the Decision Support System, TRACER, to Forest Road Design [J]. Western Journal of Applied Forestry, 20 (3): 184-191.

Allen M T, Prusinkiewicz P, Dejong T M. 2005. Using L-systems for modeling source-sink interactions, architecture and physiology of growing trees: The L-PEACH model [J]. New phytologist, 166 (3): 869-880.

Amey, J. D. 1974. An individual tree model for stand simulation in Douglas-fir [J]. Forest Yield Res (30) 38-46.

Anta M B, Diéguez-Aranda U. 2005. Site quality of pedunculate oak (*Quercus robur* L.) stands in Galicia (northwest Spain) [J]. European Journal of Forest Research, 124 (1): 19-28.

Anta M B, Dorado F C, Diéguez-Aranda U, et al. 2006. Development of a basal area growth system for maritime pine in northwestern Spain using the generalized algebraic difference approach [J]. Canadian journal of forest research, 36 (6): 1461-1474.

Avery T. E. Burkhart H. E. 1983. Forest Measurements [M]. New York: McGraw-Hill.

Bailey R L, Clutter J L. 1974. Base-age invariant polymorphic site curves [J]. Forest Science, 20 (2): 155-159.

Bailey R L, Dell T R. 1973. Quantifying diameter distributions with the Weibull function [J]. Forest Science, 19 (2): 97-104.

Baldwin J V C, Peterson K D. 1997. Predicting the crown shape of loblolly pine trees [J]. Canadian journal of forest research, 27 (1): 102-107.

Bechtold W A. 2004. Largest crown-width prediction models for 53 species in the western United States [J]. Western Journal of Applied Forestry, 19 (4): 245-250.

Berger R, Timofeiczyk Júnior R, dos Santos A J, et al. 2011. Economic profitability of the production of *Pinus* spp. by mesoregion in Parana [J]. Floresta, 41 (2): 161-168.

Bi H, Long Y. 2001. Flexible taper equation for site-specific management of *Pinus radiata* in New South Wales, Australia [J]. Forest ecology and management, 148 (1): 79-91.

Bi H. 2000. Trigonometric variable-form taper equations for Australian eucalypts [J]. Forest Science, 46 (3): 397-409.

Biging G S, Dobbertin M. 1995. Evaluation of competition indices in individual tree growth models [J]. Forest Science, 41 (2): 360-377.

Bliss C I, Reinker K A. 1964. A lognormal approach to diameter distributions in even-aged stands [J]. Forest Science, 10 (3): 350-360.

Bonazountas M, Kallidromitou D, Kassomenos P, et al. 2007. A decision support system for managing forest fire casualties [J]. Journal of environmental management, 84 (4): 412-418.

Borders B, Patterson W D. 1990. Projecting stand tables: A comparison of the weibull diameter distribution method, a Percentile based Projection method, and a basal area growth projcetion method [J]. Forest Science (36): 413-424.

Boudon F, Prusinkiewicz P, Federl P, et al. 2003. Interactive design of bonsai tree models [J]. Computer Graphics Forum, 22 (3): 591-599.

Bravo-Oviedo A, Gallardo-Andres C, Del Río M, et al. 2010. Regional changes of *Pinus pinaster* site index in Spain using a climate-based dominant height model [J]. Canadian journal of forest research, 40 (10):

2036-2048.

Bravo-Oviedo A, Tomé M, Bravo F, et al. 2008. Dominant height growth equations including site attributes in the generalized algebraic difference approach [J]. Canadian journal of forest research, 38 (9): 2348-2358.

Brickell J E. 1966. Site index curves for Engelmann spruce in the northern and central Rocky Mountains [M]. US Department of Agriculture, Forest Service, Intermountain Forest & Range Experiment Station.

Brink C, Gadow K V. 1986. On the use of growth and decay functions for modeling stem profiles [J]. EDV in Medizin und Biologie, 17 (1/2): 20-27.

Bruce D, Wensel L C. 1987. Modeling forest growth: approaches, definitions and problems in proceeding of IU-FRO conference: Forest growth modeling and prediction [J]. (120): 1-8.

Buchman R G, Pederson S P, Walters N R. 1983. A tree survival model with application to species of the Great Lakes region [J]. Canadian Journal of Forest Research, 13 (4): 601-608.

Buda N J, Wang J R. 2006. Suitability of two methods of evaluating site quality for sugar maple in central Ontario [J]. The Forestry Chronicle, 82 (5): 733-744.

Burger D H, Jamnick M S. 1995. Using linear programming to make wood procurement and distribution decisions [J]. The Forestry Chronicle, 71 (1): 89-96.

Burkhart H E, Tomé M. 2012. Diameter-Distribution Models for Even-Aged Stands [M]. Modeling Forest Trees and Stands, Springer Netherlands.

Calama R, Montero G. 2004. Interregional nonlinear height diameter model with random coefficients for stone pine in Spain [J]. Canadian Journal of Forest Research, 34 (1): 150-163.

Cao Q V, Baldwin V C, Lohrey R E. 1997. Site index curves for direct-seeded loblolly and longleaf pines in Louisiana [J]. Southern Journal of Applied Forestry, 21 (3): 134-138.

Cao Q V, Burkhart H E, Max T A. 1980. Evaluation of two methods for cubic-volume prediction of loblolly pine to any merchantable limit [J]. Forest Science, 26 (1): 71-80.

Cao Q V. 2004. Predicting parameters of a Weibull function for modeling diameter distribution [J]. Forest Science, 50 (5): 682-685.

Carmean W H. 1975. Forest site quality evaluation in the United States [M]. Pittsburgh: Academic Press.

Chandler Brodie L, Debell D S. 2004. Evaluation of field performance of poplar clones using selected competition indices [J]. New Forests, 27 (3): 201-214.

Chang S J. 1984. Determination of the optimal rotation age: a theoretical analysis [J]. Forest Ecology and Management, 8 (2): 137-147.

Chiabai A, Travisi C M, Markandya A, et al. 2011. Economic assessment of forest ecosystem services losses: cost of policy inaction [J]. Environ Resource Econ, 50 (3): 405-445.

Cieszewski J, Bailey L. 2000. Generalized algebraic difference approach: theory based derivation of dynamic site equations with polymorphism and variable asymptotes [J]. Forest Science, 46 (1): 116-126.

Corona Thomas H., Leiserson Charles E., Rivest Ronald L., 等. 2010. 算法导论第二版 [Z]. 北京: 机械工业出版社.

Corona P, Dettori S, Filigheddu M R, et al. 2005. Site quality evaluation by classification tree: an application to cork quality in Sardinia [J]. European Journal of Forest Research, 124 (1): 37-46.

Courbaud B, Goreaud F, Dreyfus P, et al. 2001. Evaluating thinning strategies using a tree distance dependent growth model: some examples based on the CAPSIS software [J]. Forest Ecology and Management, 145 (1-2): 15-28.

Cournède P, Guyard T, Bayol B, et al. 2009. A forest growth simulator based on functional-structural modelling of individual trees [C]. IEEE.

Crecente Campo F. 2008. Modelo de crecimiento de árbol individual para Pinus radiata D. Don en Galicia [D]. Lugo: University of Santiago de Compostela.

Crecente-Campo F, Álvarez-González J G, Castedo-Dorado F, et al. 2013. Development of crown profile models for *Pinus pinaster* Ait. and *Pinus sylvestris* L. in northwestern Spain [J]. Forestry, 86 (4): 481-491.

Crecente-Campo F, Marshall P, LeMay V, et al. 2009. A crown profile model for *Pinus radiata* D. Don in northwestern Spain [J]. Forest ecology and management, 257 (12): 2370-2379.

Curtis R O, Reukema D L. 1970. Crown development and site estimates in a Douglas-fir plantation spacing test [J]. Forest Science, 16 (3): 287-301.

Daniels R F, Burkhart H E, Clason T R. 1986. A comparison of competition measures for predicting growth of loblolly pine trees [J]. Canadian Journal of Forest Research, 16 (6): 1230-1237.

Daniels, R. F. 1976. Simple competition indices and their correlateion with annyal loblolly pine growth [J]. Forest Science (22): 454-456.

Davis. L. S, K. N. Johnson. 1987. Forest management [M]. New York: Mcgraw-Hill Book Company.

De Luis M, Raventos J, Cortina J, et al. 1998. Assessing components of a competition index to predict growth in an even-aged *Pinus nigra* stand [J]. New forests, 15 (3): 223-242.

Díaz-Balteiro L, Romero C. 2003. Forest management optimisation models when carbon captured is considered: a goal programming approach [J]. Forest Ecology and Management, 174 (1): 447-457.

Dong C, Wu B, Wang C, et al. 2016. Study on crown profile models for Chinese fir (*Cunninghamia lanceolata*) in Fujian Province and its visualization simulation [J]. Scandinavian Journal of Forest Research, 31 (3): 302-313.

Fang Z, Bailey R L, Shiver B D. 2001. A multivariate simultaneous prediction system for stand growth and yield with fixed and random effects [J]. Forest Science, 47 (4): 550-562.

Farrelly N, Ní Dhubháin á, Nieuwenhuis M. 2011. Site index of Sitka spruce (*Picea sitchensis*) in relation to different measures of site quality in Ireland [J]. Canadian Journal of Forest Research, 41 (2): 265-278.

Field, D. B. 1973. Goal Programming for Forest Management [J]. Forest Science, 19 (2): 125-135.

Garber S M, Maguire D A. 2003. Modeling stem taper of three central Oregon species using nonlinear mixed effects models and autoregressive error structures [J]. Forest Ecology and Management, 179 (1): 507-522.

Gill S J, Biging GS. 2012. Autoregressive moving average models of crown profiles for two California hardwood species [J]. Ecological Modelling, 152 (2-3): 213-226.

Godin C. 2000. Representing and encoding plant architecture: a review [J]. Annals of forest science, 57 (5): 413-438.

Gonzalez-Benecke C A, Gezan S A, Martin T A, et al. 2014. Individual tree diameter, height, and volume functions for longleaf pine [J]. Forest Science, 60 (1): 43-56.

Grote R. 2003. Estimation of crown radii and crown projection area from stem size and tree position [J]. Annals of forest science, 60 (5): 393-402.

Hahn J T, Leary R A. 1979. Potential diameter growth functions [J]. A generalized forest growth projection system applied to the lake states region. USDA For. Serv., Gen. Tech. Rep. NC-49: 22-26.

Haidari M, Namiranian M, Gahramani L, et al. 2013. Study of vertical and horizontal forest structure in Northern Zagros Forest (Case study: West of Iran, Oak forest) [J]. European Journal of Experimental Biology, 3 (1): 268-278.

Haight R G. 1993. Optimal management of loblolly pine plantations with stochastic price trends [J]. Canadian Journal of Forest Research, 23 (1): 41-48.

Hann D W. 1999. An adjustable predictor of crown profile for stand-grown Douglas-fir trees [J]. Forest Science, 45 (2): 217-225.

Hartman R. 1976. The harvesting decision when a standing forest has value [J]. Economics Inquiry, 14 (1): 52-58.

Hasenauer H, Monserud R A, Gregoire T G. 1998. Using simultaneous regression techniques with individual-tree growth models. Forest Science, 44 (1): 87-95.

Hegyi F. 1974. A Simulation model for managed jackpine stand [J]. In growth model for tree and stand simulation, (30): 74-80.

Hoganson H M, Rose D W. 1984. A simulation approach for optimal timber management scheduling [J]. Forest Science, 30 (1): 220-238.

Huang S, Yang Y, Wang Y. 2003. A critical look at procedures for validating growth and yield models [J]. Modelling forest systems, (18): 271-293.

James E. H. 1983. Application of Linear Goal Programming to Forest Harvest Scheduling [J]. Southern Journal of Agricultural Economics, 15 (1): 103-108.

Johansson P O, Löfgren K G. 1985. The economics of forestry and natural resources [M]. Basil Blackwell Ltd..

John R. B, Lichun J, Ramazan O. 2008. Compatible stem volume and taper equations for Brutian pine, Cedar of Lebanon, and Cilicica fir in Turkey [J]. Forest Ecology and Management, 256 (1-2): 147-151.

Johnson K N. Scheurman H L. 1977. Techniques for prescribing optimal timber harvest and investment under different objectives: discussion and synthesis [J]. Forest Science, 18 (1): a0001-z0001.

Jones J W, Tsuji G Y, Hoogenboom G, et al. 1998. Decision support system for agrotechnology transfer: DSSAT v3 [M]. Understanding options for agricultural production, Springer Netherlands.

Kozak A, Munro D D, Smith J H G. 1969. Taper functions and their application in forest inventory [J]. The Forestry Chronicle, 45 (4): 278-283.

Kubo T, Kohyama T. 2005. Abies population dynamics simulated using a functional-structural tree model. Forest Ecosystems and Environments [M]. West Berlin Heidelberg: Springer group.

Kuuluvainen J, Tahvonen O. 1999. Testing the forest rotation model: evidence from panel data [J]. Forest Science, 45 (4): 539-551.

Lacointe A. 2000. Carbon allocation among tree organs: a review of basic processes and representation in functional-structural tree models [J]. Annals of Forest Science, 57 (5): 521-533.

Landsberg JJ, Waring R H. 1997. A generalised model of forest productivity using simplified concepts of radiation-use efficiency, carbon balance and partitioning [J]. Forest Ecology and Management, 95 (3): 209-228.

Lappi J, Bailey R L. 1988. A height prediction model with random stand and tree parameters: an alternative to traditional site index methods [J]. Forest Science, 34 (4): 907−927.

Lauer D K, Kush J S. 2010. Dynamic site index equation for thinned stands of even−aged natural longleaf pine [J]. Southern journal of applied forestry, 34 (1): 28−37.

Le Dizès S, Cruiziat P, Lacointe A, et al. 1997. A model for simulating structure−function relationships in walnut tree growth processes [J]. Silva fennica, 31 (3): 313−328.

Ledermann T. 2011. A non−linear model to predict crown recession of Norway spruce (*Picea abies* [L.] Karst.) in Austria [J]. European Journal of Forest Research, 130 (4): 521−531.

Lemmon P E, Schumacher F X. 1962. Volume and diameter growth of ponderosa pine trees as influenced by site index, density, age, and size [J]. Forest Science, 8 (3): 236−249.

Lindenmayer A. 1968. Mathematical models for cellular interactions in development I. Filaments with one−sided inputs [J]. Journal of Theoretical Biology, 18 (3): 280−299.

Lindstrom M J, Bates D M. 1988. Newton—Raphson and EM algorithms for linear mixed−effects models for repeated−measures data [J]. Journal of the American Statistical Association, 83 (404): 1014−1022.

Linsen L, Karis B J, Mcpherson E G, et al. 2005. Tree growth visualization [J]. Journal of WSCG, 13 (3): 81−88.

Liu C, Zhang S Y, Lei Y, et al. 2004. Evaluation of three methods for predicting diameter distributions of black spruce (*Picea mariana*) plantations in central Canada [J]. Canadian journal of forest research, 34 (12): 2424−2432.

Liu Z. G., Li F. R.. 2003. The generalized Chapman−Richards function and applications to tree and stand growth [J]. Journal of Forestry Research, 14 (1): 19−26.

Lluch J, Vicent M, Fernandez S, et al. 2001. Modelling of branched structures using a single polygonal mesh. IASTED International Conference on Visualization, Imaglng, and Image Processing.

Lorimer C G. 1983. Tests of age−independent competition indices for individual trees in natural hardwood stands [J]. Forest Ecology and Management, 6 (4): 343−360.

Luehrman T A. 1998. Investment opportunities as real options: getting started on the numbers [J]. Harvard Business Review, 15 (76): 51−66.

Mackinney A L, Schumacher F X, Chaiken L E. 1937. Construction of yield tables for nonnormal loblolly pine stands [J]. Journal of Agriculture Research, 54: 531−545.

Maclean D A. 2001. The Spruce Budworm Decision Support System: forest protection planning to sustain long−term wood supply [J]. Canadian Journal of Forest Research, 31 (10): 1742−1757.

Macqueen J. 1967. Some methods for classification and analysis of multivariate observations [C]. California, USA.

Mark J. T., Peter D. K.. 2005. NED−2: A decision support system for integrated forest ecosystem management [J]. Computers and Electronics in Agriculture. 2005, 49 (1): 24−43.

Marshall DD, Johnson G P, Hann D W. 2003. Crown profile equations for stand−grown western hemlock trees in northwestern Oregon [J]. Canadian journal of forest research, 33 (11): 2059−2066.

Martin G L, Ek A R. 1984. A comparison of competition measures and growth models for predicting plantation red pine diameter and height growth [J]. Forest Science, 30 (3): 731−743.

Max T A, Burkhart H E. 1976. Segmented polynomial regression applied to taper equations [J]. Forest Science, 22 (3): 283-289.

Mcbratney A B, Odeh I O, Bishop T F, et al. 2000. An overview of pedometric techniques for use in soil survey [J]. Geoderma, 97 (3): 293-327.

Mccarter J B, Wilson J S, Baker P J, et al. 1998. Landscape Management through Integration of Existing Tools and Emerging Technologies [J]. Journal of Forestry, 96 (6): 17-23.

Mcdill M E, Amateis R L. 1992. Measuring forest site quality using the parameters of a dimensionally compatible height growth function [J]. Forest Science, 38 (2): 409-429.

Mckenney D W, Pedlar J H. 2003. Spatial models of site index based on climate and soil properties for two boreal tree species in Ontario, Canada [J]. Forest Ecology and Management, 175 (1): 497-507.

Mitchell B R, Bare B B. 1981. A separable goal programming approach to optimizing multivariate sampling designs for forest inventory [J]. Forest Science, 27 (1): 147-162.

Monserud R A, Huang S, Yang Y. 2006. Predicting lodgepole pine site index from climatic parameters in Alberta [J]. The Forestry Chronicle, 82 (4): 562-571.

Monserud R A, Huang S. 2003. Mapping lodgepole pine site index in Alberta [M]. Cambridge: CABI Publishing.

Monserud R A, Yang Y, Huang S, et al. 2008. Potential change in lodgepole pine site index and distribution under climatic change in Alberta [J]. Canadian journal of forest research, 38 (2): 343-352.

Monserud R A. 1984. Height growth and site index curves for inland Douglas-fir based on stem analysis data and forest habitat type [J]. Forest Science, 30 (4): 943-965.

Morck R, Schwartz E, Stangeland D. 1989. The valuation of forestry resources under stochastic prices and inventories [J]. Journal of Financial and Quantitative Analysis, 24 (04): 473-487.

Munro DD. 1974. Growth models for tree and stand simulation [J]. Royal College of Foresty Stockholm, (21): 6-13.

Murphy P A, Shelton M G. 1996. An individual-tree basal area growth model for loblolly pine stands [J]. Canadian journal of forest research, 26 (2): 327-331.

Myers S C. 1977. Determinants of corporate borrowing [J]. Journal of financial economics, 5 (2): 147-175.

Nanang D M. 1998. Suitability of the Normal, Log-normal and Weibull distributions for fitting diameter distributions of neem plantations in Northern Ghana [J]. Forest Ecology and Management, 103 (1): 1-7.

Návar J, de Jesús Rodríguez-Flores F, Domínguez-Calleros P A. 2013. Taper functions and merchantable timber for temperate forests of northern Mexico [J]. Annals of Forest Research, 56 (1): 165-178.

Newnham R M. 1992. Variable-form taper functions for four Alberta tree species [J]. Canadian Journal of Forest Research, 22 (2): 210-223.

Norusis M J. 2008. SPSS statistics 17. 0 guide to data analysis [M]. USA: Prentice Hall Press.

Nunes L, Patrício M, Tomé J, et al. 2011. Modeling dominant height growth of maritime pine in Portugal using GADA methodology with parameters depending on soil and climate variables [J]. Annals of Forest Science, 68 (2): 311-323.

Opie J E. 1968. Predictability of individual tree growth using various definitions of competing basal area. Forest Science, 14 (3): 314-323.

Özçelík R, Brooks J R, Diamantopoulou M J, et al. 2010. Estimating breast height diameter and volume from stump diameter for three economically important species in Turkey [J]. Scandinavian Journal of Forest Research, 25 (1): 32-45.

Palah? M, Tomé M, Pukkala T, et al. 2004. Site index model for *Pinus sylvestris* in north-east Spain [J]. Forest ecology and management, 187 (1): 35-47.

Palahí M, Pukkala T, Kasimiadis D, et al. 2008. Modelling site quality and individual-tree growth in pure and mixed *Pinus brutia* stands in north-east Greece [J]. Annals of forest science, 65 (501): 1-14.

Payn T W, Hill R B, H? ck B K, et al. 1999. Potential for the use of GIS and spatial analysis techniques as tools for monitoring changes in forest productivity and nutrition, a New Zealand example [J]. Forest ecology and management, 122 (1): 187-196.

Pegg R E 1967. Relation of slash pine site index to soil, vegetation and climate in south east Queensland [R]. Brisbane Australia: Queensl and Department of Forestry, 1967.

Perttunen J, änen R S, Nikinmaa E, et al. 1996. LIGNUM: a tree model based on simple structural units [J]. Annals of botany, 77 (1): 87-98.

Pretzsch H, Biber P, Dursky J. 2002. The single tree-based stand simulator SILVA: construction, application and evaluation [J]. Forest ecology and management, 162 (1): 3-21.

Qin J, Cao Q V. 2006. Using disaggregation to link individual-tree and whole-stand growth models [J]. Canadian Journal of Forest Research, 36 (4): 953-960.

Radtke P J, Westfall J A, Burkhart H E. 2003. Conditioning a distance – dependent competition index to indicate the onset of inter –tree Competition [J]. Forest Ecology and Management, 175 (1): 17-30.

Rauscher H M, Isebrands J G, Host G E, et al. 1990. ECOPHYS: an ecophysiological growth process model for juvenile poplar [J]. Tree Physiology, 7 (1-2-3-4): 255-281.

Rautiainen M, Mõttus M, Stenberg P, et al. 2008. Crown envelope shape measurements and models [J]. Silva Fennica, 42 (1): 19-33.

Rautiainen M, Stenberg P. 2005. Simplified tree crown model using standard forest mensuration data for Scots pine [J]. Agricultural and forest meteorology, 128 (1): 123-129.

Ritchie M W, Hamann, J D. 2008. Individual-tree height-, diameter- and crown-width increment equations for young Douglas-fir plantations [J]. New Forests (35): 173-186.

Russell M B, Weiskittel A R. 2011. Maximum and largest crown width equations for 15 tree species in Maine [J]. Western Journal of Applied Forestry, 28 (2): 84-91.

Samuelson P A. 1976. Economics of Forestry in An Evolving Society [J]. Economic Inquiry, 14 (4): 466-492.

Schuler, A. T., Webster, H. H., Meadows, J. C. 1977. Goal Programming in Forest Management [J]. Journal of Forestry, 75 (6): 320-324.

Seynave I, Gégout J, Hervé J, et al. 2005. *Picea abies* site index prediction by environmental factors and understorey vegetation: a two-scale approach based on survey databases [J]. Canadian journal of forest research, 35 (7): 1669-1678.

Shan, L. N., Ding, N. F., Wang, H. C. 2013. Effect of ecological interception system in reducing non-point source pollution from vegetable fields [J]. Transactions of the Chinese Society of Agricultural Engineering, 29

（20）：168-178.

Shimano K. 1997. Analysis of the Relationship between DBH and Crown Projection Area Using a New Model ［J］. Journal of Forest Research （2）：237-242.

Shlyakhter I, Rozenoer M, Dorsey J, et al. 2001. Reconstructing 3D tree models from instrumented photographs ［J］. IEEE Computer Graphics and Applications, 21 （3）：53-61.

Sievänen R, Nikinmaa E, Nygren P, et al. 2000. Components of functional-structural tree models ［J］. Annals of forest science, 57 （5）：399-412.

Sievänen R, Nikinmaa E, Perttunen J. 1997. Evaluation of importance of sapwood senescence on tree growth using the model Lignum ［J］. 31 （3）：329-340.

Solberg B, Haight R G. 1991. Analysis of optimal economic management regimes for *Picea abies* stands using a stage-structured optimal-control model ［J］. Scandinavian Journal of Forest Research, 6 （1-4）：559-572.

Solomon D S, Droessler T D, Lemin R C. 1989. Segmented quadratic taper equations for spruce and fir in the Northeast ［J］. Northern Journal of Applied Forestry, 6 （3）：123-126.

Strub M R, Vasey R B, Burkhart H E. 1975. Comparison of diameter growth and crown competition factor in loblolly pine plantations ［J］. Forest Science, 21 （4）：427-431.

Swenson J J, Waring R H, Fan W, et al. 2005. Predicting site index with a physiologically based growth model across Oregon, USA ［J］. Canadian Journal of Forest Research, 35 （7）：1697-1707.

Tahvonen O, Salo S. 2001. Optimal forest rotation and land values under a borrowing constraint ［J］. Journal of Economic Dynamics and Control, 25 （10）：1595-1627.

Tapan M, Henry Y W. 1986. On the faustmann solution to the forest management problem ［J］. Journal of Economic Theory, 40 （2）：229-249.

Temesgen H, Gadow K. 2004. Generalized height-diameter models—an application for major tree species in complex stands of interior British Columbia ［J］. European Journal of Forest Research, 123 （1）：45-51.

Tomas A T. 1992. Optimal forest rotation when stumpage prices follow a diffusion process ［J］. Land Economics, 68 （3）：329-342.

Uzoh F C C, Oliver W W. 2008. Individual tree diameter increment model for managed even-aged stands of ponderosa pine throughout the western United States using a multilevel linear mixed effects model ［J］. Forest Ecology and Management, 256 （3）：438-445.

Valentine H T. 2012. Models relating stem growth to crown length dynamics：application to loblolly pine and Norway spruce ［J］. Trees （26）：469-478.

Vande Walle I, Van Camp N, Van de Casteele L, et al. 2007. Short-rotation forestry of birch, maple, poplar and willow in Flanders （Belgium） I—Biomass production after 4 years of tree growth ［J］. Biomass and Bioenergy, 31 （5）：267-275.

Varma V K, Ferguson I, Wild I. 2000. Decision support system for the sustainable forest management ［J］. Forest ecology and management, 128 （1）：49-55.

VonGadow K, Hui G. 2001. Modelling forest development ［M］. West Berlin Heidelberg：Springer group.

Wang F, Xu J H, Richard J B. 2010. New development in study of the faustmann optimal forest harvesting ［J］. Chinese Journal of Population, Resources and Environment, 8 （3）：38-43.

Wang M L. Renndls. 2005. Tree diameter distribution modeling：introducing the logistic distribution ［J］. Canadian Journal Forest Research, 35 (6): 1305-1313.

Wang Q, Preda M, Cox M, et al. 2007. Spatial model of site index based on γ-ray spectrometry and a digital elevation model for two Pinus species in Tuan Toolara State Forest, Queensland, Australia [J]. Canadian journal of forest research, 37 (11): 2299-2312.

Waring R H, Milner K S, Jolly W M, et al. 2006. Assessment of site index and forest growth capacity across the Pacific and Inland Northwest USA with a MODIS satellite-derived vegetation index [J]. Forest Ecology and Management, 228 (1): 285-291.

Wikström P, Edenius L, Elfving B, et al. 2011. The Heureka Forestry Decision Support System: An Overview [J]. Mathematical and Computational Forestry & Natural-Resource Sciences (MCFNS), 3 (2): 87-95.

Wu B, Qi Y, Ma C, et al. 2010. Harvest evaluation model and system of fast-growing and high-yield poplar plantation [J]. Mathematical and Computer Modelling, 51 (11-12): 1444-1452.

Yan H P, Kang M Z, De Reffye P, et al. 2004. A dynamic, architectural plant model simulating resource-dependent growth [J]. Annals of botany, 93 (5): 591-602.

Yang Y, Huang S, Trincado G, et al. 2009. Nonlinear mixed-effects modeling of variable-exponent taper equations for lodgepole pine in Alberta, Canada [J]. European journal of forest research, 128 (4): 415-429.

Zhang S, Amateis R L, Burkhart H E. 1997. Constraining individual tree diameter increment and survival models for loblolly pine plantation [J]. Forest Science, 43 (3): 414-423.

附录1

非线性混合效应模型参数

序号	参数			数量	直径			树高			材积		
	a	b	c		AIC	BIC	logLik	AIC	BIC	logLik	AIC	BIC	logLik
1	R	R	R	6	1066.6	1101.5	-523.3	951.3	986.2	-465.6	-889.4	-854.5	454.5
2	R	R	L	6	1060.1	1088.1	-522.1	926.3	954.2	-455.1	-906.1	-878.2	461.1
3	R	R	RL	6	1061.5	1089.4	-522.7	O	O	O	-899.0	-871.1	457.5
4	R	R	R+RL	7	O	O	O	O	O	O	-893.0	-854.6	457.5
5	R	R	L+RL	7	1062.3	1093.7	-522.1	929.3	960.7	-455.6	-904.2	-872.8	461.1
6	R	R	R+L+RL	8	O	O	O	935.2	977.1	-455.6	-898.2	-856.3	461.1
7	R	L	R	6	1058.6	1086.6	-521.3	918.2	946.1	-451.1	-917.4	-889.4	466.7
8	R	L	L	6	1058.1	1086.1	-521.1	913.8	941.7	-448.9	-919.5	-891.5	467.7
9	R	L	RL	6	1057.3	1081.7	-521.6	917.6	942.1	-451.1	-919.4	-894.9	466.7
10	R	L	R+RL	7	1061.1	1092.5	-521.5	920.6	952.0	-451.3	-915.4	-883.9	466.7
11	R	L	L+RL	7	1062.9	1094.4	-522.5	915.7	947.2	-448.9	-917.5	-886.0	467.7
12	R	L	R+L+RL	8	1065.2	1103.6	-521.6	919.5	957.9	-448.7	-913.5	-875.0	467.7
13	R	RL	R	6	1058.6	1086.5	-521.3	935.1	963.1	-459.6	-908.3	-880.3	462.1
14	R	RL	L	6	1056.5	1081.0	-521.3	924.7	949.1	-455.3	-910.7	-886.3	462.4
15	R	RL	RL	6	1063.0	1090.9	-523.5	O	O	O	O	O	O
16	R	RL	R+RL	7	O	O	O	O	O	O	O	O	O
17	R	RL	L+RL	7	1066.3	1097.7	-524.1	928.6	960.0	-455.3	O	O	O
18	R	RL	R+L+RL	8	O	O	O	O	O	O	O	O	O
19	R	R+RL	R	7	1064.6	1103.0	-521.3	941.1	979.6	-459.6	-902.3	-863.8	462.1
20	R	R+RL	L	7	1060.5	1092.0	-521.3	928.4	959.8	-455.2	-906.7	-875.3	462.4
21	R	R+RL	RL	7	O	O	O	O	O	O	O	O	O
22	R	R+RL	R+RL	8	O	O	O	O	O	O	O	O	O
23	R	R+RL	L+RL	8	O	O	O	O	O	O	O	O	O
24	R	R+RL	R+L+RL	9	1123.6	1172.5	-547.8	O	O	O	O	O	O
25	R	L+RL	R	7	1059.3	1090.8	-520.7	920.2	951.7	-451.1	-915.5	-884.1	466.8
26	R	L+RL	L	7	1060.6	1092.0	-521.3	915.8	947.2	-448.9	-917.4	-886.0	467.7
27	R	L+RL	RL	7	1070.0	1101.4	-526.0	O	O	O	O	O	O
28	R	L+RL	R+RL	8	O	O	O	O	O	O	O	O	O
29	R	L+RL	L+RL	8	O	O	O	O	O	O	O	O	O

（续）

序号	参数 a	参数 b	参数 c	数量	直径 AIC	直径 BIC	直径 logLik	树高 AIC	树高 BIC	树高 logLik	材积 AIC	材积 BIC	材积 logLik
30	R	L+RL	R+L+RL	9	O	O	O	O	O	O	O	O	O
31	R	R+L+RL	R	8	1065.3	1107.2	−520.7	O	O	O	−909.5	−867.6	466.8
32	R	R+L+RL	L	8	1063.0	1101.4	−520.5	O	O	O	−913.4	−875.0	467.7
33	R	R+L+RL	RL	8	O	O	O	O	O	O	O	O	O
34	R	R+L+RL	R+RL	9	O	O	O	O	O	O	O	O	O
35	R	R+L+RL	L+RL	9	O	O	O	O	O	O	O	O	O
36	R	R+L+RL	R+L+RL	10	O	O	O	O	O	O	O	O	O
37	L	R	R	6	1057.4	1085.3	−520.7	915.9	943.9	−450.0	−918.6	−890.7	467.3
38	L	R	L	6	1060.7	1088.7	−522.4	915.9	943.9	−450.0	−919.4	−891.4	467.7
39	L	R	RL	6	1054.0	1078.5	−520.0	914.1	938.6	−450.1	−920.6	−896.1	467.3
40	L	R	R+RL	7	1058.0	1089.4	−520.0	918.1	949.5	−450.0	−916.6	−885.2	467.3
41	L	R	L+RL	7	1063.1	1094.5	−522.5	915.6	947.1	−448.8	−917.4	−885.9	467.7
42	L	R	R+L+RL	8	O	O	O	919.6	958.1	−448.8	−913.4	−875.0	467.7
43	L	L	R	6	1058.8	1086.8	−521.4	912.6	940.5	−448.3	−919.6	−891.6	467.8
44	L	L	L	6	1061.3	1096.2	−520.6	916.0	951.0	−448.0	−915.7	−880.7	467.8
45	L	L	RL	6	O	O	O	912.8	940.7	−448.4	−919.6	−891.6	467.8
46	L	L	R+RL	7	1061.1	1092.5	−521.5	914.8	946.2	−448.4	O	O	O
47	L	L	L+RL	7	O	O	O	O	O	O	−913.7	−875.3	467.8
48	L	L	R+L+RL	8	O	O	O	920.1	962.0	−448.1	O	O	O
49	L	RL	R	6	1053.2	1077.6	−519.6	913.9	938.4	−450.0	−920.7	−896.2	467.3
50	L	RL	L	6	1058.5	1086.5	−521.3	913.4	941.3	−448.7	−919.5	−891.5	467.7
51	L	RL	RL	6	O	O	O	O	O	O	O	O	O
52	L	RL	R+RL	7	O	O	O	O	O	O	O	O	O
53	L	RL	L+RL	7	O	O	O	O	O	O	O	O	O
54	L	RL	R+L+RL	8	O	O	O	O	O	O	O	O	O
55	L	R+RL	R	7	1057.2	1088.6	−519.6	917.9	949.4	−450.0	−916.7	−885.2	467.3
56	L	R+RL	L	7	1079.3	1110.8	−530.7	915.4	946.8	−448.7	−917.5	−886.0	467.7
57	L	R+RL	RL	7	O	O	O	O	O	O	O	O	O
58	L	R+RL	R+RL	8	O	O	O	O	O	O	O	O	O
59	L	R+RL	L+RL	8	O	O	O	975.6	1014.0	−476.8	O	O	O
60	L	R+RL	R+L+RL	9	O	O	O	O	O	O	O	O	O
61	L	L+RL	R	7	1059.3	1090.8	−520.7	914.6	946.0	−448.3	−917.6	−886.2	467.8
62	L	L+RL	L	7	1063.0	1101.4	−520.5	918.0	956.4	−448.0	−913.7	−875.3	467.8
63	L	L+RL	RL	7	O	O	O	918.0	956.4	−448.0	O	O	O
64	L	L+RL	R+RL	8	O	O	O	O	O	O	O	O	O

（续）

序号	参数			数量	直径			树高			材积		
	a	b	c		AIC	BIC	logLik	AIC	BIC	logLik	AIC	BIC	logLik
65	L	L+RL	L+RL	8	O	O	O	O	O	O	O	O	O
66	L	L+RL	R+L+RL	9	O	O	O	O	O	O	O	O	O
67	L	R+L+RL	R	8	1063.3	1101.7	−520.7	918.6	957.0	−448.3	−913.6	−875.2	467.8
68	L	R+L+RL	L	8	1062.8	1104.7	−519.6	920.0	961.9	−450.0	−911.7	−869.8	467.8
69	L	R+L+RL	RL	8	O	O	O	O	O	O	O	O	O
70	L	R+L+RL	R+RL	9	O	O	O	O	O	O	O	O	O
71	L	R+L+RL	L+RL	9	O	O	O	O	O	O	O	O	O
72	L	R+L+RL	R+L+RL	10	O	O	O	O	O	O	O	O	O
73	RL	R	R	6	1057.8	1085.7	−520.9	933.2	961.2	−458.6	−909.6	−881.7	462.8
74	RL	R	L	6	1055.1	1079.5	−520.5	924.0	948.4	−455.0	−912.8	−888.3	463.4
75	RL	R	RL	6	1062.1	1090.0	−523.0	O	O	O	−910.0	−882.0	463.0
76	RL	R	R+RL	7	O	O	O	O	O	O	−906.0	−871.0	463.0
77	RL	R	L+RL	7	1063.1	1094.5	−522.5	926.5	958.0	−454.3	O	O	O
78	RL	R	R+L+RL	8	O	O	O	O	O	O	O	O	O
79	RL	L	R	6	1054.5	1078.9	−520.2	916.2	940.6	−451.1	−919.5	−895.1	466.8
80	RL	L	L	6	1056.3	1084.3	−520.2	913.8	941.7	−448.9	−919.4	−891.4	467.7
81	RL	L	RL	6	O	O	O	O	O	O	O	O	O
82	RL	L	R+RL	7	1061.6	1093.0	−521.8	921.1	952.5	−451.5	O	O	O
83	RL	L	L+RL	7	O	O	O	O	O	O	O	O	O
84	RL	L	R+L+RL	8	O	O	O	O	O	O	O	O	O
85	RL	RL	R	6	O	O	O	O	O	O	O	O	O
86	RL	RL	L	6	O	O	O	O	O	O	O	O	O
87	RL	RL	RL	6	O	O	O	O	O	O	O	O	O
88	RL	RL	R+RL	7	O	O	O	O	O	O	O	O	O
89	RL	RL	L+RL	7	O	O	O	O	O	O	O	O	O
90	RL	RL	R+L+RL	8	O	O	O	O	O	O	O	O	O
91	RL	R+RL	R	7	O	O	O	O	O	O	O	O	O
92	RL	R+RL	L	7	1060.5	1092.0	−521.3	O	O	O	O	O	O
93	RL	R+RL	RL	7	O	O	O	O	O	O	O	O	O
94	RL	R+RL	R+RL	8	O	O	O	O	O	O	O	O	O
95	RL	R+RL	L+RL	8	O	O	O	O	O	O	O	O	O
96	RL	R+RL	R+L+RL	9	O	O	O	O	O	O	O	O	O
97	RL	L+RL	R	7	1064.0	1095.4	−523.0	919.0	950.5	−450.5	O	O	O
98	RL	L+RL	L	7	O	O	O	O	O	O	O	O	O
99	RL	L+RL	RL	7	O	O	O	O	O	O	O	O	O

（续）

序号	参数			数量	直径			树高			材积		
	a	b	c		AIC	BIC	logLik	AIC	BIC	logLik	AIC	BIC	logLik
100	RL	L+RL	R+RL	8	O	O	O	O	O	O	O	O	O
101	RL	L+RL	L+RL	8	O	O	O	O	O	O	O	O	O
102	RL	L+RL	R+L+RL	9	O	O	O	O	O	O	O	O	O
103	RL	R+L+RL	R	8	O	O	O	O	O	O	O	O	O
104	RL	R+L+RL	L	8	O	O	O	O	O	O	O	O	O
105	RL	R+L+RL	RL	8	O	O	O	O	O	O	O	O	O
106	RL	R+L+RL	R+RL	9	O	O	O	O	O	O	O	O	O
107	RL	R+L+RL	L+RL	9	O	O	O	O	O	O	O	O	O
108	RL	R+L+RL R+L+RL		10	O	O	O	O	O	O	O	O	O
109	R+RL	R	R	7	O	O	O	939.2	977.7	−458.6	−903.6	−865.2	462.8
110	R+RL	R	L	7	1059.1	1090.5	−520.5	928.0	959.4	−455.0	−908.8	−877.3	463.4
111	R+RL	R	RL	7	O	O	O	O	O	O	O	O	O
112	R+RL	R	R+RL	8	O	O	O	O	O	O	O	O	O
113	R+RL	R	L+RL	8	O	O	O	O	O	O	O	O	O
114	R+RL	R	R+L+RL	9	O	O	O	O	O	O	O	O	O
115	R+RL	L	R	7	1058.5	1089.9	−520.2	920.2	951.6	−451.1	−915.5	−884.1	466.8
116	R+RL	L	L	7	1058.4	1089.8	−520.2	920.2	951.6	−451.1	−917.4	−885.9	467.7
117	R+RL	L	RL	7	1062.3	1093.8	−522.2	O	O	O	O	O	O
118	R+RL	L	R+RL	8	O	O	O	O	O	O	O	O	O
119	R+RL	L	L+RL	8	1065.7	1104.1	−521.8	O	O	O	O	O	O
120	R+RL	L	R+L+RL	9	O	O	O	O	O	O	O	O	O
121	R+RL	RL	R	7	O	O	O	O	O	O	O	O	O
122	R+RL	RL	L	7	O	O	O	O	O	O	O	O	O
123	R+RL	RL	RL	7	O	O	O	O	O	O	O	O	O
124	R+RL	RL	R+RL	8	O	O	O	O	O	O	O	O	O
125	R+RL	RL	L+RL	8	O	O	O	O	O	O	O	O	O
126	R+RL	RL	R+L+RL	9	O	O	O	O	O	O	O	O	O
127	R+RL	R+RL	R	8	O	O	O	O	O	O	O	O	O
128	R+RL	R+RL	L	8	O	O	O	O	O	O	O	O	O
129	R+RL	R+RL	RL	8	O	O	O	O	O	O	O	O	O
130	R+RL	R+RL	R+RL	9	O	O	O	O	O	O	O	O	O
131	R+RL	R+RL	L+RL	9	O	O	O	O	O	O	O	O	O
132	R+RL	R+RL	R+L+RL	10	O	O	O	O	O	O	O	O	O
133	R+RL	L+RL	R	8	O	O	O	O	O	O	O	O	O
134	R+RL	L+RL	L	8	O	O	O	O	O	O	O	O	O

（续）

序号	参数			数量	直径			树高			材积		
	a	b	c		AIC	BIC	logLik	AIC	BIC	logLik	AIC	BIC	logLik
135	R+RL	L+RL	RL	8	O	O	O	O	O	O	O	O	O
136	R+RL	L+RL	R+RL	9	O	O	O	O	O	O	O	O	O
137	R+RL	L+RL	L+RL	9	O	O	O	O	O	O	O	O	O
138	R+RL	L+RL	R+L+RL	10	O	O	O	O	O	O	O	O	O
139	R+RL	R+L+RL	R	9	O	O	O	O	O	O	O	O	O
140	R+RL	R+L+RL	L	9	O	O	O	O	O	O	O	O	O
141	R+RL	R+L+RL	RL	9	O	O	O	O	O	O	O	O	O
142	R+RL	R+L+RL	R+RL	10	O	O	O	O	O	O	O	O	O
143	R+RL	R+L+RL	L+RL	10	O	O	O	O	O	O	O	O	O
144	R+RL	R+L+RL	R+L+RL	11	O	O	O	O	O	O	O	O	O
145	L+RL	R	R	7	1058.5	1089.9	−520.3	917.9	949.4	−450.0	−916.9	−885.4	467.4
146	L+RL	R	L	7	1059.1	1090.5	−520.5	915.3	946.8	−448.7	−917.6	−886.1	467.8
147	L+RL	R	RL	7	O	O	O	O	O	O	O	O	O
148	L+RL	R	R+RL	8	O	O	O	O	O	O	O	O	O
149	L+RL	R	L+RL	8	O	O	O	O	O	O	O	O	O
150	L+RL	R	R+L+RL	9	O	O	O	O	O	O	O	O	O
151	L+RL	L	R	7	1058.5	1089.9	−520.2	914.6	946.0	−448.3	−917.7	−886.3	467.9
152	L+RL	L	L	7	O	O	O	918.2	956.6	−448.1	−913.7	−875.3	467.9
153	L+RL	L	RL	7	O	O	O	O	O	O	O	O	O
154	L+RL	L	R+RL	8	O	O	O	O	O	O	O	O	O
155	L+RL	L	L+RL	8	O	O	O	O	O	O	O	O	O
156	L+RL	L	R+L+RL	9	O	O	O	O	O	O	O	O	O
157	L+RL	RL	R	7	O	O	O	O	O	O	O	O	O
158	L+RL	RL	L	7	O	O	O	O	O	O	O	O	O
159	L+RL	RL	RL	7	O	O	O	O	O	O	O	O	O
160	L+RL	RL	R+RL	8	O	O	O	O	O	O	O	O	O
161	L+RL	RL	L+RL	8	O	O	O	O	O	O	O	O	O
162	L+RL	RL	R+L+RL	9	O	O	O	O	O	O	O	O	O
163	L+RL	R+RL	R	8	O	O	O	O	O	O	O	O	O
164	L+RL	R+RL	L	8	O	O	O	O	O	O	O	O	O
165	L+RL	R+RL	RL	8	O	O	O	O	O	O	O	O	O
166	L+RL	R+RL	R+RL	9	O	O	O	O	O	O	O	O	O
167	L+RL	R+RL	L+RL	9	O	O	O	O	O	O	O	O	O
168	L+RL	R+RL	R+L+RL	10	O	O	O	O	O	O	O	O	O
169	L+RL	L+RL	R	8	O	O	O	O	O	O	O	O	O

（续）

序号	参数			数量	直径			树高			材积		
	a	b	c		AIC	BIC	logLik	AIC	BIC	logLik	AIC	BIC	logLik
170	L+RL	L+RL	L	8	O	O	O	O	O	O	O	O	O
171	L+RL	L+RL	RL	8	O	O	O	O	O	O	O	O	O
172	L+RL	L+RL	R+RL	9	O	O	O	O	O	O	O	O	O
173	L+RL	L+RL	L+RL	9	O	O	O	O	O	O	O	O	O
174	L+RL	L+RL	R+L+RL	10	O	O	O	O	O	O	O	O	O
175	L+RL	R+L+RL	R	9	O	O	O	O	O	O	O	O	O
176	L+RL	R+L+RL	L	9	O	O	O	O	O	O	O	O	O
177	L+RL	R+L+RL	RL	9	O	O	O	O	O	O	O	O	O
178	L+RL	R+L+RL	R+RL	10	O	O	O	O	O	O	O	O	O
179	L+RL	R+L+RL	L+RL	10	O	O	O	O	O	O	O	O	O
180	L+RL	R+L+RL	R+L+RL	11	O	O	O	O	O	O	O	O	O
181	R+L+RL	R	R	8	1064.5	1106.4	−520.3	922.9	964.9	−449.5	−910.9	−869.0	467.4
182	R+L+RL	R	L	8	O	O	O	919.0	957.4	−448.5	−913.6	−875.2	467.8
183	R+L+RL	R	RL	8	O	O	O	O	O	O	O	O	O
184	R+L+RL	R	R+RL	9	O	O	O	O	O	O	O	O	O
185	R+L+RL	R	L+RL	9	O	O	O	O	O	O	O	O	O
186	R+L+RL	R	R+L+RL	10	O	O	O	O	O	O	O	O	O
187	R+L+RL	L	R	8	O	O	O	918.6	957.0	−448.3	−913.7	−875.3	467.9
188	R+L+RL	L	L	8	O	O	O	O	O	O	O	O	O
189	R+L+RL	L	RL	8	O	O	O	O	O	O	O	O	O
190	R+L+RL	L	R+RL	9	O	O	O	O	O	O	O	O	O
191	R+L+RL	L	L+RL	9	O	O	O	O	O	O	O	O	O
192	R+L+RL	L	R+L+RL	10	O	O	O	O	O	O	O	O	O
193	R+L+RL	RL	R	8	O	O	O	O	O	O	O	O	O
194	R+L+RL	RL	L	8	O	O	O	O	O	O	O	O	O
195	R+L+RL	RL	RL	8	O	O	O	O	O	O	O	O	O
196	R+L+RL	RL	R+RL	9	O	O	O	O	O	O	O	O	O
197	R+L+RL	RL	L+RL	9	O	O	O	O	O	O	O	O	O
198	R+L+RL	RL	R+L+RL	10	O	O	O	O	O	O	O	O	O
199	R+L+RL	R+RL	R	9	O	O	O	O	O	O	O	O	O
200	R+L+RL	R+RL	L	9	O	O	O	O	O	O	O	O	O
201	R+L+RL	R+RL	RL	9	O	O	O	O	O	O	O	O	O
202	R+L+RL	R+RL	R+RL	10	O	O	O	O	O	O	O	O	O
203	R+L+RL	R+RL	L+RL	10	O	O	O	O	O	O	O	O	O
204	R+L+RL	R+RL	R+L+RL	11	O	O	O	O	O	O	O	O	O

（续）

序号	参数 a	参数 b	参数 c	数量	直径 AIC	直径 BIC	直径 logLik	树高 AIC	树高 BIC	树高 logLik	材积 AIC	材积 BIC	材积 logLik
205	R+L+RL	L+RL	R	9	O	O	O	O	O	O	O	O	O
206	R+L+RL	L+RL	L	9	O	O	O	O	O	O	O	O	O
207	R+L+RL	L+RL	RL	9	O	O	O	O	O	O	O	O	O
208	R+L+RL	L+RL	R+RL	10	O	O	O	O	O	O	O	O	O
209	R+L+RL	L+RL	L+RL	10	O	O	O	O	O	O	O	O	O
210	R+L+RL	L+RL	R+L+RL	11	O	O	O	O	O	O	O	O	O
211	R+L+RL	R+L+RL	R	10	O	O	O	O	O	O	O	O	O
212	R+L+RL	R+L+RL	L	10	O	O	O	O	O	O	O	O	O
213	R+L+RL	R+L+RL	RL	10	O	O	O	O	O	O	O	O	O
214	R+L+RL	R+L+RL	R+RL	11	O	O	O	O	O	O	O	O	O
215	R+L+RL	R+L+RL	L+RL	11	O	O	O	O	O	O	O	O	O
216	R+L+RL	R+L+RL	R+L+RL	12	O	O	O	O	O	O	O	O	O
217	R	R		4	1060.4	1084.8	−523.2	945.3	969.7	−465.6	−895.4	−871.0	454.7
218	R	L		4	1054.6	1075.6	−521.3	914.2	935.1	−451.1	−921.4	−900.4	466.7
219	R	RL		4	1054.7	1075.6	−521.3	931.2	952.1	−459.6	−912.3	−891.3	462.1
220	R	R+RL		5	1058.6	1086.5	−521.3	935.1	963.1	−459.6	−908.3	−880.3	462.1
221	R	L+RL		5	1055.3	1079.8	−520.7	916.2	940.7	−451.1	−919.5	−895.1	466.8
222	R	R+L+RL		6	1059.3	1090.8	−520.7	920.2	951.7	−451.1	−915.5	−884.1	466.8
223	L	R		4	1053.4	1074.4	−520.7	912.0	933.0	−450.0	−922.6	−901.6	467.3
224	L	L		4	1056.8	1081.3	−521.4	910.6	935.0	−448.3	−921.6	−897.1	467.8
225	L	RL		4	1051.2	1068.9	−519.4	911.9	932.9	−450.0	−922.7	−901.7	467.3
226	L	R+RL		5	1053.2	1077.7	−519.6	913.9	938.4	−450.0	−920.7	−896.2	467.3
227	L	L+RL		5	1057.3	1088.7	−519.6	918.2	946.2	−451.1	−919.6	−891.7	467.8
228	L	R+L+RL		6	1057.3	1088.7	−519.6	914.6	946.0	−448.3	−917.6	−886.2	467.8
229	RL	R		4	1053.8	1074.7	−520.9	929.3	950.2	−458.6	−913.6	−892.6	462.8
230	RL	L		4	1052.5	1073.4	−520.2	914.2	935.1	−451.1	−921.5	−900.6	466.8
231	RL	RL		4	O	O	O	O	O	O	−912.1	−887.7	463.1
232	RL	R+RL		5	1058.6	1086.5	−521.3	O	O	O	−910.1	−882.2	463.1
233	RL	L+RL		5	O	O	O	O	O	O	−917.3	−889.3	466.6
234	RL	R+L+RL		6	O	O	O	919.1	950.6	−450.6	O	O	O
235	R+RL	R		5	1057.8	1085.7	−520.9	O	O	O	−909.6	−881.7	462.8
236	R+RL	L		5	1054.5	1078.9	−520.2	916.2	940.6	−451.1	−919.5	−895.1	466.8
237	R+RL	RL		5	1058.7	1086.7	−521.4	935.2	963.1	−459.6	−910.1	−882.2	463.1
238	R+RL	R+RL		6	O	O	O	O	O	O	O	O	O
239	R+RL	L+RL		6	O	O	O	O	O	O	O	O	O

（续）

序号	参数			数量	直径			树高			材积		
	a	b	c		AIC	BIC	logLik	AIC	BIC	logLik	AIC	BIC	logLik
240	R+RL	R+L+RL		7	O	O	O	O	O	O	O	O	O
241	L+RL	R		5	1054.5	1079.0	−520.3	O	O	O	−920.9	−896.4	467.4
242	L+RL	L		5	1056.1	1084.1	−520.1	912.6	940.5	−448.3	−919.7	−891.8	467.9
243	L+RL	RL		5	O	O	O	914.1	942.1	−449.1	O	O	O
244	L+RL	R+RL		6	O	O	O	O	O	O	O	O	O
245	L+RL	L+RL		6	O	O	O	O	O	O	O	O	O
246	L+RL	R+L+RL		7	O	O	O	O	O	O	O	O	O
247	R+L+RL	R		6	1058.5	1089.9	−520.3	917.1	948.5	−449.5	−916.9	−885.4	467.4
248	R+L+RL	L		6	1058.1	1089.6	−520.1	914.6	946.0	−448.3	O	O	O
249	R+L+RL	RL		6	O	O	O	O	O	O	O	O	O
250	R+L+RL	R+RL		7	O	O	O	O	O	O	O	O	O
251	R+L+RL	L+RL		7	O	O	O	O	O	O	O	O	O
252	R+L+RL	R+L+RL		8	O	O	O	O	O	O	O	O	O
253	R		R	4	1061.6	1086.1	−523.8	945.3	969.7	−465.6	−895.3	−870.9	454.7
254	R		L	4	1056.1	1077.1	−522.1	922.4	943.3	−455.2	−910.1	−889.2	461.1
255	R		RL	4	O	O	O	940.2	961.1	−464.1	−903.0	−882.0	457.5
256	R		R+RL	5	O	O	O	O	O	O	−899.0	−871.1	457.5
257	R		L+RL	5	1059.1	1083.6	−522.6	925.8	950.2	−455.9	−919.5	−895.1	466.8
258	R		R+L+RL	6	1062.3	1093.7	−522.1	929.3	960.7	−455.6	−904.2	−872.8	461.1
259	L		R	4	1053.4	1074.4	−520.7	911.9	932.9	−450.0	−922.6	−901.6	467.3
260	L		L	4	1058.7	1083.1	−522.3	911.3	935.8	−448.7	−921.4	−896.9	467.7
261	L		RL	4	1052.0	1073.0	−520.0	912.1	933.0	−450.0	−922.6	−901.6	467.3
262	L		R+RL	5	1054.0	1078.5	−520.0	914.1	938.5	−450.0	−920.6	−896.1	467.3
263	L		L+RL	5	O	O	O	913.6	941.6	−448.8	−917.4	−885.9	467.7
264	L		R+L+RL	6	O	O	O	915.6	947.1	−448.8	−917.4	−885.9	467.7
265	RL		R	4	1055.2	1076.1	−521.6	929.2	950.2	−458.6	−913.6	−892.6	462.8
266	RL		L	4	1053.1	1074.0	−520.5	922.0	943.0	−455.0	−914.8	−893.8	463.4
267	RL		RL	4	O	O	O	O	O	O	O	O	O
268	RL		R+RL	5	O	O	O	O	O	O	O	O	O
269	RL		L+RL	5	O	O	O	O	O	O	O	O	O
270	RL		R+L+RL	6	O	O	O	O	O	O	O	O	O
271	R+RL		R	5	1057.8	1085.7	−520.9	933.2	961.2	−458.6	−909.6	−881.7	462.8
272	R+RL		L	5	1055.1	1079.5	−520.5	923.9	948.4	−455.0	−912.8	−888.3	463.4
273	R+RL		RL	5	O	O	O	O	O	O	O	O	O
274	R+RL		R+RL	6	O	O	O	O	O	O	O	O	O
275	R+RL		L+RL	6	O	O	O	O	O	O	O	O	O
276	R+RL		R+L+RL	7	O	O	O	O	O	O	O	O	O

（续）

序号	参数			数量	直径			树高			材积		
	a	b	c		AIC	BIC	logLik	AIC	BIC	logLik	AIC	BIC	logLik
277	L+RL		R	5	1054.5	1079.0	−520.3	913.9	938.4	−450.0	−920.9	−896.4	467.4
278	L+RL		L	5	O	O	O	913.3	941.3	−448.7	−919.6	−891.6	467.8
279	L+RL		RL	5	O	O	O	O	O	O	O	O	O
280	L+RL		R+RL	6	O	O	O	O	O	O	O	O	O
281	L+RL		L+RL	6	O	O	O	O	O	O	O	O	O
282	L+RL		R+L+RL	7	O	O	O	O	O	O	O	O	O
283	R+L+RL		R	6	1058.5	1089.9	−520.3	917.4	948.8	−449.7	−916.9	−885.4	467.4
284	R+L+RL		L	6	O	O	O	915.3	946.8	−448.7	−917.6	−886.1	467.8
285	R+L+RL		RL	6	O	O	O	O	O	O	O	O	O
286	R+L+RL		R+RL	7	O	O	O	O	O	O	O	O	O
287	R+L+RL		L+RL	7	O	O	O	O	O	O	O	O	O
288	R+L+RL		R+L+RL	8	O	O	O	O	O	O	O	O	O
289		R	R	4	1060.6	1085.1	−523.3	945.3	969.7	−465.6	−895.4	−871.0	454.7
290		R	L	4	1056.7	1077.7	−522.4	922.2	943.2	−455.1	−910.1	−889.2	461.1
291		R	RL	4	1057.4	1078.4	−522.7	O	O	O	−903.0	−882.0	457.5
292		R	R+RL	5	O	O	O	O	O	O	O	O	O
293		R	L+RL	5	O	O	O	O	O	O	O	O	O
294		R	R+L+RL	6	O	O	O	O	O	O	O	O	O
295		L	R	4	1054.8	1075.8	−521.4	914.2	935.1	−451.1	−921.4	−900.4	466.7
296		L	L	4	1056.2	1080.6	−521.1	911.8	936.2	−448.9	−921.5	−897.0	467.7
297		L	RL	4	O	O	O	914.6	935.6	−451.3	−921.3	−900.4	466.7
298		L	R+RL	5	1057.1	1081.5	−521.5	916.6	941.1	−451.3	−919.4	−894.9	466.7
299		L	L+RL	5	O	O	O	O	O	O	−919.5	−891.5	467.7
300		L	R+L+RL	6	O	O	O	O	O	O	O	O	O
301		RL	R	4	O	O	O	931.1	952.1	−459.6	−912.3	−891.3	462.1
302		RL	L	4	O	O	O	922.4	943.3	−455.2	−912.7	−891.8	462.4
303		RL	RL	4	O	O	O	O	O	O	O	O	O
304		RL	R+RL	5	O	O	O	O	O	O	O	O	O
305		RL	L+RL	5	O	O	O	O	O	O	O	O	O
306		RL	R+L+RL	6	O	O	O	O	O	O	O	O	O
307		R+RL	R	5	1058.6	1086.5	−521.3	935.1	963.1	−459.6	−908.3	−880.3	462.1
308		R+RL	L	5	1056.5	1081.0	−521.3	924.7	949.2	−455.3	−910.7	−886.3	462.4
309		R+RL	RL	5	1064.1	1092.0	−524.0	O	O	O	O	O	O
310		R+RL	R+RL	6	O	O	O	O	O	O	O	O	O
311		R+RL	L+RL	6	O	O	O	O	O	O	O	O	O
312		R+RL	R+L+RL	7	O	O	O	O	O	O	O	O	O
313		L+RL	R	5	1055.5	1080.0	−520.8	916.2	940.7	−451.1	−919.5	−895.1	466.8

（续）

序号	参数			数量	直径			树高			材积		
	a	b	c		AIC	BIC	logLik	AIC	BIC	logLik	AIC	BIC	logLik
314		L+RL	L	5	1058.5	1086.5	−521.3	913.8	941.7	−448.9	−919.4	−891.5	467.7
315		L+RL	RL	5	O	O	O	O	O	O	O	O	O
316		L+RL	R+RL	6	O	O	O	O	O	O	O	O	O
317		L+RL	L+RL	6	O	O	O	O	O	O	O	O	O
318		L+RL	R+L+RL	7	O	O	O	O	O	O	O	O	O
319		R+L+RL	R	6	1059.3	1090.8	−520.7	920.2	951.7	−451.1	−915.5	−884.1	466.8
320		R+L+RL	L	6	1060.5	1092.0	−521.3	915.8	947.2	−448.9	−917.4	−886.0	467.7
321		R+L+RL	RL	6	O	O	O	O	O	O	O	O	O
322		R+L+RL	R+RL	7	O	O	O	O	O	O	O	O	O
323		R+L+RL	L+RL	7	O	O	O	O	O	O	O	O	O
324		R+L+RL	R+L+RL	8	O	O	O	O	O	O	O	O	O
325	R			2	1056.4	1073.9	−523.2	941.3	958.7	−465.6	−899.2	−881.7	454.6
326	L			2	1051.4	1072.1	−520.7	909.9	927.4	−448.0	−922.9	−901.9	467.4
327	RL			2	1051.8	1069.2	−520.9	927.2	944.7	−458.6	−915.6	−898.1	462.8
328	R+RL			3	1053.8	1074.7	−520.9	929.2	950.2	−458.6	−913.6	−892.6	462.8
329	L+RL			3	1052.5	1073.5	−520.3	911.9	932.9	−450.0	−924.6	−907.1	467.9
330	R+L+RL			4	1054.5	1079.0	−520.3	913.9	938.4	−450.0	−920.9	−896.4	467.4
331		R		2	1057.0	1074.5	−523.5	941.3	958.7	−465.6	−899.4	−881.9	454.7
332		L		2	1052.8	1070.3	−521.4	912.2	929.7	−451.1	−923.4	−905.9	466.7
333		RL		2	1052.6	1070.1	−521.3	929.1	946.6	−459.6	−914.3	−896.8	462.1
334		R+RL		3	1060.9	1081.8	−524.4	O	O	O	−912.3	−891.3	462.1
335		L+RL		3	1053.3	1074.3	−520.7	914.2	935.2	−451.1	−921.5	−900.5	466.8
336		R+L+RL		4	1058.3	1082.8	−522.2	941.3	958.7	−465.6	−919.5	−895.1	466.8
337			R	2	1057.6	1075.1	−523.8	920.3	937.8	−455.1	−899.0	−881.5	454.5
338			L	2	1054.7	1072.2	−522.3	920.3	937.8	−455.1	−912.1	−894.7	461.1
339			RL	2	1055.5	1072.9	−522.7	O	O	O	−905.0	−887.5	457.5
340			R+RL	3	1057.5	1078.4	−522.7	O	O	O	−903.0	−882.0	457.5
341			L+RL	3	1056.3	1077.2	−522.1	923.3	944.2	−455.6	−910.2	−889.3	461.1
342			R+L+RL	4	1058.3	1082.7	−522.1	925.2	949.7	−455.6	−908.2	−883.7	461.1

注：R 代表树冠最大半径，L 代表树冠长度；R 与 L 表示两个水平随机因素，RL 代表两个水平的交互作用；a、b、c 表示非线性模型的形式参数，不同的随机因素及其交互作用分别作用在不同的形式参数上的随机效应，例如：序号为 336 的模型，随机因素 R 与 L 及其交互作用 RL 共同作用在形式参数 b 上，表示形式参数 b 受到随机因素 R 与 L 及其交互作用的共同影响；O 代表模型不收敛。

附录2

表 1　杉木用材林林分出材率（$SI=18$；$N=2500$）

年龄	株数	a	b	c	大原木（%）	中原木（%）	小原木（%）	小材（%）	薪材（%）
6	2500	4.133	2.662	1.588	0	0	18.4	35.9	3.7
7	2228	4.560	3.527	1.816	0	0	29.5	30.2	2.8
8	2079	4.950	4.325	1.729	0	0	42.1	22.1	2.0
9	1977	5.309	5.088	1.591	0	0	53.2	14.8	1.5
10	1896	5.639	5.883	1.627	0	0.3	57.8	11.5	1.3
11	1830	5.943	6.703	1.781	0	0.4	60.9	9.2	1.2
12	1772	6.225	7.493	1.865	0	0.9	63.3	7.3	1.1
13	1719	6.485	8.261	1.880	0	2.0	64.6	5.8	1.1
14	1670	6.727	9.011	1.850	0.3	4.0	64.4	4.6	1.1
15	1625	6.953	9.766	1.930	0.6	5.4	64.1	3.8	1.0
16	1581	7.164	10.475	1.825	1.9	8.7	60.6	3.0	1.0
17	1538	7.361	11.215	1.955	2.1	9.7	60.1	2.6	1.0
18	1496	7.547	11.908	1.915	3.8	12.1	56.5	2.3	1.0
19	1455	7.723	12.600	1.968	4.7	13.6	54.4	2.0	1.0
20	1414	7.888	13.273	1.990	6.3	15.1	51.4	1.8	1.0
21	1374	8.045	13.924	1.981	8.5	16.4	47.9	1.6	1.0
22	1333	8.193	14.556	1.950	11.1	17.5	44.0	1.4	1.0
23	1292	8.334	15.187	2.001	12.4	18.2	41.9	1.3	1.0
24	1251	8.469	15.795	2.025	14.4	18.8	39.2	1.2	1.0
25	1209	8.597	16.387	2.029	16.6	19.2	36.5	1.1	1.0
26	1167	8.719	16.963	2.015	18.9	19.5	33.8	1.0	1.0
27	1125	8.836	17.530	2.073	19.2	19.6	33.2	1.0	1.0
28	1081	8.948	18.071	2.024	22.6	19.7	29.6	0.9	1.0
29	1038	9.055	18.610	2.047	24.1	19.8	27.9	0.8	1.0
30	993	9.158	19.133	2.056	25.6	19.8	26.2	0.7	1.0
31	948	9.258	19.640	2.052	27.2	19.7	24.7	0.7	1.0
32	903	9.353	20.142	2.116	28.1	19.9	23.6	0.7	1.0
33	856	9.445	20.626	2.086	29.7	19.6	22.1	0.6	1.0
34	809	9.534	21.102	2.125	30.7	19.6	21.1	0.6	1.0
35	761	9.620	21.567	2.155	31.8	19.6	20.0	0.6	1.0

（续）

年龄	株数	a	b	c	大原木（%）	中原木（%）	小原木（%）	小材（%）	薪材（%）
36	712	9.704	22.019	2.094	33.2	19.2	19.0	0.5	1.0
37	663	9.785	22.465	2.105	34.1	19.1	18.1	0.5	1.0
38	612	9.863	22.906	2.109	35.1	19.0	17.3	0.5	1.0
39	561	9.940	23.339	2.181	35.8	19.0	16.5	0.5	1.0
40	509	10.016	23.766	2.172	36.7	18.8	15.7	0.5	1.0

注：a、b、c 为该林分条件下 Weibull 分布的参数值。

表 2　杉木用材林林分出材率（$SI = 18$；$N = 3600$）

年龄	株数	a	b	c	大原木（%）	中原木（%）	小原木（%）	小材（%）	薪材（%）
6	3600	3.960	2.323	1.562	0.0	0.0	11.7	34.5	3.8
7	3210	4.361	3.077	1.472	0.0	0.0	27.9	30.5	3.0
8	2999	4.734	3.834	1.537	0.0	0.0	38.3	24.3	2.3
9	2854	5.081	4.614	1.759	0.0	0.0	47.3	19.0	1.7
10	2743	5.403	5.313	1.618	0.0	0.0	54.5	13.9	1.4
11	2651	5.701	6.048	1.659	0.0	0.3	58.4	11.0	1.3
12	2573	5.978	6.786	1.736	0.0	0.7	61.3	8.8	1.2
13	2503	6.236	7.503	1.757	0.0	1.5	63.1	7.1	1.1
14	2439	6.475	8.220	1.814	0.0	2.4	64.3	5.8	1.1
15	2380	6.699	8.917	1.825	0.4	4.1	64.0	4.7	1.1
16	2325	6.909	9.594	1.801	1.0	6.3	62.6	3.9	1.0
17	2272	7.105	10.283	1.879	1.2	7.4	62.4	3.2	1.0
18	2220	7.290	10.949	1.921	2.0	9.2	60.6	2.8	1.0
19	2171	7.465	11.596	1.928	3.1	11.1	58.0	2.4	1.0
20	2122	7.630	12.224	1.907	4.7	13.0	54.7	2.1	1.0
21	2074	7.785	12.854	1.979	5.4	14.2	53.2	1.9	1.0
22	2026	7.933	13.445	1.909	8.0	15.7	48.8	1.7	1.0
23	1979	8.074	14.038	1.928	9.8	16.7	46.1	1.5	1.0
24	1931	8.207	14.629	2.029	10.2	17.5	45.1	1.4	1.0
25	1884	8.334	15.186	2.000	12.7	18.2	41.7	1.3	1.0
26	1837	8.456	15.739	2.056	13.7	18.8	40.0	1.2	1.0
27	1789	8.571	16.264	1.991	16.8	19.1	36.4	1.1	1.0
28	1741	8.682	16.786	2.007	18.4	19.4	34.4	1.0	1.0
29	1693	8.788	17.291	2.006	20.2	19.5	32.3	1.0	1.0
30	1644	8.890	17.792	2.080	20.9	19.9	31.2	0.9	1.0
31	1595	8.987	18.269	2.047	22.9	19.8	29.1	0.8	1.0
32	1545	9.080	18.740	2.089	24.0	20.0	27.8	0.8	1.0

（续）

年龄	株数	a	b	c	大原木（%）	中原木（%）	小原木（%）	小材（%）	薪材（%）
33	1495	9.170	19.196	2.117	25.2	20.1	26.4	0.7	1.0
34	1444	9.256	19.639	2.130	26.4	20.1	25.1	0.7	1.0
35	1393	9.339	20.071	2.131	27.8	20.0	23.8	0.7	1.0
36	1341	9.419	20.490	2.119	29.1	19.8	22.6	0.6	1.0
37	1288	9.496	20.898	2.098	30.4	19.6	21.5	0.6	1.0
38	1234	9.571	21.299	2.147	31.1	19.7	20.6	0.6	1.0
39	1180	9.642	21.686	2.106	32.3	19.4	19.7	0.6	1.0
40	1125	9.712	22.066	2.134	33.1	19.3	18.9	0.5	1.0

表 3 杉木用材林林分出材率（$SI=14$；$N=2500$）

年龄	株数	a	b	c	大原木（%）	中原木（%）	小原木（%）	小材（%）	薪材（%）
6	2500	3.322	2.800	2.608	0	0	5.7	41.2	5.0
7	2228	3.652	3.479	2.146	0	0	18.5	36.5	3.6
8	2080	3.960	4.202	1.778	0	0	34.4	26.8	2.5
9	1978	4.250	4.945	2.114	0	0	40.2	23.4	2.1
10	1899	4.520	5.648	1.945	0	0	48.9	17.4	1.7
11	1833	4.772	6.352	2.024	0	0	54.1	13.9	1.5
12	1775	5.007	7.040	2.020	0	0	59.0	10.7	1.3
13	1724	5.226	7.711	1.960	0	0.4	61.9	8.5	1.2
14	1677	5.431	8.382	2.061	0	0.7	63.7	7.1	1.1
15	1632	5.623	9.035	2.102	0	1.3	65.0	5.9	1.1
16	1589	5.803	9.672	2.091	0	2.6	65.4	5.0	1.1
17	1548	5.973	10.293	2.042	0.3	4.6	64.6	4.2	1.1
18	1508	6.132	10.906	2.123	0.5	5.6	64.2	3.6	1.0
19	1469	6.283	11.495	2.011	1.5	8.5	61.2	3.2	1.0
20	1430	6.425	12.082	2.165	1.4	8.9	61.5	2.8	1.0
21	1391	6.560	12.648	2.135	2.4	10.9	58.9	2.5	1.0
22	1352	6.688	13.198	2.083	4.0	12.9	55.7	2.2	1.0
23	1314	6.810	13.737	2.137	4.6	14.0	54.2	2.0	1.0
24	1275	6.926	14.261	2.164	5.7	15.1	52.1	1.8	1.0
25	1235	7.037	14.770	2.166	7.0	16.2	49.7	1.6	1.0
26	1196	7.142	15.266	2.147	8.8	17.2	46.8	1.5	1.0
27	1156	7.243	15.748	2.111	11.0	17.9	43.8	1.4	1.0
28	1115	7.340	16.219	2.167	11.8	18.5	42.4	1.3	1.0
29	1074	7.432	16.676	2.205	12.8	19.0	40.8	1.2	1.0
30	1033	7.521	17.120	2.225	14.0	19.5	39.1	1.2	1.0

（续）

年龄	株数	a	b	c	大原木(%)	中原木(%)	小原木(%)	小材(%)	薪材(%)
31	990	7.606	17.554	2.227	15.7	19.7	37.0	1.1	1.0
32	948	7.688	17.976	2.215	17.3	19.9	35.0	1.0	1.0
33	904	7.767	18.388	2.189	19.4	19.9	32.8	1.0	1.0
34	860	7.843	18.790	2.154	21.2	19.9	30.8	0.9	1.0
35	815	7.916	19.180	2.203	21.9	20.1	29.8	0.9	1.0
36	770	7.987	19.561	2.241	22.8	20.3	28.8	0.8	1.0
37	724	8.056	19.936	2.173	24.8	20.0	27.0	0.8	1.0
38	677	8.122	20.301	2.190	25.7	20.0	25.9	0.8	1.0
39	629	8.187	20.658	2.199	26.7	20.0	24.9	0.7	1.0
40	581	8.249	21.009	2.200	27.8	19.9	23.8	0.7	1.0

表4　杉木用材林林分出材率（$SI=14$；$N=3600$）

年龄	株数	a	b	c	大原木(%)	中原木(%)	小原木(%)	小材(%)	薪材(%)
6	3600	3.192	2.377	2.102	0	0	4.3	41.1	5.2
7	3211	3.497	3.112	2.128	0	0	13.1	38.9	4.1
8	3000	3.789	3.797	1.870	0	0	27.0	31.4	3.0
9	2855	4.066	4.477	1.988	0	0	35.3	26.5	2.4
10	2745	4.327	5.139	1.982	0	0	43.5	21.1	2.0
11	2654	4.572	5.785	1.907	0	0	50.4	16.4	1.6
12	2576	4.801	6.436	2.050	0	0	54.6	13.6	1.4
13	2508	5.017	7.071	2.118	0	0	58.8	10.8	1.3
14	2445	5.218	7.694	2.116	0	0.2	61.5	8.9	1.2
15	2388	5.408	8.305	2.065	0	0.7	63.5	7.3	1.1
16	2334	5.586	8.900	1.984	0	1.9	64.4	6.0	1.1
17	2282	5.754	9.493	2.053	0	2.5	65.1	5.2	1.1
18	2232	5.912	10.070	2.080	0.2	3.7	65.1	4.5	1.1
19	2184	6.062	10.633	2.070	0.5	5.3	64.2	3.9	1.0
20	2137	6.203	11.181	2.031	1.1	7.4	62.4	3.4	1.0
21	2091	6.338	11.723	2.113	1.2	8.2	62.0	3.1	1.0
22	2046	6.465	12.248	2.165	1.6	9.4	61.0	2.7	1.0
23	2000	6.586	12.755	2.045	3.4	11.9	56.9	2.4	1.0
24	1955	6.702	13.258	2.178	3.3	12.4	57.0	2.2	1.0
25	1910	6.812	13.744	2.147	4.5	13.9	54.3	2.0	1.0
26	1865	6.917	14.216	2.099	6.3	15.3	51.2	1.8	1.0
27	1820	7.017	14.677	2.154	7.1	16.0	49.8	1.7	1.0
28	1775	7.113	15.125	2.189	7.9	16.8	48.2	1.5	1.0

（续）

年龄	株数	a	b	c	大原木(%)	中原木(%)	小原木(%)	小材(%)	薪材(%)
29	1729	7.204	15.561	2.203	9.0	17.6	46.3	1.4	1.0
30	1683	7.292	15.985	2.198	10.6	18.2	44.0	1.4	1.0
31	1637	7.376	16.398	2.177	12.2	18.7	41.7	1.3	1.0
32	1590	7.457	16.799	2.143	14.2	19.0	39.2	1.2	1.0
33	1543	7.534	17.189	2.201	14.8	19.4	38.3	1.1	1.0
34	1495	7.609	17.568	2.139	17.2	19.5	35.6	1.1	1.0
35	1447	7.680	17.937	2.167	18.1	19.7	34.4	1.0	1.0
36	1398	7.749	18.296	2.182	19.1	19.9	33.1	1.0	1.0
37	1349	7.816	18.644	2.185	20.3	20.0	31.7	0.9	1.0
38	1299	7.879	18.984	2.177	21.6	20.0	30.3	0.9	1.0
39	1248	7.941	19.311	2.255	21.7	20.3	29.8	0.9	1.0
40	1197	8.000	19.625	2.327	22.0	20.6	29.2	0.8	1.0

表5　杉木用材林林分出材率（$SI=10$；$N=2500$）

年龄	株数	a	b	c	大原木(%)	中原木(%)	小原木(%)	小材(%)	薪材(%)
6	2500	2.415	2.672	2.363	0	0	1.9	31.8	4.3
7	2229	2.642	3.377	2.304	0	0	8.8	37.0	4.1
8	2081	2.863	4.023	2.647	0	0	14.7	37.4	3.7
9	1979	3.075	4.652	2.685	0	0	23.7	34.0	3.1
10	1901	3.278	5.274	2.542	0	0	33.4	27.9	2.5
11	1836	3.470	5.884	2.339	0	0	42.2	22.0	2.0
12	1779	3.651	6.462	2.499	0	0	47.0	18.8	1.8
13	1729	3.822	7.047	2.200	0	0	53.3	14.4	1.5
14	1683	3.984	7.608	2.196	0	0	56.8	12.1	1.4
15	1640	4.136	8.148	2.409	0	0	58.9	10.6	1.3
16	1598	4.280	8.689	2.278	0	0.1	61.7	8.8	1.2
17	1559	4.416	9.206	2.363	0	0.3	63.2	7.6	1.2
18	1520	4.545	9.712	2.394	0	0.5	64.6	6.6	1.1
19	1483	4.667	10.208	2.377	0	1.1	65.4	5.8	1.1
20	1445	4.782	10.694	2.323	0	2.2	65.6	5.0	1.1
21	1409	4.892	11.167	2.245	0.2	3.8	65.0	4.4	1.1
22	1372	4.997	11.620	2.321	0.2	4.4	65.2	4.0	1.1
23	1335	5.096	12.060	2.365	0.3	5.2	65.0	3.6	1.0
24	1298	5.191	12.491	2.378	0.6	6.4	64.1	3.3	1.0
25	1261	5.281	12.912	2.361	0.9	7.8	62.9	3.0	1.0
26	1224	5.368	13.323	2.321	1.5	9.5	61.0	2.7	1.0

（续）

年龄	株数	a	b	c	大原木（%）	中原木（%）	小原木（%）	小材（%）	薪材（%）
27	1187	5.450	13.723	2.264	2.4	11.1	58.7	2.5	1.0
28	1149	5.529	14.103	2.336	2.6	11.7	58.3	2.3	1.0
29	1110	5.605	14.472	2.387	2.9	12.5	57.5	2.2	1.0
30	1072	5.677	14.845	2.272	4.6	14.1	54.1	2.0	1.0
31	1032	5.747	15.198	2.284	5.2	14.9	52.7	1.9	1.0
32	992	5.814	15.541	2.279	6.0	15.7	51.1	1.8	1.0
33	952	5.878	15.864	2.392	5.8	16.0	51.3	1.7	1.0
34	911	5.940	16.193	2.354	7.2	16.8	49.0	1.6	1.0
35	870	6.000	16.513	2.305	8.6	17.5	46.8	1.5	1.0
36	827	6.057	16.814	2.370	8.7	17.9	46.4	1.4	1.0
37	785	6.112	17.120	2.298	9.7	18.4	43.7	1.4	1.0
38	741	6.166	17.408	2.338	11.1	18.7	42.9	1.3	1.0
39	697	6.218	17.688	2.366	11.8	19.1	42.0	1.3	1.0
40	652	6.268	17.963	2.385	12.8	19.4	41.0	1.2	1.0

表6　杉木用材林林分出材率（$SI=10$；$N=3600$）

年龄	株数	a	b	c	大原木（%）	中原木（%）	小原木（%）	小材（%）	薪材（%）
6	3600	2.327	2.360	3.153	0	0	0	23.7	3.5
7	3211	2.534	2.996	3.647	0	0	0.8	36.4	5.2
8	3001	2.739	3.636	3.068	0	0	7.6	39.4	4.4
9	2857	2.939	4.254	2.560	0	0	18.7	35.7	3.4
10	2747	3.132	4.843	2.204	0	0	30.9	29.2	2.7
11	2657	3.317	5.405	2.300	0	0	37.1	25.4	2.3
12	2580	3.492	5.956	2.300	0	0	43.3	21.3	2.0
13	2513	3.659	6.498	2.232	0	0	48.8	17.5	1.7
14	2452	3.816	7.017	2.445	0	0	51.8	15.4	1.5
15	2395	3.966	7.543	2.251	0	0	56.2	12.5	1.4
16	2343	4.107	8.046	2.318	0	0	58.7	10.8	1.3
17	2292	4.241	8.539	2.331	0	0	60.9	9.3	1.2
18	2244	4.368	9.023	2.298	0	0.3	62.7	8.0	1.2
19	2198	4.489	9.496	2.233	0	0.8	63.9	6.9	1.1
20	2153	4.603	9.950	2.351	0	0.9	65.0	6.2	1.1
21	2109	4.712	10.403	2.220	0	2.3	65.1	5.4	1.1
22	2065	4.816	10.838	2.261	0	2.9	65.4	4.8	1.1
23	2022	4.914	11.262	2.271	0.2	3.9	65.1	4.3	1.1
24	1979	5.008	11.676	2.254	0.4	5.1	64.5	3.9	1.0

（续）

年龄	株数	a	b	c	大原木（%）	中原木（%）	小原木（%）	小材（%）	薪材（%）
25	1937	5.098	12.069	2.389	0.3	5.1	65.2	3.6	1.0
26	1894	5.184	11.913	1.743	0.5	6.1	64.2	3.3	1.0
27	1851	5.266	12.839	2.394	0.7	7.4	63.4	3.0	1.0
28	1809	5.345	13.218	2.280	1.5	9.5	60.9	2.8	1.0
29	1766	5.420	13.575	2.310	2.0	10.3	59.9	2.6	1.0
30	1723	5.492	13.923	2.320	2.4	11.3	58.7	2.4	1.0
31	1679	5.561	14.262	2.310	3.0	12.4	57.3	2.3	1.0
32	1635	5.627	14.593	2.284	4.0	13.4	55.3	2.1	1.0
33	1591	5.691	14.904	2.385	3.8	13.7	55.5	2.0	1.0
34	1547	5.752	15.221	2.324	4.9	14.8	53.2	1.9	1.0
35	1501	5.811	15.515	2.391	5.0	15.2	52.8	1.8	1.0
36	1456	5.867	15.816	2.304	6.7	16.2	50.0	1.7	1.0
37	1410	5.922	16.097	2.339	7.1	16.7	49.2	1.6	1.0
38	1363	5.974	16.371	2.360	7.6	17.1	48.2	1.6	1.0
39	1316	6.024	16.638	2.369	8.5	17.6	46.9	1.5	1.0
40	1269	6.073	16.898	2.365	9.3	18.0	45.7	1.5	1.0

本书部分编写人员在福建省
将乐国营林场进行杉木林外业调查的路上

本书编写人员在福建省顺昌县进行杉木林外业调查合影

杉木幼龄林

杉木中龄林 1

杉木中龄林 2

杉木中龄林 3

杉木中龄林 4

杉木中龄林 5

研究生们在杉木中龄林进行调查

郁闭的杉木幼龄林